U0260311

国家出版基金项目
NATIONAL PUBLICATION FOUNDATION

丛书主编：吉日木图

骆驼精品图书出版工程

骆驼疾病与治疗学

哈斯苏荣 ◎ 主编

张龙现 ◎ 主审

中国农业出版社

北 京

内容简介

　　本书主要从骆驼疾病诊疗技术以及骆驼常见传染病、寄生虫病、营养代谢病及普通病等几方面较为细致地介绍了各种疾病的病因、临床症状、病理变化、诊断方法、治疗和预防等内容。内容丰富全面，语言通俗易懂，并尽量收集骆驼疾病研究最新进展。本书可供畜牧兽医工作者、骆驼生产技术人员、养驼专业户和农业院校相关专业师生参考阅读。

作 者 简 介

哈斯苏荣，蒙古族，博士，内蒙古农业大学大学兽医学院教授，博士研究生导师。主要从事兽医药理学与毒理学、家畜寄生虫病学、双峰驼生物学特性及疾病研究工作。农业部第六届兽药评审专家、中国畜牧业协会骆驼分会副会长、内蒙古骆驼保护学会理事长、中国畜牧兽医学会兽医药理与毒理学分会常务理事、*Journal of Camel Practice and Research*编委。曾在比利时鲁汶大学药学院、法国巴黎竞赛马违禁药物检测中心、美国德州农工大学兽医学院分别完成博士研究和做访问学者。获得内蒙古自治区科技进步三等奖3项、内蒙古自治区优秀科普专家称号和优秀科技志愿者称号各1次。主编蒙、汉文教材4部，参编教材7部，主编和参编专著各7部。在*Cell Stress and Chaperones*、*BMC Genomics*、*Functional & Integrative Genomics*、*Journal of Camel Practice and Research*，以及《畜牧兽医学报》《中国农业科学》等期刊发表学术论文130多篇。

丛书编委会

骆 驼 精 品 图 书 出 版 工 程

编 写 人 员

主　　编　哈斯苏荣（内蒙古农业大学）

副 主 编　王文龙（内蒙古农业大学）

　　　　　嘎利兵嘎（内蒙古农业大学）

参　　编　（以姓氏笔画为序）

　　　　　乌尼孟和（内蒙古自治区阿拉善盟阿拉善左旗

　　　　　　　　　　家畜改良站）

　　　　　白努文其木格（内蒙古农业大学）

　　　　　杜冬华（河北北方学院）

　　　　　岳伟东（内蒙古农业大学）

　　　　　苏日娜（内蒙古农业大学）

　　　　　贾志鹏（内蒙古农业大学）

　　　　　散　仁（内蒙古农业大学）

　　　　　景晓霞（内蒙古农业大学）

前 言 FOREWORD

骆驼在分类上归属于哺乳纲、偶蹄目、骆驼科、骆驼属，包括单峰驼、双峰驼和野骆驼三个种。单峰驼分布于中东和北非地区，具1个驼峰，现存仅有家养单峰驼，野生种早已灭绝，但亦有再次野化的种群。双峰驼和野骆驼均具2个驼峰，前者主要分布在蒙古国、中国、哈萨克斯坦、印度及俄罗斯等国家，具有良好的耐热、耐寒、耐饥渴、耐粗饲等特性，对恶劣气候和环境有着较强的适应性，是世界干旱与半干旱地区荒漠草原的主要家畜；后者主要分布于蒙古国南部和我国新疆阿勒泰地区。

双峰驼养殖历史可上溯至距今3 000多年前，可谓历史悠久。然而，双峰驼的饲养管理模式和自身行为特征等方面，自然选择因素仍起着绝对的主导作用，与其他家畜相比，双峰驼基本处于半野生状态。与这一现象相伴的另一种情形是，人们对双峰驼进行的科学研究相对欠缺，基础资料很少，研究手段不先进，总体研究水平滞后。其原因之一是双峰驼主要分布在我国荒漠地区和经济相对滞后的地区，环境恶劣，科研工作条件相对艰苦。然而，近些年随着双峰驼相关研究的深入和驼产业的发展，双峰驼养殖模式由原来的散养和半野生状态转入集中饲养和集约化养殖模式。这样必将出现以传染病、寄生虫病、营养代谢病为主的各种疾病。为此，我们组织相关人员编写了《骆驼疾病与治疗学》一书，供广大养驼牧民和基层兽医工作者了解和防治骆驼疾病参考，保障骆驼养殖业的健康发展。

本书编写分工如下：哈斯苏荣编写第一章及第二章的皮肤真菌病和曲霉菌病，并对全书内容进行统稿；王文龙编写第三章的吸虫病、绦虫病、线虫病、蜱病和疥螨病及第五章的全部内容，并协助主编对全书内容进行统稿。嘎利兵嘎编写第二章的狂犬病、接触传染性脓疱病、痘病、流行性感冒、口蹄疫、乳头状瘤、裂谷热新生驼羔腹泻和疱疹病毒病，并协助主编对全书内容进行统稿；乌尼孟和编写第一章的骆驼保定方法的部分内容；白努文其木格编写第四章的维生素缺乏症；杜冬华编写第二章的巴氏杆菌病、沙门氏菌病、大肠埃希氏菌病、结核病、布鲁氏菌病、干酪性淋巴结炎、金黄色葡萄球菌性皮炎、嗜皮菌病和传染性乳腺炎；岳伟东编写第二章的副结核病、炭疽、鼻疽、类鼻疽；苏日娜编写第二章的念珠菌病、球孢子菌病、毛霉菌病、流行性淋巴管炎以及第三章的原虫病；贾志鹏编写第三章的蝇蛆病；散仁编写第二章的梭菌性疾病；景晓霞编写第四章的矿物质缺乏症。

　　在编写过程中，我们尽量全面收集相关资料并多次审核，以期保证内容的完整性和准确性。但由于编者水平有限，欠妥之处在所难免，希望广大读者和同行批评指正。

编　者

2021 年 9 月

目　录 CONTENTS

第一章

CHAPTER 1

骆驼疾病诊疗技术

骆驼疾病不仅影响着养驼业的健康发展，还可通过骆驼产品危害人类健康。与其他家畜疾病一样，骆驼疾病也包括传染病、寄生虫病、营养代谢病和普通病等。其中，对骆驼生产性能影响最为严重的是寄生虫病。骆驼寄生虫病可引起其产奶量和产肉量显著下降，甚至影响产羔率。因此，有必要尽早正确诊断骆驼疾病，并采取有效措施进行防治。对骆驼疾病的正确认识和了解，必须依靠正确而科学的诊断方法。同其他家畜疾病的诊断一样，通常通过询问病史、临床检查、实验室诊断、病理学检查和病原学研究等综合诊断技术做出最终的正确诊断。然而，由于饲养模式与其他家畜有差异，骆驼基本生活在荒漠半荒漠戈壁草原上，往往距离动物疫病防控部门和兽医诊疗机构很远，无法及时采取各种诊断手段进行全面诊断。因此，细致的临床检查、询问病史和野外可开展的简单化验手段，就成为目前骆驼疾病诊断基本而重要的诊断方法。在此基础上，可进一步开展病理解剖学检查以及全面的实验室诊断和病原学研究。随着骆驼产业的快速发展和集中养殖模式的逐步推行，各类骆驼疾病的发生呈上升趋势，必须引起足够的重视，采取必要的措施来预防。

第一节　骆驼的保定方法

为了诊治骆驼疾病，必须要与骆驼接触，与骆驼接触就必须懂得骆驼的习性。骆驼与生人接触时，往往产生不安、戒备、逃跑或反抗等行为，这是其防御本能。

为了确保人畜安全，必须熟悉和掌握骆驼的捕捉和保定技术。人们在长期与骆驼接触的过程中，创造了很多行之有效的、不同的保定方法，可根据工作需要和骆驼的性情，选择应用。保定骆驼的基本要求：一是方便诊疗、给药、做手术等；二是便于调教、使役、收绒毛、挤奶等；三是保证人和骆驼的安全。

一、捕捉方法

对老实的成年骆驼，人应该由其左侧靠近，伸手抓住鼻棍，或用缰绳搭在骆驼鼻梁上，并把缰绳两端合在一起拧紧后，拴在鼻棍上即可。

当骆驼无鼻棍时，可手执缰绳，由其左侧靠近，并把缰绳绕过颈背侧，两手各执一个绳子末端，由后向前上甩，使缰绳搭在鼻梁上（图1-1）。然后按住骆驼头部，并将右侧缰绳短端经下颌左侧绕过耳后，从右侧绕回至下颌打结，结成笼头（图1-2）。

对性情比较凶猛的骆驼，多用长绳，由2～3人合作围捕。具体方法有以下三种：

（1）两人执绳拦住骆驼的喉头部，迅速交叉后，另一人上前，或结笼头，或拴系缰绳。

（2）两人执绳，拦住骆驼的前肢下端后同时后行，在骆驼身后交叉绳子，继续缠绕四肢上部，收拢四肢。此法也是一种站立式保定方法。

（3）长绳铺于地面，一人赶骆驼就范，待其两前肢横跨长绳后，提起两绳端跑向后方交叉，使绳稍松动下滑至飞节以下时，拉紧绳子，在骆驼挣扎时，因后肢失去支

图1-1 缰绳搭上鼻梁

（资料来源：左图，苏学斌，养驼学，1990；右图，哈斯苏荣）

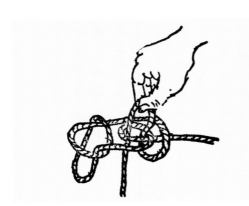

图1-2 结成笼头控制骆驼

（资料来源：左图，苏学斌，养驼学，1990；右图，哈斯苏荣）

撑力而卧地。此法是捕捉骆驼和倒驼保定相结合的一种常用方法。当骆驼倒地后，使绳子通过前膝内侧在后峰后打结，即为伏卧后肢保定法（图1-3）。

图1-3 伏卧后肢保定

（资料来源：左图，苏学斌，养驼学，1990；右图，哈斯苏荣）

二、传统保定方法

1.倒驼法

（1）提绳倒驼法　将一根一端有小环或结成一小扣的绳子（提绳），绕过骆驼右前肢肘内侧，然后绳子游离端穿过环或扣，抽拉至一定程度后使之下滑至系部并拉紧，绳子游离端通过两驼峰间拉至骆驼左侧。倒驼人左手握缰绳，右手握提绳，站在骆驼左前侧，两手同时把两根绳子向怀里拉，使骆驼右前肢被提起而不能着地，驼头弯向左侧，强制其跪地卧倒（图1-4）。此法常用于2～3岁骆驼的骑乘调教。

图1-4　提绳倒驼法

（资料来源：左图，苏学斌，养驼学，1990；右图，哈斯苏荣）

（2）后肢活扣倒驼法　如前法在腰部结一更大的活动绳扣并自前向后抖动，使绳子沿两后肢下滑，待滑至股部时逐步抽紧绳扣，下滑至飞节以下时完全抽紧绳扣，提绳游离端从骆驼身体一侧向前，经颈部上方绕至另一侧。倒驼人一手紧拉提绳，一手拉缰绳，并下按骆驼头部，骆驼即可在跳跃中卧下（图1-5）。

2.站立保定法　由旁侧给骆驼前肢扣上特制的皮绊或绳绊，或用缰绳于两前肢间绕成"∞"形绊住前肢，使两前肢间距离为自然站立宽度、稍窄或绊拢。为防止绊绳

图1-5　后肢活扣倒驼法

（资料来源：左图，苏学斌，养驼学，1990；右图，哈斯苏荣）

脱落，缰绳可在两肢间多扭结几次。为便于保定的解除，所有的保定绳结均打活扣。

3.伏卧前肢保定法 按低驼头用缰绳或另用一条绳子缠绕一侧腕关节两圈，绳子继续通过颈部背侧缠绕另侧腕关节，最后绳子两端在颈部上方打结。在骆驼伏卧时，为了防止站立，常采用此方法（图1-6）。

伏卧后肢保定见前述捕捉法。亦可将前后肢保定法结合起来，用同一根长绳在固定后肢后，绳子在背部交叉前行，缠绕前肢后在颈部上方打结。

图1-6 伏卧前肢保定法

（资料来源：左图，苏学斌，养驼学，1990；右图，哈斯苏荣）

4.侧卧四肢保定法 先使骆驼卧地，于其倒侧贴近腹部的地面上，放置一个与肩端或臀端等长的圈绳，然后一人控制驼头，两人在捆绳的同侧，按住驼峰，协同用力，先向对侧轻推，再向怀内压倒骆驼的体躯。随后在前肢及后肢的前方与后方，分别提起绳扣和绳端并使绳端穿过绳扣后拉紧，使四肢靠拢交叉，作结固定（图1-7）。

图1-7 侧卧四肢保定法

（资料来源：左图，苏学斌，养驼学，1990；右图，哈斯苏荣）

三、保定架保定法

1.保定架 一般保定架是连接两个骆驼圈的细小通道，宽度一般为70～80cm，高180cm左右（宽度和高度根据骆驼体宽和身高可调整）。一般有3个横梁，每个横梁之间距离约60cm。这样两边横梁夹成一个通道。横梁一般使用直径5cm以上的钢管或方钢。

2. 进保定架 首先把骆驼赶进有保定架的骆驼圈内，骆驼圈另一个门与骆驼保定架连接。骆驼进圈后在骆驼群内找一峰老实的骆驼，先将它拉进保定架通道，然后驱赶其他骆驼跟其进入保定架通道，等到需要保定的骆驼进入保定架后，关闭保定架通道两端的门，固定要保定的骆驼。

3. 保定架上固定骆驼 骆驼进入保定架后一般用绳子或钢管封好骆驼前后通道即可。对野性强或首次进入保定架的骆驼，需要在第二个横梁上靠近骆驼前胸和臀部下方飞节上方固定两个横杆，以防止骆驼在保定架内趴下。为防止骆驼踢伤工作人员，在第一个横杆下方用木板或钢板作墙。再根据需要和骆驼性情，可以在保定架内进一步加固保定骆驼（图1-8至图1-10）。

图1-8 挤奶骆驼保定架左侧（挤奶一侧）
（资料来源：哈斯苏荣）

图1-9 挤奶驼保定架右侧（驼羔吃奶一侧）
（资料来源：哈斯苏荣）

图1-10 用保定架保定后收驼绒
（资料来源：乌尼孟和）

第二节 骆驼的临床检查与用药特点

骆驼的临床检查基本步骤与马、牛等其他家畜的检查相同，甚至与小动物的临床检查也相似。但由于骆驼的某些解剖结构的特殊性，需要对临床检查方法加以调整。临床检查包括临床检查的基本方法、检查顺序、一般检查和各系统的检查等内容，其主要目的是为骆驼传染病、寄生虫病、中毒病以及普通病的诊断提供通用的检查方法，为骆驼疾病的防治工作创造必要的条件。

一、临床检查的基本方法

常用的临床检查基本方法有问诊、视诊、触诊、叩诊、听诊和嗅诊等。这些方法均是利用人的感觉器官进行的检查方法，简单易行，条件要求不高。

（一）问诊

问诊是兽医通过询问的方式向动物主人或有关人员了解患病动物的饲养管理情况、现病史和既往史。问诊的目的是为临床检查提供线索和重点。在问诊之前或在问诊过程中应该进行病例登记。问诊内容包括主诉、饲养管理情况、现病史和既往史等。

1.病例登记 病例登记应包括动物主人的姓名、单位名称、地址、电话以及骆驼的性别、年龄、毛色、用途、体重等。详细登记项目见表1-1。

表1-1　患病骆驼临床检查基本信息登记表

骆驼身份　　　　　　　　　　　　　　　　日期_____

骆驼名称_____　　　　　　　　　　　　

登 记 号_____　　　　　　　　　　　耳标号_____

主人姓名_____　　　　地址_____

骆驼年龄_____　性别_____　体重_____

毛色：体部_____　　头部_____　　颈部_____

腿部_____　　特殊特征_____

既往史

在当前驼群里生活了多长时间?_____

以前的主人_____

从前驼群的地理位置_____

饲养方式：舍饲_____　半舍饲半放牧_____　自然放牧_____

共同饲养的其他家畜：马_____　牛_____　绵羊_____　山羊_____　其他_____

驼群里共有多少峰骆驼?_____

病驼以前患过什么病?_____

病驼基本信息

体温_____（℃）心率_____　呼吸_____

体况：瘦_____　胖_____　正常_____　体分_____

性情

易被捕：是_____不是_____

易套缰绳：是_____不是_____

2.主诉 即骆驼主人对病驼的相关描述。记录主诉应尽可能用骆驼主人描述的现象，而不是兽医对患病骆驼的诊断用语。一般情况下，主诉应当用最简明的语句加以概括，包括发病时间，如发热、咳嗽、腹胀等多长时间。然而病程较长、病情较复杂的病例，由于症状、体征较多，或由于骆驼主人诉说太多时，应该结合整个病史，综合分析以实事求是地归纳出更能反映患病骆驼特征的主诉。

3.饲养管理情况 饲养管理情况的询问十分重要，因为任何疾病的发生均与此有关。目前骆驼的饲养基本处于自然放牧状态，偶尔补充饲草料，因此饲养管理问题在骆驼疾病的诊断上不像其他家畜那么重要。但随着饲养方式向舍饲和集约化饲养转变，饲养管理问题必然对骆驼疾病的发生和发展产生较大的影响。在问诊过程中，应了解日粮种类与饲喂制度是否突然改变，包括换料、舍饲改为放牧或放牧改为舍饲等。还应了解舍饲骆驼的场舍情况及使役骆驼的使役程度等。

4.现病史 是骆驼发病史的主要部分，是现发疾病的可能病因，疾病发生、发展、诊断和治疗的过程。现病史对于诊断具有重要的参考价值，因为患病骆驼的发病过程兽医不一定都能见到，需要进行系统而完整的调查。一般按照以下程序进行询问和调查：

（1）发病时间与地点 如在什么时间发病，饲喂前还是饲喂后，使役中还是休息时，产前还是产后，发病时间有多长等；在什么地点发病，在圈舍内还是放牧时等。

（2）发病数量 通过询问发病骆驼的数量，了解此次发病是单发、散发还是群发，是普通疾病还是流行病等。如大群发病可考虑传染病、中毒病及寄生虫病。

（3）发病后主要症状 主要询问患病骆驼的精神状态、营养状态、步态和姿势、体温、呼吸、食欲、饮欲、排粪排尿、咳嗽、反刍、被毛状况、生产性能以及发病部位、性质、程度、急缓或是否加剧等。

（4）病因或诱因 问诊时要重点了解与骆驼本次发病有关的各种原因，如外伤、感染、中毒等；气候变化、环境改变、更换饲料、管理不当、长途运输、过度使役等，详细了解这些有助于诊断和制订治疗方案。

（5）疾病经过和伴随症状 在问诊过程中认真了解疾病的主要症状的同时不能放过任何伴随症状。

（6）诊断与治疗 如果患病骆驼此前已接受过诊断，则应详细询问曾接受过什么诊断方法、诊断结果是什么，但不可用别人的诊断结果代替自己的诊断。如果此前接受过治疗，则应该询问所采用的具体治疗措施及所用药物，包括剂型、剂量、给药时间和疗效等。

5.既往史 既往史包括患病骆驼以前的健康状况、曾经患过的各种疾病，特别是与现患病有密切关系的疾病。

（二）视诊

视诊是兽医利用视觉直接或借助器械观察患病动物的整体或局部表现的诊断方法。视诊是接触患病动物，进行客观检查的第一步骤，包括全身状态的视诊、局部视诊和特殊部位的视诊三个方面。

视诊时，检查人员站在距骆驼2～3m远的地方，由左前方开始，从前向后边走边看，有顺序地观察头部、颈部、胸部、腹部和四肢，走到正后方时重点观察尾部和会阴部，并对照观察两侧胸腹部及臀部的状态和对称性，再由右侧到正前方。观察要点与对应疾病的关系如下：

1. 被毛 被毛粗乱，皮肤粗糙，多见于驼虱、疥癣。毛色青短、干燥见于慢性病或长期营养不良。被毛缠结见于疥癣和慢性湿疹。嘴唇周围皮肤出现疣状物，是传染性口疮的特有症状。还要观察体表外伤和脓疮等。

2. 采食、反刍和饮水 骆驼颈部较长，呈乙形弯曲，长100cm左右，灵活性大，既能低头采食接近地面的矮小植物、灌木枝叶，又能抬头采食高达2m以上的树叶，其颈部上下左右活动自如，觅食能力强。其上唇纵裂两瓣，下唇尖而游离，唇薄而灵活，加以下颌发达，咀嚼力极强，分泌的唾液浓而多，能采食其他家畜不愿采食的带有刺、毛和盐碱含量高的菊科、藜科类植物，也可采食草本植物、灌木、仙人掌和枝条等粗硬、带刺的植物。在休息时多取卧姿进行反刍。正常骆驼反刍有力，节奏稳定，反刍一个食团咀嚼40次左右，吃青嫩草咀嚼次数较少，吃粗干硬草咀嚼次数增加。当骆驼患有口腔炎症和牙病时，其采食和反刍动作往往小心谨慎。当骆驼可能患有消化道疾病和其他慢性病时，常表现为腹围细小、采食和反刍减少。而采食和反刍完全停止，则见于急性瘤胃臌气和其他危重病症。

骆驼耐渴力极强，可失水达体重的30%～40%而无明显异常。在长时间缺水时，可氧化驼峰和腹腔脂肪而产生代谢水（每100g脂肪能产生107.1mL代谢水），以及动用体内组织液和细胞外液进行补偿。健康骆驼以吸食方式饮水，饮水量的多少与季节、采食的草类、使役、性别等有关。吃碱草和干草，使役的骆驼饮水量大。一般成年骆驼一次饮水量为50～100kg。饮水量减少或不喝水的现象见于流感等。饮水次数增多和饮水量增加，见于急性热性疾病。

3. 姿势 骆驼正常站姿体态自然，伏卧安详，见生人靠近时站起躲开或喷草自卫。躁动不安多见于食道梗塞或进入陌生环境以及幼驼离群独处等。站立时出现歇蹄者多见于蹄病；四肢开张，口紧尾直，形似木驼，是破伤风的典型症状。四肢集于腹下，见于冷冻或高热。癫狂等神经症状见于脑炎、中毒性疾病。前进时前肢如上绊，是前肢和胸腔疼痛的表现。跛行见于风湿病等。敢踏不敢抬，病在四肢上部；敢抬不敢踏，病多在蹄部。踢腹、卷尾、拧腰、横卧、翻滚、四肢伸展、有时呻吟，并用尾巴拍打腹部者常见于冷痛、便秘、流产及泌尿系统的疾病。伏卧时头颈伸直并贴于地面，则见于疲劳、鼻蝇蛆病及衰竭重症。伏卧时，两胸侧交替斜向一边倒，多见于肺和胸膜疾患。

4. 可视黏膜 健康骆驼口腔黏膜、颊舌多具有青红色色斑，光亮而湿润；舌系带附近及上唇黏膜呈粉红色。因此，在检查病驼时经常根据这两处黏膜色泽的变化、干湿度和光泽的变化作为诊断疾病的依据。如口色变淡变白，提示可能是风寒感冒；如色青，反映肾脏疾病、风湿症；如色红而干燥，多见于肠炎、肠道梗阻、消化不良、便秘等和其他热性疾病等。健康骆驼的眼结膜呈粉红色，其检查方法和诊断意义与其他家畜相同。

5. 粪和尿 健康骆驼的粪便呈球形、椭圆形，如核桃大小。采食青绿饲草、叶柄等时，粪便成松散的球形，或类似猪粪团形。病驼的粪便一般都偏小，若骆驼粪便变干硬，两端尖似枣核形，多见于便秘、慢性消化道卡他性炎症、瘤胃弛缓等。腹泻，多见于传染性疾病、肠炎等。排粪次数减少或停止，则见于便秘、饥饿、慢性消化道疾病。

公驼排尿方式是间断地向后射出，母驼排尿动作同牛、马，尿液一般为碱性。尿色变深多见于热性病、失水；排尿动作改变，尿淋漓多见于尿道结石；尿中带血见于泌尿系统炎症出血和某些中毒性疾病等。

（三）触诊

触诊就是用手指或手掌对被检查的组织或器官进行触压和感觉，以判定病变的位置、大小、形状、硬度、湿度、温度及敏感性等。这种触诊，可用一手或双手。此外，触诊也用于脉搏检查、直肠检查、发情鉴定及妊娠诊断等。触诊对骆驼疾病诊断亦有一定价值，包括切脉与触摸两个方面。

1. 切脉　骆驼最合适的切脉部位是后腿内侧、股骨中部的隐动脉，也可以从下颌骨外侧的面动脉或第五尾椎腹面的尾动脉获取脉搏。然而，与其他动物相比，骆驼的脉象较弱。每分钟脉搏次数和心跳次数一致。正常脉象节律整齐、洪大而平。中暑脉象长而有力，饮冷水过多时则迟细而小。

2. 触摸　一般触摸体表的温度，有无肿胀及其软硬度、大小、温度及痛感，浅表淋巴结的变化等。正常骆驼胸前淋巴结呈椭圆形，质硬，表面光滑，紧贴皮肤。

骆驼瘤胃的触诊部位与牛的相似，位于左侧，在左肷三角区。正常瘤胃按压时感到柔软，在瘤胃积食、臌气时变硬。结肠触诊在腹下耻骨区、脐区左侧进行，该区域腹壁紧张但柔软。临床上常在右肷三角区触诊小肠，正常时感觉柔软波动。皱胃在体右侧呈两头内卷蚕形，尾部恰在第十二肋骨弓处，体外触诊沿右侧肋软骨向前向下触摸，正常时腹壁紧张，但触摸柔软。

（四）叩诊

叩诊是用手指或借助器械对动物体表的某一部位进行叩击，借以引起其震动并发出声响，兽医借助叩击发出的声响特性来帮助判断体内器官、组织状况的检查方法。叩诊的应用范围很广，几乎包括所有的胸、腹腔器官，如肺、心、肝、脾、胃、肠等，并根据叩诊的手法与目的不同可分为直接叩诊法和间接叩诊法两种。

1. 直接叩诊法　即用叩诊槌或一个手指（中指或食指）或用并拢的食指、中指和无名指直接轻轻叩打被检查部位体表，借助手指的振动感来判断该部位组织或器官的病变。骆驼主要用于检查肠臌气、瘤胃臌气时判定其含气量及紧张度，以及鼻窦和鼻旁窦蓄脓。

2. 间接叩诊法　该叩诊法的应用范围较为广泛，其特点是在被叩击的体表部位上，先放一振动能力较强的叩击板，而后向叩击板上叩击检查。叩击力量的轻重要根据不同检查部位、病变性质、范围和位置深浅而定。一般分为轻叩诊法、中度叩诊法和重叩诊法等。轻叩诊法主要用于确定心、肝、肺的相对浊音界；中度叩诊法适用于病变范围小而轻、浅表的病灶，且病变位于含气空腔组织或病变表面被含气组织遮盖时；重叩诊法适用于深部或较大面积的病变及肥胖、肌肉发达者。

（五）听诊

听诊是借助听诊器或直接用耳朵听取机体内脏、器官活动过程中发出的自然或病理性声音，根据声音的性质特点判断其有无病理改变的一种方法，是临床上诊断疾病的一项基本技能和重要手段。听诊不但可以辨别声音的性质是生理性的还是病理性的，还能确定声音发生的部位，甚至估计病变范围的大小。临床上常用于心、肺、胃肠等的检查。包括直接听诊法和间接听诊法两种，前者不借助任何器械，通常垫一块听诊布，直接用耳贴在骆驼体表进行听诊；后者需借助听诊器听诊。由于通过听诊器听到的声响有所增强，而且使用方便，所以比直接听诊法多用。

听诊体表定位和界限：

肺界：与牛大体相似，亦为三角形。前界从肩胛骨后角沿肘肌向下引近似S形曲线，止于第四肋间；上界自第二腰椎横突末端向前引一水平线至肩胛骨后角；后界自第十二肋骨与上界之交点起，向前向下经过髋结节线与第十一肋骨之交点、肩关节水平线与第九肋骨之交点，再向前向下止于肘突。肺泡呼吸音在正常情况下不易听清，患有肺病时，常可在肺的前界中部听到干、湿啰音。骆驼呼吸平稳缓和，每分钟5～12次，检查的方法一般是站在后边观察腹部的起伏活动。

体外听诊骆驼心脏，以在肩关节水平线、胸角质垫以上第五肋骨前听诊较为清晰。骆驼的正常心音与马相似。心跳一般每分钟33～52次。

骆驼瘤胃与牛的相似，位于左侧，听诊和触诊时，应在左肷三角区。听诊蠕动音与牛相似，蠕动次数约每2min 3次，每次可持续20～50s。在瘤胃积食、臌气或弛缓时，蠕动减少或停止。结肠听诊在腹下耻骨区、脐区左侧进行，正常时常可听到"嘀咕"音。小肠常在右肷三角区听诊，正常时可听到较低的流水音。皱胃的蠕动临床上不易辨清，故多不进行听诊。

（六）嗅诊

嗅诊是用嗅觉发现、辨别动物的呼出气、口腔气味、排泄物及病理性分泌物异常气味与疾病之间关系的一种检查方法。临床上经常用嗅诊检查汗液味、呼吸味、痰液味、呕吐物味、粪便味、尿液味和脓液味等。正常骆驼口腔有一股草焦味，如出现有腥臭味、酸臭味，常为消化不良、慢性胃肠炎症状。如骆驼呼出气体及鼻液有特殊腐败味道，是呼吸道及肺坏疽性病变的重要线索；如骆驼排泄物气味异常，则提示肠道发生严重炎症。

二、临床检查的具体内容

（一）步态

骆驼科动物主要有四种自然步态，即步行、同侧速步、对侧速步和奔跑（表1-2）。

表1-2　骆驼各种步态的平均速度与其他动物的比较

动物种类	步态	速度（km/h）	速度（m/s）
骆驼	平均步行	7.2	2.0
骆驼	慢同侧速步	14.4	4.0
骆驼	快同侧速步	21.6	6.0
骆驼	平均赛驼步态	34.2	9.5
骆驼	最快赛驼步态	40.2	11.2
骆驼	18h耐力赛	16.0	5.1
马	平均步行	4.8 ~ 6.4	1.5 ~ 2.0
马	2.41km速度赛马	52.4	16.7
犬	奔跑	29.0 ~ 50.0	9.2 ~ 15.9
公牛	平均步行	2.0	0.6
人	平均步行	4.8 ~ 6.4	1.5 ~ 2.0

步行是一种平均间隔的四拍步态，每一只脚有顺序地分别撞击地面，而且其中三只脚始终同时接触地面（图1-11A）。这是最慢的步态，可以维持很长时间；也是最稳定的步态，提供了最大的支撑力。

同侧速步是一种中等速度的两拍步态，身体同侧前肢和后肢同步运动（图1-11B）。虽然同侧速步是所有动物步态中最不稳定的，但却是多数骆驼科动物独一无二的步态。自然同侧速步者的腿相对较长，每条腿都比躯干长，这使得动物能够跨出更长的步幅。骆驼胸部前端狭窄，有利于前上肢自由向前后移动。同时，骆驼后肢与骨盆的连接范围窄，腹部也不像其他家畜那样圆，这使得其后肢的运动更加自由。骆驼的四肢比其他物种更靠近中线，消除了身体重心随着每一步伐的变化而发生的侧滚动。虽然骆驼的这种同侧速步的稳定性差，但其独特的脚掌可能是一种适应，以增加这种步态的稳定性和速度。

少数骆驼采取对侧速步的步态小跑，也是一种双拍步态，但在这种步态中，对角线前肢和后肢的运动是一致的（图1-11C）。

最快的步态是奔跑，是骆驼的一种最容易引起疲劳和只能维持短时间的运动。因为不像马，骆驼缺乏强大的后腿推进肌肉。在赛驼过程中骆驼经常采取对侧速步和奔跑步态。

在患腿部或蹄部疾病时，骆驼的以上各种步态发生一定的变化。可根据步态的变化特征和封闭麻醉方法诊断骆驼四肢疾病和具体部位。

（二）身体状况

骆驼的每项身体检查都应该包括身体状况的评估。单峰驼、双峰驼和野骆驼之间的体重和体尺差别比较大（表1-3）。在临床上可根据不同骆驼的体重估计具体给药剂

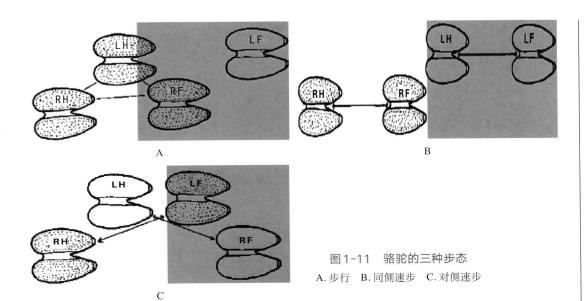

图 1-11　骆驼的三种步态

A.步行　B.同侧速步　C.对侧速步

量，也可根据身体的消瘦程度判断健康与否。如在严重营养不良或寄生虫病时，骆驼往往表现出过度消瘦、驼峰塌下、腹泻等症状。在患有螨虫病和蜱病等外寄生虫病时，经常表现局部脱毛、表皮上出现大小不等的疙瘩等。

表 1-3　骆驼的身体特征

特征	单峰驼	双峰驼	野骆驼
品种类型	有50种不同品种 使役型：重体壮腿 骑乘型：瘦身长腿 赛跑型：与骑乘型相似	随着地理分布而不同	只有一种
体重（kg）	300～650	450～700	450～690
新生驼羔体重（kg）	26～45	35～54	？
肩膀的高度（cm）	180～210	180～195	180～200
体长（cm）	120～200	120～200	140～156
外形	一个坚固而直立的驼峰	两个大的驼峰，可能下塌	两个小的锥形驼峰
毛色	白色、黄色、黑棕色	白色、黄色、黄红色	白灰色、灰棕色
独特的解剖学	公驼有软腭（突出的憩室）	无憩室，耳15cm	无憩室；突出的脚趾甲和小脚掌，有利于快速奔跑以逃避捕食；能喝咸水；面窄；耳10cm
毛发	直径20～50μm，短	直径20～50μm，长，是驼绒毛产品的主要来源	短
特殊的适应性	适应炎热、干旱和稀疏的植被	适应寒冷、干旱的环境	适应中国北方和蒙古国南部的沙漠
奔跑速度（km/h）	21.6～40.3	15～20	40

注："？"表示未知。

（三）体温

临床测量骆驼体温均以直肠温度为标准，正常体温范围为36 ~ 38.5℃（表1-4），但受所处环境、年龄、时间、饮水与否等因素的影响。一般幼龄骆驼体温比老龄高，下午的体温比上午高，饮水后体温可暂时性升高1 ~ 2℃。由于新生驼羔的体温调节机制还没有完全成熟，不像成年骆驼那么复杂，其正常体温在较大的范围内波动。与其他家畜相比，骆驼的体温波动范围较大，能忍受体温从36.5 ~ 42℃的日波动。骆驼身体在炎热天气中充当着一种散热器，从而保证重要水分的保存，否则体内大部分水分会通过蒸发散热方式流失。在凉爽的夜晚，身体的热量会通过传导和辐射方式消散。因此，对于骆驼而言，准确评估发热与否，难度比较大。

（四）心脏功能的评估

骆驼的心率正常值见表1-4。由于骆驼能被直接触摸到的动脉搏动均比较弱，因此检查脉搏对骆驼不适用。但与其他动物一样，可以借助听诊器检查骆驼的心率。将听诊器伸到并贴置在肘部下面无毛区的三头肌尾端，这样既可听诊心脏，又可听诊胸部。骆驼的一些先天性心脏畸形可能会持续到成年，每次身体检查时都要对骆驼心脏功能进行彻底的评估。然而，窦性心律失常对骆驼而言是一种常见现象，不应过分地重视这种心律失常。

病理性心率加快主要见于发热性疾病、传染病、疼痛性疾病、中毒性疾病、营养代谢病、心脏疾病和严重贫血性疾病。

表1-4 骆驼的关键生命体征

指标	具体表现
体温（温和环境下的成年骆驼）	早晨36 ~ 37℃，下午38℃
体温（炎热环境下的成年骆驼）	早晨36.5 ~ 38℃，下午39.5 ~ 40.5℃
体温（驼羔）	比成年骆驼高0.5 ~ 1℃
心率	放松休息时32 ~ 36次/min，紧张时44次/min
呼吸频率	寒冷季节5 ~ 8次/min，炎热季节10 ~ 12次/min
粪便	游离的球状
尿液	清澈，淡黄色到琥珀色；脱水时呈深棕色

（五）胸腔听诊

在安静状态下骆驼的呼吸频率正常值见表1-4。骆驼呼吸频率可根据胸廓和腹壁的起伏动作或鼻翼的开张动作进行计数，也可以通过听取呼吸音来计数。呼吸频率增多常见于呼吸器官本身的疾病，多数发热性疾病，心力衰竭及心功能不全，剧烈疼痛性疾病和某些中毒性疾病等。但在临床上很少碰到呼吸次数减少的症状，主要见于呼吸中枢的高度抑制。骆驼正常的肺音是静音，很难听到。随着兴奋和呼吸加速，呼吸道水泡音加强，完全掩盖细支气管音。骆驼呼吸频率计数最好通过将听诊器放在胸部入口的气管上方进行听诊来进行。

（六）腹部听诊

骆驼消化的主要发酵过程发生在瘤胃内，它占据整个腹部的左侧。胃肠道的声音主要与气体/液体的搅动有关，因此这些声音通常只在左侧能听到。骆驼的胃动力与其他反刍动物不同，通常不可能实现触诊，需要借助听诊器才能听到柔和的声音。正常胃运动率频为3～4次/min，喂饲料后略有增强。因此，腹部听诊主要是听取胃肠道的蠕动音，判定其频率、强度及性质，以及因腹水、瘤胃积液或皱胃积液引起的腹腔振荡音。

三、其他诊断方法

（一）皮肤的临床检查

骆驼体表疾病较多，需要认真检查整个皮肤。适宜的检查方法有助于确定骆驼皮肤疾病的分布状态、具体位置和类型。可采取一定距离的全面观察和靠近骆驼每个部位的认真检查相结合的方式进行检查。具体观察骆驼皮肤上是否有硬结、小瘤、丘疹、脓疱、疹块、小囊疱或其他病变，并记录它们的具体位置、分布和形状等。对骆驼皮肤病，尤其是对感染性皮肤病的诊断应做皮肤刮取物的试验检查。皮肤活检通常用于诊断皮肤肿瘤、自身免疫性疾病和对症治疗无效的皮肤病等。

（二）采血

血液分析对多种疾病的鉴别诊断至关重要。骆驼的静脉穿刺和采血不像大多数其他家畜那样简单。骆驼在长期的进化过程中具备了很多自我保护机制，以防止公驼互相争斗时被咬伤而流血。在颈静脉采血时必须要非常小心，以防止把针头扎入颈动脉的同时要保护好自己。骆驼颈静脉穿刺的主要部位有两个：颈部下端在胸腔入口附近和颈部上端在下颌支附近（图1-12）。两个采血点各有优缺点。选择采血部位取决于骆驼的保定设施，助手的帮助，骆驼主人的意愿，以及采血者的经验等。

要想完成好颈静脉采血过程，首先必须了解颈部血管的解剖学特征。颈静脉是由舌血管、面部血管和上颌骨血管汇合而形成的，表面被皮肤和颈肌覆盖。这个血管汇合处和最初

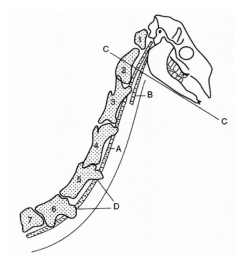

图1-12　骆驼的采血位点示意
A.颈静脉　B.胸头肌腱
C.上端的采血点　D.下端的采血点

（资料来源：Murray E. Fowler）

几厘米长的颈静脉嵌入腮腺唾液腺的腹侧边界，然后颈静脉在肌腱周围稍微向背侧运行伸入颈部更深处，直到胸骨肌内侧（图1-13至图1-15）。

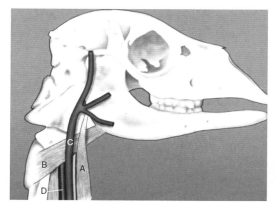

图1-13　颈静脉解剖示意
A.胸头肌腱 B.肩胛舌骨肌 C.颈外静脉 D.颈总动脉
（资料来源：Murray E. Fowler）

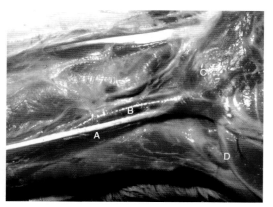

图1-14　颈静脉解剖位置
A.胸头肌腱 B.颈静脉 C.腮腺 D.下颌
（资料来源：Murray E. Fowler）

1.高位颈静脉采血　高位颈静脉采血优点在于颈静脉的位置比较浅，而且与颈动脉完全分离，因此一般不可能扎到动脉；其缺点在于该部位的皮肤较厚，而且在成年骆驼很难通过挤压血管而显现出来，因此只能通过识别标志性位置和静脉冲击触诊方法来判定准确的穿刺部位。

骆驼的颈静脉采血一般不需要或没有必要局部剪毛。具体采血时，应该假想一条沿着下颌骨的下缘到颈部的线，并将骆驼的头部保持稍微弯曲的位置。触摸胸头肌腱以定位穿刺的部位，就在下颌骨下缘和胸头肌腱两条线的交界处背侧。应在椎骨腹部用力挤压静脉阻止血液流动，为采血提供便利。通过用手指抚摸被挤压的静脉，感觉是否有弹性；或者可以通过放松挤压静脉的手指以解除闭塞，看看扩张的血管是否清空。

2.低位颈静脉采血　低位颈静脉采血的优点是皮肤更薄，骆驼头部运动干扰或破坏性更小；缺点是下颈部通常比上颈部有更多的绒毛，而且在这个位置颈静脉和颈动脉并行，所以扎到动脉的可能性更大。

采血时应将骆驼的头抬起来。操作者首先触摸第六颈椎横突的腹侧突出，用力挤压该部位的血管，并可感觉颈动脉的搏动。针头应稍微向内侧插入到突出处，指向颈部的中心（图1-16）。

（三）血象与血液化学

血象与血液化学资料的评价与临床检查的相互结合对许多疾病的诊断是至关重要的。临床上通过观察血象数量及形态变化，判断骆驼疾病，是常用的辅助检查手段之一（表1-5）。

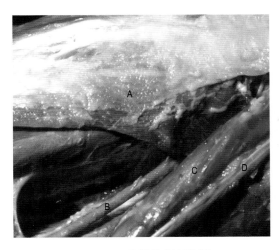

图1-15 颈静脉解剖位置

A.大眼肌 B.颈总动脉 C.颈静脉 D.胸头肌腱

（资料来源：Murray E. Fowler）

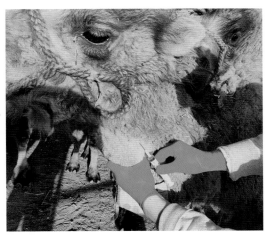

图1-16 骆驼低位颈静脉采血

（资料来源：哈斯苏荣）

表1-5 不同家畜血液各项指标比较

参数	马	牛	绵羊	骆驼
红细胞数量（×10⁶个/μL）	6.5 ~ 12.5（9.5）	5 ~ 10（7）	9 ~ 15（12）	7.22 ~ 11.76
红细胞大小（μm）	5.7	4 ~ 8（5.5）	3.2 ~ 6（4.5）	
红细胞形态	圆形	圆形	圆形	椭圆形
红细胞平均寿命（d）	140 ~ 150	160	140 ~ 150	
血红蛋白（g/dL）	11 ~ 19（15）	8 ~ 15（11）	9 ~ 15（11.5）	7.8 ~ 15.9
血细胞比容（PCV，%）	32 ~ 52（42）	24 ~ 46（35）	27 ~ 45（35）	25 ~ 34
平均红细胞体积（MCV，fL）	34 ~ 58（46）	40 ~ 60（52）	28 ~ 40（34）	35 ~ 60
平均红细胞血红蛋白含量（MCH，pg）	12.3 ~ 19.7（15.9）	11 ~ 17（14）	8 ~ 12（10）	17 ~ 22
平均血红蛋白浓度（MCHC，g/dL）	31 ~ 37（35）	30 ~ 36（33）	31 ~ 34（32.5）	36.5 ~ 50.9
白细胞数量（个/μL）	5 500 ~ 12 500（9 000）	4 000 ~ 12 000（8 000）	4 000 ~ 12 000（8 000）	11 200 ~ 16 500
中性粒细胞/淋巴细胞	1.1	0.48	0.5	1.45
血小板数量（×10⁵个/μL）	1.0 ~ 3.5（2.5）	1.8 ~ 8.0	2.5 ~ 7.5（4）	

　　骆驼红细胞相对比较小，呈椭圆形，且在循环血液中的数量比其他家畜多。骆驼红细胞的长径始终与血流方向一致，这样就能通过细小的毛细血管，当骆驼脱水导致血液黏度增加时也不至于引起血液滞留。而且，骆驼红细胞的载氧能力强，黏性低，使其能够在低氧的环境中正常生活。

表1-6为骆驼、牛和马的血清生物化学正常指标。与牛和马相比，骆驼的部分血清指标有一定差异，而且有很多指标仍处于空白，有待于开展相关基础研究补充这些指标。

表1-6 骆驼、牛、马的血清生物化学指标比较

参数	骆驼	牛	马
总蛋白（g/dL）	6.3 ~ 8.7	6.7 ~ 7.5	5.2 ~ 7.9
白蛋白（g/dL）	3 ~ 4.4	3 ~ 3.6	2.6 ~ 3.7
球蛋白（g/dL）	2.8 ~ 4.4	3 ~ 3.5	2.6 ~ 4
白蛋白与球蛋白的比率		(0.84 ~ 0.94)：1	(0.62 ~ 1.46)：1
钙（mg/dL）	6.3 ~ 11	9.7 ~ 12.4	11.2 ~ 13.6
磷（mg/dL）	3.9 ~ 6.8	5.6 ~ 6.5	3.1 ~ 5.6
钠（mEq/L）	129.3 ~ 160.7	132 ~ 152	132 ~ 146
钾（mEq/L）	3.6 ~ 6.1	3.9 ~ 5.8	2.4 ~ 4.7
氯化物（mEq/L）		99 ~ 109	97 ~ 111
二氧化碳总含量（mmol/L）		24 ~ 32	21.2 ~ 32.2
四碘甲状腺原氨酸（T_4, μg/dL）		4.2 ~ 8.6	0.9 ~ 2.8
谷草转氨酶（GOT, IU/L）		78 ~ 132	226 ~ 366
谷丙转氨酶（GPT, IU/L）		14 ~ 38	3 ~ 23
谷氨酰转肽酶（GGT, IU/L）			3 ~ 13.4
碱性磷酸酶（ALP, IU/L）		0 ~ 488	143 ~ 395
磷酸肌酸激酶（CPK, IU/L）		4.8 ~ 12.1	2.4 ~ 23.4
肌酐（mg/dL）	1.2 ~ 2.8	1 ~ 2	1.2 ~ 1.9
尿素氮（mg/dL）	15.7 ~ 48.5	20 ~ 30	10 ~ 24
胆固醇（mg/dL）	20.8 ~ 79.2	80 ~ 120	75 ~ 150
葡萄糖（mg/dL）	37 ~ 67	45 ~ 75	75 ~ 115

（四）骆驼红细胞的生理特性

根据对骆驼红细胞在脱水条件下的研究，认为其具有抵抗渗透性溶血的巨大能力：在20％高渗盐水中，仅细胞膜有些歪斜；在0.2％低渗盐水中，开始溶血。在溶血前红细胞体积可增大一倍，而其他家畜，其体积增大0.5倍就会溶血。骆驼平均血红蛋白浓度在40％以上，而其他家畜仅为33％；骆驼红细胞含水量虽低，但与水的结合力和氧的亲和力均较高。骆驼红细胞呈卵圆形，膜薄而平滑。较其他家畜的圆而厚的红细胞抗渗透性的能力强，在单位容积内较其他家畜的红细胞可多携带约50％的氧，且当

血液因脱水浓缩时，不易阻塞微血管。在炎热缺水的沙漠中，其他家畜常因血容量的减少，黏性增大，或因易阻塞微血管，而致血液循环过度减慢，因而不能很好地散热，致使积热过多而死亡。

骆驼在较长时间的脱水条件下能够生存，其红细胞起着很重要的作用。对成年骆驼皮肤进行活组织检查，可见皮下微血管壁很厚而管腔特别狭窄，在严重脱水期间可防止血管内水分的过度丧失，以维持血管内水分的容量，避免血液过度浓缩，以适应沙漠生活。

（五）骆驼失血量的评估

由于主要血管破裂引起的急性失血不但可导致低血压，而且不能通过及时给大脑和其他重要器官补充足够的血液以供给充分的氧气，从而可危及骆驼生命。慢性失血可引起贫血。在正常生理状态下，双峰驼血液占体重的4%～5%。与其他动物不同，骆驼失去25%的血液，不会导致贫血。根据血象数据无法判定骆驼急性失血，因为血液细胞成分和血浆同时都要丢失，剩余血液的血象保持不变，直到由其他组织和体液来代偿性补充。但补充血液细胞成分需要很长时间。

（六）腹腔穿刺

腹腔液的评价是鉴别诊断消化系统疾病和其他腹部疾病的重要方法。采集成年骆驼腹腔液的具体位置如下：剑状软骨向尾部方向10cm处至腹中线左侧10cm处。腹腔积液样品可以从站立的或斜卧的骆驼腹中线靠后的部位采集。事先将采样点局部剃毛、消毒，并进行局部麻醉，以减少穿刺带来的痛苦。一般将12号针头在腹中线采样点刺入6cm左右即能采集到腹腔液。在成年骆驼，瘤胃腺囊区域被大网膜覆盖，可能阻塞套管针的端口，因此建议腹腔穿刺应在脐尾部进行。

在正常动物中，腹腔液不足可能妨碍收集。当动物腹腔内约有150mL或更多的液体时，才会自由流动，便于收集。如果没有足够的腹腔液，可通过改变腹腔中的针尖位置，并借助注射器制造轻微负压，有利于样本采集。

（七）尿样采集及检验

骆驼泌尿系统疾病引起的主要临床表现包括排尿动作的改变、尿液性质和量的变化以及尿毒血症影响机体其他器官功能的表现等。尿液化验和分析是诊断泌尿系统疾病及相关疾病不可缺少的方法。骆驼尿液化验包括一般性化验和特殊检验两种。骆驼尿液呈黄色、透明、不混浊，pH为6～7，但比赛和训练后尿液pH有增加至8～9的倾向。正常尿液比重范围比较大，为1.027～1.070，取决于骆驼的水饱和状态。在脱水和所有疾病状态下，尿液比重明显增加，尿量显著减少。在尿液特殊检验中主要分析尿液的异常成分，包括蛋白尿、血红素尿、肌红蛋白尿和糖尿等。在尿沉渣中需要检查红细胞、白细胞、上皮细胞、肾管型、晶体和寄生虫卵等。通过尿液培养方法可证明是否有尿道细菌感染，但必须无菌采集尿液。

四、用药特点

根据骆驼体格大、耐受性强、消化系统解剖学结构特点与其他家畜不同等特殊性，用药剂量一般可相当于牛和马的两倍，或是按照规定按体重给药。但还要看骆驼对某种药物的敏感程度，不能一概而论。最好在开展药物动力学试验基础上确定实际给药剂量。但在国内，有关兽药在双峰驼体内的药代动力学研究工作基本处于空白，目前的给药剂量基本根据体重推算而得。在临床具体用药时，应坚持"辨证施治"和"整体观念"，以病程的长短、机体的盛衰、年龄的老幼、病势的轻重缓急为依据，做出临床症候确切的判断，据此立法用药，拟定恰当的处方，给予不同的药物，治疗不同的疾病，才能收到满意的效果。

第二章

CHAPTER 2

骆驼常见传染病与防治

第一节　细菌性疾病

骆驼细菌性疾病主要包括大肠埃希氏菌病、沙门氏菌病、梭菌性疾病、巴氏杆菌病、布鲁氏菌病、结核病、炭疽、脓肿病、嗜皮菌病和传染性乳腺炎等。

一、梭菌性疾病

（一）肉毒梭菌毒素中毒

肉毒梭菌能够产生神经毒素（即肉毒梭菌毒素，简称肉毒素），引起人和动物中毒。肉毒素通过肠道被吸收，由血液转运至外周神经细胞引起松弛性瘫痪，动物最终因循环障碍和呼吸麻痹而死亡。骆驼对肉毒素较敏感，然而旧大陆骆驼的临床病例报道较少，新大陆骆驼中则未见相关报道。骆驼肉毒素中毒的临床诊断较难，因而容易被忽略。

1.病原　肉毒梭菌是革兰氏阳性专性厌氧的棒状杆菌，在接近中性或偏碱性pH时可产生近端芽孢，芽孢耐热，在121℃高压下经15min才能被杀灭。其毒素在pH为3～6条件下毒性不减，正常的胃液和消化酶经24h不能将其破坏；但对碱敏感，pH8.5以上即可被破坏。0.1%高锰酸钾、100℃经20min，均能破坏毒素。肉毒梭菌芽孢广泛分布于许多地方的土壤、池塘和湖泊沉积物中。在足够厌氧条件下，肉毒梭菌芽孢可在各种碱性或中性环境中生长，偶尔可在伤口中生长。在严格厌氧条件下的生长过程中可产生8种神经毒素，但微量的氧气就可抑制其生长。根据其毒素抗原性的不同，可将肉毒梭菌菌株分为A、B、C、D、E、F和G共7个型。

因肉毒素毒性强大，所以被美国疾病控制与预防中心认为是最危险的6种A类生物恐怖因子之一，多个国家将其作为生物武器。肉毒素对所有温血动物和冷血动物均有毒性作用，在家畜中以马最为易感，猪最迟钝。肉毒素主要作用于动物的神经肌肉接头部位，抑制神经递质乙酰胆碱的释放，引起肌肉麻痹。

2.流行病学　肉毒素中毒易在热带的干旱和半干旱的牧场流行，典型特征是导致骆驼麻痹无力。该病最早在牛中发现，认为这与土壤中缺乏磷有关。如果牧草中缺乏矿物质，动物就会通过消化含磷的动物源饲料来补足，通常认为尸体是中毒的来源之一。1990年，一场毁灭性的肉毒素中毒暴发于澳大利亚昆士兰的2个饲养场，造成5 500多头公牛死亡，暴发的主要原因是由于饲料中添加了鸡骨粉。

肉毒梭菌芽孢在土壤和泥土中较常见，并可存活数年至数十年，根据毒素特征已经鉴定出7种不同的血清型和亚型。很多临床病例都与摄入青贮饲料、腐败蔬菜或家禽粪便有关。此外，病原体偶尔可在创口（创口型肉毒素中毒）和消化道（毒素感染型肉毒素中毒）中生长并产生毒素，引起动物发病。肉毒素在细菌对数生长期的最后阶段合成，并在细菌细胞溶解时释放，细菌细胞只能产生C2毒素，而其他型毒素的产生与噬菌体有关。因此，肉毒梭菌及其噬菌体之间的联系是了解肉毒素中毒的决定性标准。实验证明，如果中型的肉毒梭菌菌株被感染C1毒性噬菌体感染，该菌株就会产生C1毒素，将变成C型菌株；如果被D毒性噬菌体感染相同的中型菌株，即变成D型菌株。

有关骆驼的肉毒素中毒报道很少，Provost等（1975）在乍得共和国观察到单峰驼C型肉毒素中毒的毁灭性暴发。在调查的150峰单峰驼中，已经死亡45峰，另有40峰患病严重。患病骆驼行走困难，后肢及臀部瘫痪，并在几小时内死亡。推测毒素来源可能是骆驼喝了被尸体污染的泉水，其中含有肉毒素。

3. 临床症状　所有哺乳动物的临床症状相同，均表现为急性经过。主要症状由最初的骨骼肌震颤到进行性麻痹（主要是后肢麻痹），卧地不起，瞳孔散大、眼睑下垂，舌收缩虚弱，经常在几小时内死亡，尸检无损伤。

4. 诊断　肉毒素中毒通常很难诊断，一般基于病史、临床症状和垂死动物或最近死亡动物的血清或者饲料中检测毒素来初步确诊。亦可在饲料中分离肉毒梭菌；或采集患病或濒死动物的血清0.5 ～ 1mL给小鼠腹腔注射，如果有毒素，几小时到3d内小鼠会出现明显的"蜂腰"症状。

遗憾的是，当检测骆驼等大动物时，因为血清或瘤胃液内毒素浓度太低，不足以引起小鼠出现明显症状，从而检测不到毒素。因此，骆驼肉毒素中毒的诊断主要靠病史和临床症状。饲料样本的毒素检测可通过饲喂特异性免疫的实验动物或羊来进行。美国已有A型、B型、C型、E型、F型的商用肉毒梭菌ELISA检测试剂盒，但不用于临床样本的诊断，只用于环境样本的检测。检测肉毒素的其他方法还包括免疫扩散试验和补体结合试验等，但这些方法还没有商用。除了补体结合试验外，其他试验的敏感性均不及小鼠的生物学测定方法。

5. 防控　除了注射含有特定毒素型的高免血清外，到目前为止仍无特异的治疗方法。由于要确定导致动物发病的肉毒梭菌的血清型，有些国家采取在病程早期注射多种混合抗血清或用多价血清的方法进行治疗。静脉注射抗血清价格昂贵，牛和马每种类型的抗血清注射5mL，患病骆驼至少需要静脉注射5mL，并在24h之内可能需要重复治疗一次。除注射抗血清外，在治疗期间对患病骆驼实施良好的护理很重要。未来，有可能将骆驼特有的重链抗体片段应用于该病的治疗。

预防措施包括免疫接种、纠正磷缺乏以及消除中毒根源等。有商用疫苗可使用，有时应用肉毒素中毒和黑腿病的联合疫苗。应重点免疫受威胁地区的骆驼，初免后第5周要进行二免，之后每年免疫一次。澳大利亚和南非地区用含有C型和D型毒素的二价疫苗免疫，北美洲和欧洲国家用B型和C型毒素的二价疫苗免疫。

（二）黑腿病

黑腿病（black leg）又称气肿疽、鸣疽，是由气肿疽梭菌引起的反刍动物急性、热性、败血性传染病，主要引起四肢充血肿胀和气性产物，通常与去势、剪毛、断尾引起的外伤有关。气肿疽梭菌最初是于1879—1884年由Arloing Corn Evin 和 Thomas 阐明为气肿疽的病原菌。1887年首次培养成功。黑腿病以组织坏死、产气和水肿，特别是股、臀、肩和胸部等肌肉丰满处发生气性肿胀，按压有捻发音为特征。本病为古老的传染病，在北美洲、亚洲、欧洲、非洲的很多国家普遍存在。

1.病原 气肿疽梭菌为两端钝圆的杆菌，易呈多形性。在组织中和新鲜培养物中呈革兰氏阳性，在陈旧培养物中可染成阴性。不形成荚膜，有周围鞭毛能运动，偶尔出现不运动的变种。在体内外均可形成卵圆形芽孢，比菌体宽，位于菌体中心或偏端；在液体和固体培养基中很快形成纺锤状芽孢，是专性厌氧菌。在普通培养基上生长不良，加入葡萄糖或肝浸液能促进其生长。在血液琼脂平皿表面的菌落溶血，呈圆形，边缘不太整齐、扁平、灰白色纽扣状，有时出现同心环，有时中心凸起。气肿疽梭菌有鞭毛抗原、菌体抗原及芽孢抗原，所有菌株均具有一个共同的菌体抗原，按鞭毛抗原又分成两个型。本菌与腐败梭菌有一个共同的芽孢抗原。本菌的繁殖体对理化因素的抵抗力不强，但芽孢抵抗力很强，病原菌一旦形成芽孢，则对消毒药、湿热及寒冷等都具有非常强的抵抗力。在泥土中可存活5年以上，干燥病料内的芽孢在室温下可存活10年以上，煮沸20min、3%福尔马林经15min或0.2%升汞经10min均可存活。可在盐腌肉中存活2年以上，在腐败的肌肉中可存活6个月。

2.流行病学 自然情况下黑腿病主要侵害牛、水牛，绵羊少见，山羊、鹿以及骆驼亦有发病报道，猪与貂类虽可感染，但更少见。鸡、马、骡、驴、犬、猫不感染，人有抵抗力。

3.临床症状 骆驼主要以高热、食欲不振、跛行、发生浆液出血性肿块和肌肉丰满处发生炎性肿胀为特征，尤其是病驼四肢充血肿胀和出现气性产物，按压肿胀部位可发出捻发音。病驼还表现出呼吸困难、发出咕噜声，并在几天内死亡。

4.病理变化 尸体很快腐败而发生肿胀，从口腔或肛门流出带泡沫的暗红色液体，体表局部还留有气肿疽特有的气性肿胀和指压捻发音，切开患部，则有暗红色或褐色的浆液性液体流出。肌膜组织和皮下结缔组织有大量的红色浆液或胶状物浸润，患部肌肉呈明显、特征性的气性肿胀和出血性炎症变化。局部淋巴结出血和肿胀。胸腔积有红色液体，胸膜和心包有黄色浆液性液体。肝脏经10%福尔马林固定时，切面有许多黄豆或绿豆大小的孔洞。肾和膀胱均有出血现象。

5.诊断 根据临床症状，结合从感染组织中分离到杆菌或荧光抗体试验加以诊断。

6.防控 治疗骆驼气肿疽，早期可用抗气肿疽高免血清，静脉或腹腔注射，同时应用大剂量青霉素和四环素，效果较好。局部治疗，可用普鲁卡因青霉素于肿胀部周围分点注射。

由于反刍动物经常接触受气肿疽梭菌芽孢污染的土壤，目前完全控制气肿疽几乎不现实，因此接种疫苗是唯一的预防措施。我国已研制出气肿疽氢氧化铝甲醛灭活苗，皮下注射5mL，免疫期6个月，犊牛6月龄时再加强免疫一次，可获得良好的免疫保护效果。近年来又研制出气肿疽干粉疫苗和气肿疽灭活苗。气肿疽干粉疫苗使用时与20%氢氧化铝胶体混合后皮下注射1mL，免疫期为1年。干粉疫苗的保存期长达10年或更长，保护效果好，剂量小，反应轻，使用方便，易于推广。

除了免疫接种外，还应注意以下几点：

（1）病驼应立即隔离治疗，受威胁的驼群应紧急免疫接种或注射气肿疽高免血清。

（2）病死驼严禁剥皮吃肉，应深埋或焚烧。病畜圈栏、用具以及被污染的环境用3%福尔马林或0.2%的升汞消毒。粪便、污染的饲料和垫草等均应焚烧销毁。

（三）恶性水肿

骆驼恶性水肿（malignant edema）是一种人畜共患的创伤性急性传染病，主要由腐败梭菌感染引起，该菌还可引起羊快疫。骆驼恶性水肿的特征为局部发生急性炎性气性肿胀，并伴发有发热和全身性毒血症。

1.病原 病原为多种厌氧菌，主要是腐败梭菌，与气肿疽梭菌颇为相似。腐败梭菌曾称为腐败杆菌、腐败弧菌、恶性水肿杆菌。腐败梭菌为革兰氏阳性的直或弯曲杆菌，大小为（0.6～1.9）μm×（1.9～3.5）μm，在动物体内尤其是在肝脏被膜和腹膜上可形成微弯曲的长达数百微米的长丝。用凝集试验可将本菌分为不同的型，按O抗原可分为4个型，再按H抗原可分为5个亚型，但没有毒素型的区分。

2.流行病学 腐败梭菌广泛分布在于土壤中，也存在于某些草食动物的消化道中。致病范围很广，经创伤感染可引起人的气性坏疽和动物的恶性水肿。恶性水肿在骆驼多因去势和助产造成创伤时发生，死亡率高达90%以上。

3.临床症状 潜伏期为2～3d。病初患部水肿、热痛，逐渐变为冷而无痛的气肿，按压时有捻发音。切开肿胀部位后会流出红黄色酸臭的液体，有时带气泡。肌肉呈暗褐色。如产道感染时，阴道红肿，流出污红色腐臭的分泌物。此时病驼心脏衰弱，有时体温升高，常常在数日内死亡。

4.病理变化 剖检时可发现局部组织的弥漫性水肿；皮下有污黄色液体浸润，含有腐败酸臭味的气泡；肌肉呈灰白或暗褐色，多含有气泡；脾脏、淋巴结肿大，偶有气泡；肝脏、肾脏浊肿，有灰黄色病灶；腹腔和心包腔积有多量液体。

5.诊断 根据临床特点，结合外伤情况及剖检变化，一般可做出初步诊断，诊断要点为：①发病前常有外伤史；②病变部明显水肿，水肿液内含气泡；③病变部肌肉变性、坏死；④若为产后发病，则子宫及其周围组织（结缔组织、肌肉等）明显水肿，内含气泡；⑤若为去势后发病，则阴囊、腹部发生弥漫性炎性水肿；⑥确诊尚需结合动物接种试验、细菌学诊断等。应与炭疽和气肿疽进行鉴别诊断。

6.防控 平时防止外伤，发生外伤后应及时消毒和正确治疗。骆驼去势创口及助产时的外伤须及时消毒，防止感染。对病驼可用青霉素和链霉素肌内注射治疗，每天2次。尽早切开患病部位，除去腐败组织和渗出液，用0.1%～0.2%高锰酸钾或3%过氧化氢溶液冲洗，并撒布磺胺粉。

目前尚无有效的疫苗，由于本病与羊快疫的病原相同，因此建议可用羊快疫疫苗进行免疫。

（四）肠毒血症

骆驼肠毒血症（enterotoxaemia）是产气荚膜梭菌在骆驼肠道内大量繁殖并产生毒

素所引起的急性传染病。该病以发病急，死亡快，死后肾脏多见软化为特征，又称软肾病、类快疫。

1.病原 产气荚膜梭菌是一种重要的人畜共患病病原，是典型通过分泌外毒素致病的肠道致病菌，广泛存在于污水、土壤、食物、人畜粪便及消化道中。其致病因子是菌体分泌的多种外毒素。根据其分泌毒素的种类，产气荚膜梭菌目前被分为A、B、C、D、E型（A型产α毒素，B型产α+β+ε毒素，C型产α+β毒素，D型产α+ε毒素，E型产α+ι毒素）。其中A型产气荚膜梭菌临床最常见，其主要引起人的肠胃炎型食物中毒、人和家畜气性坏疽及肌坏死；B型主要引起羔羊痢疾和家畜创伤性坏疽；C型可导致家畜致命性疾病及人类坏死性肠炎；D型主要与家畜肠毒血症相关；E型引起犊牛及羔羊的肠毒血症。对骆驼致病的主要是A、C和D型。该菌是骆驼消化道中的常在菌。

2.流行病学 肠毒血症呈现地方性流行或散发。本病具有比较明显的季节性，常见于春末夏初或秋末冬初。在牧区由缺草或枯草的草场转至青草丰盛的草场，动物采食过量后降低胃的酸度，导致病原体的生长繁殖加快；进而动物小肠的渗透性增强，并吸收产气荚膜梭菌毒素甚至到达致死剂量时可引起发病。多雨季节、气候骤变、地势低洼等均易于诱发本病。哺乳期的绵羊、山羊、牛及骆驼易感，实验动物以豚鼠、小鼠、鸽和幼猫最易感。

骆驼肠毒血症是一种急性传染病，当卫生条件差、饲养管理不良、饲料突然改变、搭配不当、粗纤维不足等使骆驼肠道内环境发生改变，肠道正常菌群被破坏时，产气荚膜梭菌可大量繁殖，并产生外毒素，引起肠毒血症。同时，此病的发生可导致动物机体免疫力迅速下降，进而继发其他细菌和病毒的感染。

3.临床症状 骆驼肠毒血症一般可分为急性、亚急性和慢性经过。主要特征是病初轻度跛行和腹泻，并持续很长时间。粪便为软便到水样不等，呈灰绿色。有时离群、低头站立或喜卧，食欲减退或不食，全身无力，行走和站立不正常，经常摔倒。严重病例体温升高达40℃以上，神经系统机能紊乱和痉挛，表现为醉酒状，顽固性腹泻。

4.病理变化 尸体僵硬，鼻腔、口腔和肛门流血易凝固，肛门有黑色似油状的凝血，未见有其他天然孔出血。瘤胃积食，直肠、盲肠、回肠、十二指肠、肠系膜等大量出血，小肠空虚、呈暗红色（图2-1）；肺脏、心包出血，气管内有大量的泡沫；肾脏肿大并软化，肾盂有出血点（图2-2）。

5.诊断 主要包括治疗性诊断和实验性诊断。对患病骆驼进行治疗性诊断，主要注射大剂量青霉素，同时配合灌服复方磺胺脒片，连续治疗2d，可获得较好的效果。实验性诊断方法是采集20mL左右的体液病料，加入适量生理盐水，在离心处理之后，抽取其上清液20mL，给健康家兔静脉注射10mL。若实验家兔死亡，并剖检发现肺部充血，心脏明显肿大，小肠充血等现象，即可做出诊断。

6. 防控 在治疗方面，一定要坚决秉承"早隔离、早治疗"的基本原则，优先选择消炎药灌服。如果病情严重，在条件允许的情况下，可以肌内注射大剂量青霉素，同时配合灌服磺胺脒；若出现了严重脱水现象，要及时补充体液。

在预防方面，首先要净化环境。对于死亡的骆驼，要进行焚烧和深埋处理。同时

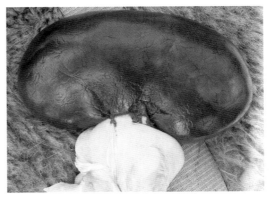

图2-1　驼羔肠毒血症，小肠出血和产气　　　图2-2　驼羔肠毒血症，肾脏软化
（资料来源：哈斯苏荣）　　　　　　　　　（资料来源：哈斯苏荣）

对周围的环境进行严格消毒。其次，建议饮用含消毒类药物的饮水，尤其是在下雨天气，要及时给全群骆驼饮用浓度为0.1%的高锰酸钾水，之后间隔3～4d再行饮用。但是需要注意的是，饮水的时候水槽必须是木质的或者是胶质的，千万不能使用铁槽。另外，在多雨季节之前，可给骆驼进行羊梭菌疫苗注射，每峰骆驼的注射剂量为5mL。但要注意疫苗的特异性，建议首先进行小范围的试验，确定无不良反应后再推广至全群。

（五）破伤风

破伤风（tetanus）是由破伤风梭菌经伤口感染并产生外毒素引起的一种急性中毒型人畜共患病，主要以骨骼肌发生强直性痉挛和"牙关紧闭"症状为特征，且在较大的噪声和触摸皮肤等外界刺激时症状加重，故又称强直症。虽然几乎所有哺乳动物均可感染破伤风，但各种动物对破伤风毒素的敏感性差异很大，除人类外马是最敏感的，而骆驼有较强的抵抗力。

1.病原　破伤风梭菌为细长形，长4～8μm，宽0.3～0.8μm，经常以相当长的细丝形式存在。当形成芽孢时，细菌呈特殊的鼓槌状，芽孢呈圆形，一般在菌体的一端，有时在菌体的两端，呈哑铃状。破伤风梭菌产生芽孢的时间不固定，不同菌株和不同培养条件下产生芽孢的时间不同，有的培养48h后出现芽孢，而有的培养2～3d也找不到芽孢。破伤风梭菌是严格的厌氧菌，最适合的生长温度是33～37℃。在常用的丰富培养基中易生长，在中性或偏碱性补充有还原物质的培养基中更易生长。破伤风梭菌保存于真空封闭的管内可以生存若干年，芽孢可以抵抗高温和干燥，并且对大多数消毒剂有抗性。但对碘的水溶液及中性戊二醛溶液敏感，在短时间内可杀死其芽孢。

2.流行病学　各种动物均有易感性，其中以单蹄动物最易感，猪、羊、牛次之，犬、猫偶尔发病，家禽自然发病较罕见。幼龄动物的易感性高。该菌广泛存在于自然界，在人和动物的粪便中经常存在该病菌，尤其是在施肥的土壤和腐臭的淤泥中。感染常见于各种创伤，如断脐、去势、手术、断尾、穿鼻、分娩损伤等，在临床上有些病例查不到伤口，可能是创伤已愈合或经由损伤的黏膜而感染。破伤风的发病无明显的季节性，多为散发，但环境卫生差及春、秋雨季病例较多。

骆驼科动物的破伤风罕见，易感程度仍未知。一般是通过污染的伤口或荆棘长刺的刺伤而感染发病。有人报道，在外部伤口较多且无疾病迹象的单峰驼中检测到破伤风抗体，由此认为骆驼科动物对破伤风具有相当强的抵抗力。曾在秘鲁、阿根廷等地区报道过新大陆骆驼的破伤风病例。骆驼发生破伤风主要因冬春集中去势而感染发生，如不及时防治，常造成很大损失。骆驼对破伤风外毒素耐受性较强，只要治疗方法得当，多数可以痊愈。

3.临床症状　潜伏期一般为14d左右。症状主要表现为强直性痉挛，如颈与尾强直、步态僵硬、牙关紧闭、吞咽困难、全身肌肉痉挛、四肢开张等。体温一般正常或稍高。病程如超过10d，有自愈希望。

4.诊断　破伤风的临床症状很特殊，在多数情况下依据外伤病史和临床症状即可做出诊断。有时可能从伤口处分离到破伤风梭菌，通过小鼠接种试验证明其毒素对确诊很有帮助。也可以尝试用病料涂片进行革兰氏染色，以发现病原菌。

5.防控　早期及时采取有效的治疗措施，可以治愈。如在感染后最初的72h内，采取静脉注射破伤风抗毒素，并进行清创，配合高剂量普鲁卡因+利多卡因+抗生素治疗3～5d即可治愈。同时应考虑使用镇静、肌肉松弛药（如氯丙嗪）和加强护理等可加快康复。若有深部感染创伤，应通过手术清理和使用过氧化氢或其他消毒药进行清创消毒。

接种疫苗是预防破伤风安全、有效、长期保护的唯一途径。如果未接种疫苗的动物受伤，应给予破伤风抗毒素，以提供及时的保护。破伤风疫苗可产生长期免疫保护作用，但需要7～10d方可产生抗体。骆驼去势之后可能会引起破伤风，因此对所有珍贵骆驼都应该在手术前进行免疫。

二、副结核病

副结核病（paratuberculosis）是一种影响骆驼肠道的慢性、消耗性疾病，其感染途径主要是经口感染。其特征是小肠末端出现广泛性肉芽肿，慢性结肠炎和肝炎，局部淋巴结炎，并导致骆驼吸收不良、进行性消瘦而易继发其他脏器病变。该病主要由副结核分枝杆菌引起，可造成骆驼产奶量减少和产肉量下降，造成严重经济损失。

1.病原　副结核分枝杆菌为长0.5～1.5μm的革兰氏阳性小杆菌，无鞭毛、不形成荚膜和芽孢，具有抗酸染色的特性，与结核分枝杆菌相似。在组织与粪便中多排列成团或成丛（图2-3）。初次分离培养比较困难，需在培养基中添加草分枝杆菌素抽提物，培养所需时间也较长，一般需

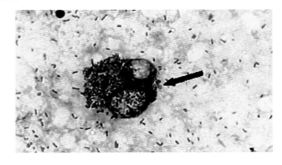

图2-3　由骆驼肠道分离的副结核分枝杆菌
（资料来源：Alharbi K. B.等）

6～8周，长者需6个月才能发现小菌落。菌落细小、微白色、隆起、圆形，边缘薄，略不规则。该菌存在于患病骆驼的肠壁、肠系膜淋巴结及粪便中，但粪便分离率较低。

2. 流行病学 苏经力等（2000）报道，在某养驼地区自从1996年开始发现该病，经过一年多的时间在饲养的264峰骆驼中因病死亡17峰。当初诊断为肠炎，治疗无效，尸检发现小肠肿胀。有的病驼无任何临床症状，只是逐日消瘦，最后死亡，尸检同样见肠壁肿胀，后诊断为骆驼副结核病。该病呈散发，一年四季都有发生。以冬春枯草期发病多，症状明显，病程长，从发病到衰竭死亡时间为6～16个月。

在俄罗斯、土库曼斯坦和蒙古国，骆驼副结核病亦比较普遍，并且是双峰驼的一种重要疾病。在其他国家，如印度、沙特阿拉伯、阿联酋、突尼斯和肯尼亚等也有该病发生的报道。感染通常由于摄入受污染的食物或水引起，以6月龄左右的驼羔最易感染，但在2～3岁以下的动物中很少发生临床症状。

本病的扩散比较慢，各个病例的出现往往间隔较长的时间，因此从表面上似乎呈散发性，但实际上它是一种地方流行性疾病。

3. 临床症状 本病潜伏期长，可达6～12个月，甚至更长。有时驼羔感染直到2～5岁才表现临床症状。早期临床症状不明显，以后症状逐渐变得明显，主要表现为间歇性腹泻，以后变为顽固性腹泻，粪便恶臭带有气泡、黏液和血液凝块。患病骆驼食欲比较正常。典型病例表现为病初粪不成球，渴欲增加，继而拉稀粪，时停时泻。随着病程的延续，病驼逐日消瘦，下腹水肿，被毛蓬乱失去光泽，皮肤失去弹性；个别病驼无任何明显临床症状，只是逐日消瘦，眼窝下陷，毛焦欣吊，极度乏弱，最后衰竭而死。

4. 病理变化 剖检濒死期的2峰骆驼，1峰为6岁母驼，1峰为4岁公驼，可见尸体极度消瘦，内脏脂肪呈青白色、透明胶样变性，肠淋巴结肿大、水肿呈紫红色，小肠壁变厚，肠管变窄。采集病变淋巴结，涂片，抗酸染色，镜检有红色成丛的细小杆菌（图2-4）。

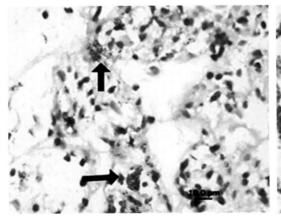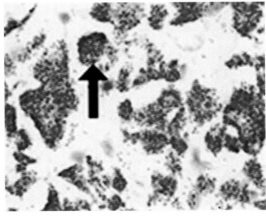

图2-4 淋巴结切片显示含有大量的抗酸杆菌

（资料来源：Ghosh 等）

5.诊断

（1）细菌学诊断　可采取患病骆驼粪便中的黏液、血丝或黏膜碎片，制成涂片，自然干燥、火焰固定，用抗酸染色法染色，干燥后镜检，可见副结核分枝杆菌呈红色，其他细胞及杂菌呈蓝色。也可刮取肠黏膜，涂片、抗酸染色、镜检。对病死的骆驼，可取有病变的肠段，用灭菌生理盐水轻轻洗涤，除去黏液及食糜，刮取肠黏膜，涂片、抗酸染色、镜检，或切开有病变肠段的肠系膜淋巴结皮质部，触片或涂片、抗酸染色后镜检。为了提高检出率，可通过沉淀法或浮集法集菌后再涂片、抗酸染色和镜检。也可在涂片上滴加金胺荧光色素后检查，菌体呈黄色亮点，易于发现。本菌生长缓慢，分离培养由于需时太长，故在实验室诊断中很少应用。

（2）变态反应诊断　对于没有临床症状或临床症状不明显的骆驼，可以用副结核菌素或结核菌素做皮内变态反应试验。取副结核菌素或结核菌素0.2mL注射于待检骆驼颈侧皮内，48h后检查结果，凡皮肤出现弥漫性肿胀、有热痛表现、皮肤增厚1倍以上者均可以判定为阳性。

（3）血清学诊断

ELISA：1978年Jorgensen首先采用ELISA诊断牛副结核病，此后许多学者也开展了这方面研究。近年来，应用该方法诊断本病的报道日益增加，认为其敏感性和特异性均优于补体结合试验，有可能代替补体结合试验。Ameen等应用ELSIA方法成功检测出骆驼体内抗禽分枝杆菌副结核亚种（MAP）抗体，并证明ELISA检测方法是一种有效针对骆驼感染MAP的筛查工具。

real-time PCR：近年来随着PCR技术的提升和更新，real-time PCR在疾病的检测中起到了很重要的作用。Alhebabi使用real-time PCR试剂盒（VetAlert, Tetracore Johne's real-time PCR试剂盒，美国）对骆驼粪便样本中MAP的DNA进行筛查试验，并获得成功。

6.防控

由于患病骆驼多在感染后期才出现临床症状，因此药物治疗通常无效。使用链霉素等抗分枝杆菌药物，均无效果。一般止泻药物，可使症状好转，但停药后不久即复发。因此，一旦确诊为副结核病，为了防止对环境造成污染，应对感染骆驼实施屠宰处理，并要有良好的防污染措施。

要加强饲养管理，特别对驼羔更要注意给予足够的营养，以增强其抗病力。不要从疫区引进骆驼，必须引进时要进行严格检疫，确认健康后方可合群。对粪便检验呈阳性及有临床症状的患病骆驼，要及时隔离。搞好卫生管理，定期消毒。禁止与牛群、羊群轮牧，以防交叉感染。关于本病的人工免疫，国外有弱毒菌苗和灭活菌苗两种，因免疫效果不佳和使接种动物变态反应转阳，并且干扰结核病的检疫，因而未能得到广泛推广。

三、炭疽

炭疽（anthrax）是由炭疽杆菌引起的急性、热性、败血性人畜共患传染病，主要以高热、呼吸困难和形成痈肿等为临床特征，最终因败血症而死亡。病变特点是脾脏高度肿大，皮下及浆膜下出血、胶冻样浸润，血液凝固不良，呈煤焦油样。此病在全世界各种动物均有发生，对骆驼而言，是排在锥虫病和蜱螨感染之后的第三大疾病，也是单峰驼最致命的疾病之一。

1.病原 炭疽杆菌为革兰氏阳性，不运动，兼性厌氧型，可形成芽孢和荚膜。炭疽杆菌暴露于充足氧气和适宜温度下形成椭圆形的芽孢，芽孢小于菌体，位于中央，对热、紫外线、电离辐射、压力和化学试剂等不利环境条件具有很强的抵抗力，能够在土壤中长期生存。在病料检样中多散在或 2～3 个短链排列，有荚膜；在培养基中则形成较长的链条，呈竹节状，一般不形成荚膜。炭疽杆菌的主要毒力因子是分泌至胞外的炭疽毒素和能够抵抗吞噬的荚膜多糖。炭疽荚膜能够帮助炭疽杆菌逃避宿主免疫系统中的巨噬细胞等吞噬杀伤细胞的吞噬，从而促进炭疽杆菌在动物体内的大量繁殖。

2.流行病学 自然条件下，草食动物对炭疽的易感性高，以绵羊、山羊、马、牛和鹿最易感，骆驼、水牛和野生草食动物次之。患病动物是炭疽的主要传染源，当它们处于菌血症状态时，可通过粪、尿、唾液及天然孔出血等方式排菌，加之尸体处理不当，更使大量病菌散播于周围环境，若不及时处理，则形成芽孢，污染土壤、水源或牧场，而芽孢能够在这些地方存活数年至数十年，使之成为长久疫源地。尤其是当放牧家畜在饲料短缺时啃食地面上的牧草时，不仅通过消化道感染，还因吸入被污染的尘土而导致肺炭疽。

消化道是炭疽的主要感染途径，如摄入被污染的饲料或水坑里的水。除此之外，虻等吸血昆虫可诱发骆驼皮肤炭疽，蝇蛆携带的炭疽杆菌可通过受损的黏膜感染骆驼。在埃及、埃塞俄比亚和尼日利亚等国家均有骆驼炭疽暴发的报道，在哈萨克斯坦虽然有动物炭疽的报道，但未见骆驼感染炭疽的报道。

骆驼炭疽病在不同地区发病率有明显区别，我国骆驼炭疽病的发病率相对较小。双峰驼对炭疽不太敏感，但暴发时各年龄的骆驼均可感染。该病多发生于春夏，特别是在干旱或多雨、地震灾后、洪水涝积时更易发生。

3.临床症状 潜伏期一般为 3～7d，分为最急性型和急性型两种。最急性型的患病骆驼突然倒地，全身痉挛，天然孔出血，血液凝固不良，瞳孔散大，数分钟内死亡。急性型的患病骆驼表现为磨牙，呼吸极度困难，颤抖，喉咙、颈部腹面和腹股沟区域明显肿胀，在死亡前骆驼斜卧，排深黑色粪便，天然孔流出带泡沫的血液，一般经 1～2d 死亡。

4.病理变化 急性炭疽为败血症病理变化，尸僵不全，尸体发红、发黑且极易腐败，天然孔流出带泡沫的黑红色血液，黏膜发绀。但为防止该病的扩散和尸体内的炭疽杆菌暴露于空气后形成芽孢而造成长久疫源地以及防止对操作者的危害，一般严禁作常规剖检。剖检可见血凝不良，黏稠如焦油样；全身多发性出血，皮下、肌间、浆膜下结缔组织及肺水肿；脾脏肿大，呈黑色焦油状巨脾，且粥样软化，脾髓呈暗红色；全身淋巴结肿大、出血；肠黏膜和淋巴滤泡有出血、溃疡和出血性坏死。

5.诊断

虽然可根据流行病学特点和临床症状特点做出初步诊断，但确诊需要依靠微生物学及血清学方法。

第二章 骆驼常见传染病与防治

（1）微生物学检测 采取病驼末梢静脉血或其他病料直接涂片，固定后经姬姆萨法或荚膜染色法染色，在光学显微镜下观察可找到单在或 1 ~ 3 个菌体相连呈竹节状的细菌。或者经分离培养后，涂片镜检。

（2）血清学检测 血清学检测对炭疽的流行病学调查有意义。最常用的方法是 Ascoli 沉淀反应，用已知的炭疽沉淀素血清检查菌体抗原，是诊断炭疽简便而快速的方法。

（3）动物接种 取病驼淋巴结、脾脏 2 ~ 3g，剪成小块，加入少量灭菌 PBS 进行研磨，再添加 5 倍左右灭菌 PBS 进行稀释，过滤后取上清液给健康 SPF 小鼠腹腔注射，经过 1 ~ 2d 后小鼠因败血症死亡。吸取腹腔渗出液涂片、染色、镜检，可见到与病死骆驼病料中完全一致的杆菌。

（4）PCR 以炭疽杆菌毒素质粒 pX01 和荚膜质粒 pX02 特异性序列设计的引物建立的 PCR 方法可用于检测炭疽杆菌强毒菌株。该方法可直接针对检样，不需要分离培养，快速可靠。

6.防控 对已确诊为炭疽的患病动物，一般不予治疗，而应尽快严格销毁。对特殊动物必须治疗时，尽早采取措施，且应该有严格的隔离和防护条件。抗炭疽高免血清是治疗炭疽的特效药，早期使用可获得很好的治疗效果。另外，在疾病的早期，特别是在其他临床症状出现之前检测到发热时，用青霉素、环丙沙星、多西环素及某些磺胺类药物治疗该病均可获得良好的治疗效果，且治疗应持续 5d。

在疫区或常发地区，夏季应避免骆驼接触或食入洪水新近冲刷的牧草，防止吸血昆虫的叮咬。每年对以上地区的骆驼进行免疫接种是最主要的预防措施，常用的疫苗有无毒炭疽芽孢苗和 Ⅱ 号炭疽芽孢苗，接种 14d 后产生免疫力，免疫期为 1 年。一旦发生骆驼炭疽，应尽快上报疫情，划定疫点、疫区，采取隔离、封锁等措施，禁止疫区内骆驼交易和输出骆驼产品及草料。应对患病骆驼采取无血扑杀处理，疫区、受威胁区所有易感动物进行紧急免疫接种。对病死骆驼尸体严禁解剖，防止污染环境和形成永久性疫源地。患病骆驼运动场地和用具均应进行全面消毒，地面应除去表层土 15 ~ 20cm，取下的土用 20% 漂白粉溶液混合后再深埋。污染的饲料、粪便等应焚烧。在处理病驼和清理污物时应加强个人防护。

四、鼻疽

鼻疽（glanders）是由鼻疽伯氏菌引起的主要感染马属动物的致命性传染病，但亦可感染人、其他家畜及野生猫科动物、熊、狼和犬类等，骆驼偶尔感染。食肉动物主要通过采食受污染的肉类而发生感染。鼻疽在亚洲、非洲、南美洲的许多国家流行。

1.病原 鼻疽伯氏菌旧名鼻疽假单胞菌，惯称鼻疽杆菌，为一种绝对需氧、无芽孢、非运动性的病原菌。革兰氏染色阴性，且两极着色明显。鼻疽伯氏菌及类鼻疽伯氏菌均属于实验室最危险的细菌，所有相关试验需在生物安全柜中进行，且为避免人员感染要采取所有必要的安全措施。鼻疽伯氏菌生长缓慢，需将琼脂平板置 37℃ 孵育至少 72h。由一只感染该菌的单峰驼病例中分离培养细菌，培养 48h 后可见奶油色圆形小菌落，继续培养 24h 后菌落变大。在含有甘油的血平板上生长 48h 的菌落比其他平板上生长的菌落大。

鼻疽损伤部位通常含菌量很少，病料涂片的显微镜观察很难看到病菌。将鼻疽损伤部位病料用PBS研磨成混悬液后，腹腔注射雄性成年豚鼠，诱发豚鼠产生斯特劳斯反应，并可富集病原菌。目前仍无任何一种生化反应试剂盒可以准确鉴别该菌，最可靠的鉴定方法是PCR。

2. 流行病学及临床症状 骆驼是鼻疽伯氏菌的易感动物，但自然感染鼻疽的骆驼比较少见。传染源是被感染的马，有人将马鼻疽病料经研磨后，静脉注射给予双峰驼第11～15天后，在实验驼鼻腔和其他许多器官出现特征性的结节和溃疡。但也有人认为鼻疽对骆驼几乎没有致病性，曾对蒙古国的50万峰骆驼进行大规模的鼻疽菌素眼睑皮内注射接种检测，仅发现极少数骆驼呈阳性反应，且没有观察到任何临床症状。然而，最近报道了一例自然感染鼻疽的单峰驼病例，该单峰驼曾与两匹鼻疽阳性马密切接触过。患病单峰驼鼻孔流出大量黏液性脓性分泌物（图2-5）、发热、消瘦、疲劳，但无鼻疽样损伤。该病的临床症状主要取决于被感染的途径，但以脓液性皮肤感染为主。

图2-5 患鼻疽骆驼鼻孔排出大量黏液性脓性分泌物
（资料来源：Ulrich Wernery 等）

3. 病理变化 患鼻疽单峰驼的肺、后鼻孔及鼻中隔等部位可观察到典型的鼻疽损伤。在肺部出现高尔夫球大小的微红的灰色结节，与带有中央灰色坏死区的结核结节类似（图2-6）。在后鼻孔和鼻中隔可观察到星状瘢痕、溃疡以及蜂窝样坏死性斑点等，并被覆盖着黄色脓液。其他器官中未观察到鼻疽性损伤。肺部肉芽肿的病理组织学检查，可观察到特征性的中心坏死病灶，并被脓液性炎性物质所包围，其中包含许多中性粒细胞、一些淋巴细胞、巨噬细胞、上皮细胞及少量多核巨细胞。

4. 诊断 补体结合试验和鼻疽菌素试验是世界动物卫生组织（OIE）认定的两种诊断马鼻疽的方法，同样适用于骆驼鼻疽的检测。补体结合试验的灵敏度达90%～95%，但存在假阳性反应（交叉反应）。因此，研究者开发了其他一些血清学检测方法。但目前为止仍没有一种血清学方法能够区分鼻疽伯氏菌病和类鼻疽伯氏菌病。为此人们借鉴诊断人鼻疽的竞

图2-6 患鼻疽骆驼后鼻孔鼻疽性损伤
（资料来源：Ulrich Wernery 等）

争ELISA方法，利用抗鼻疽伯氏菌脂多糖的单克隆抗体（3D11单抗），建立了一种竞争ELISA方法，并已确认可适用于骆驼和马鼻疽的检测和诊断，到目前为止，未发现该方法有交叉反应。除此之外，在实验室可从病料中分离培养和鉴定鼻疽伯氏菌加以诊断。

5.防控 尽管鼻疽伯氏菌对抗生素及磺胺类药物较敏感，但禁止治疗患鼻疽动物，一般采取及时淘汰的措施。目前还没有可用疫苗，因此对于鼻疽只能通过改善公共卫生条件来预防。患鼻疽的骆驼必须要处死、妥善处理尸体，禁止私自剖检，以免扩大污染。对被感染骆驼的用具要进行无害化处理，对有感染的骆驼饲养场所要进行全面消毒处理。

五、类鼻疽

类鼻疽（melioidosis）是由伪鼻疽伯氏菌感染引起的人畜共患传染病。临床表现多样化，可为急性或慢性，局部或全身，有症状或无症状。临床特征是急性败血症，皮肤、肺、肝、脾、淋巴结等处形成结节和脓肿，鼻腔和眼有分泌物，多数病例伴有多处化脓性病灶。病原菌经常在该病流行区的水和土壤中生活，鼠类是病菌的贮存宿主，患病动物可通过粪便排出病原体。健康骆驼因食入被污染的水或饲料而发生感染。

1.病原 伪鼻疽伯氏菌是革兰氏阴性短杆菌，两端钝圆，组织涂片中呈细长杆状，两极着色。两端有鞭毛，富有运动性，是一种需氧菌。在麦康凯培养基、血琼脂培养基和普通培养基上均生长良好，菌落形态由粗糙到黏液状，色泽由奶油色到橙色；在肉汤表面形成坚韧菌膜，4～5d后变厚且有皱褶，并形成黏稠沉淀。低温保存很快死亡，56℃加热可将其杀死。0.7%碘酊、1%盐酸配制的1%高锰酸钾溶液均能在5min内将其杀死。该菌的抗原结构复杂，与鼻疽伯氏菌有共同抗原，各种血清学试验均有交叉反应。类鼻疽伯氏菌是一种腐物寄生菌，在自然条件下抵抗力较强，能在土壤和水中存活1年以上，特别容易在池塘、稻田及菜场等处的不流动死水中存活。

2.流行病学 伪鼻疽伯氏菌是热带地区土壤和水中的一种常在菌，是无处不在的土壤腐生菌，通常存在于水坑，使得水坑成为伪鼻疽的第一疫源地。本病的分布和流行与气候和地理条件有密切关系，有明显的季节性分布，以高温高湿的雨季多发，一般具有4～5d的潜伏期，但亦有感染数月、数年甚至有长达20年后发病的病例。哺乳动物中猪、山羊、绵羊、马、驴、骡、骆驼、牛、犬、兔等均可感染。据报道，1990年3月澳大利亚库克敦地区的4峰骆驼出现咳嗽症状，几天后伴有脓性鼻涕和呼吸困难。最终有3峰感染骆驼死亡，1峰缓慢恢复。同年8月，在罗克汉普顿附近的3峰骆驼死于类似的症状。在这两次暴发中，尸体剖检的主要表现是广泛的坏死性肺炎，其中一例的肝脏和脾脏有散在的坏死病灶。从病驼肺中分离出伪鼻疽伯氏菌。在澳大利亚以前从未发现骆驼伪鼻疽病，可能是由于这种细菌在骆驼生活的气候干旱的栖息地很难生存。然而，在高降雨量地区建立了越来越多的骆驼养殖场，从而为该病在骆驼群中的流行创造了条件。

3.临床症状 伪鼻疽伯氏菌对哺乳动物的感染较为广泛，可在感染者体内潜伏多年后发病，但急性增加的危险性仍然存在。骆驼属反刍动物，若湿热地区的骆驼出现呼吸窘迫症状，应谨慎对待。该病的普遍症状是发热、僵硬、盗汗、肌痛、厌食等，并经常伴有咳嗽，呼吸窘迫，运动失调；眼、鼻有脓性分泌物，四肢及睾丸肿胀；急性者表现为高热、败血症、腹痛、腹泻和水肿；慢性者表现虚弱和水肿。

4.病理变化 受侵害的脏器主要表现为化脓性炎症。在澳大利亚的两次骆驼伪鼻疽疫情中，共6峰单峰驼死亡，所有死亡病例中均观察到严重的坏死性肺炎。阿联酋的1峰诊断为伪鼻疽的骆驼剖检病变显示气管内有肉芽肿，在肺脏、纵隔淋巴结、膈肌、脾脏、肝脏和肾脏均出现严重的干酪样坏死。组织病理学检查结果显示急性坏死性干酪性肺炎和坏死性淋巴管炎。

5.诊断

（1）细菌培养 无菌取患病骆驼病料接种于血平板上，培养24h形成光滑湿润、半透明菌落；培养48h后，菌落增大呈灰黄色、表面皱褶、形似"车轮"状，出现明显溶血。麦康凯平板上生长形成分解乳糖的红色菌落。另外，分离培养可用含有头孢菌素和多黏菌素的选择性培养基。

（2）间接血凝试验 抗原甘油琼脂培养物培养48h后，100℃经2h被杀死，高速离心，弃去液体留下沉淀。致敏红细胞为5%鸡或绵羊红细胞。按常规血凝试验进行操作。结果判定：以1∶40稀释时50%凝集（＋＋）判定为阳性。

（3）变态反应试验

点眼试验：在骆驼右眼点伪鼻疽菌素，观察第3h、6h、9h和24h的反应。类鼻疽病驼的皮肤增厚以24h时为最高，72h时为最低。伪鼻疽感染骆驼全部出现阳性反应。

皮内试验：变态反应原0.2mL颈侧中部皮内注射。注射前及注射后第24h、48h和72h用卡尺量皮褶厚度以注射前后的差为反应值。伪鼻疽感染病畜皮肤增厚值曲线以24h为最高，48h、72h依次降低。

（4）PCR 以金属蛋白酶基因（mprA）为靶基因的PCR方法具有灵敏度高、结果确实等特点，甚至可以从福尔马林固定的石蜡切片中鉴定出伪鼻疽伯氏菌。

6.防控 应早期选用数种敏感的抗菌药物，长期（1～3个月）联合治疗有一定疗效。常用抗菌药物有卡那霉素、新生霉素、四环素、磺胺嘧啶等。联合应用长效磺胺类药物与抗菌增效剂，常可收到较好的疗效。

本病是一种自然疫源性疾病，目前尚无可应用的疫苗。只能采取一般性卫生防疫措施，加强对动物水源的管理，防止水源污染或使骆驼远离污染源。定期用漂白粉或次氯酸钠消毒骆驼的饮用水。养殖场一定要做好灭鼠、防鼠工作，防止啮齿类动物通过粪便污染饲草料和饮水而造成骆驼感染。此外，做好骆驼巴氏杆菌病、支原体病等疾病的预防，以免诱发伪鼻疽的暴发和流行。

六、巴氏杆菌病

巴氏杆菌病（pasteurellosis）是主要由多杀性巴氏杆菌引起的多种动物和人共患的一种急性、热性传染病。动物巴氏杆菌病的急性型常以败血症和出血性炎症为主要特征，因此过去除把猪的感染称为猪肺疫、禽的感染称为禽霍乱外，其他动物巴氏杆菌感染统称为"出血性败血症"。慢性型常表现为皮下结缔组织、关节及各脏器的化脓性病灶，并多继发于其他疾病或混合感染。

1.病原 多杀性巴氏杆菌为细小的球杆状或短杆状菌，两端钝圆，近似椭圆形，大小为（0.6～2.5）μm×（0.2～0.4）μm，在培养物中呈圆形、卵圆形、杆状，单在或成双排列，病料涂片用瑞氏染色或美蓝染色，可见明显的两极着色。新分离的强毒菌株用印度墨汁染色可见黏液性荚膜，但经人工传代培养后迅速消失。巴氏杆菌属细菌已报道的有多杀性巴氏杆菌、嗜肺巴氏杆菌、溶血性巴氏杆菌、尿巴氏杆菌和鸭疫巴氏杆菌等20多种，其中多杀性巴氏杆菌是巴氏杆菌属中最重要的畜禽致病菌，感染动物表现为出血性败血症或传染性肺炎。

该菌不形成芽孢，无鞭毛，革兰氏染色阴性，为需氧或兼性厌氧菌。对营养要求较严格，在添加血清或血液的培养基上生长良好。在血琼脂上形成灰白色、湿润而黏稠的菌落，不溶血；在普通培养基中生长不旺盛，形成透明的露滴状细小菌落，在麦康凯培养基上不生长；在血清普通肉汤中培养，开始轻度浑浊，4～6d后液体变清朗，管底出现黏稠沉淀，振摇后不分散，表面形成菌环；明胶穿刺培养沿穿刺孔呈线状生长，上粗下细。

根据其荚膜抗原（K抗原）和菌体抗原（O抗原），多杀性巴氏杆菌可分为多个血清型，前者可分为A、B、C、D、E和F共6个血清群，后者可分为16个血清型。通常以阿拉伯数字表示菌体抗原型，大写英文字母表示荚膜抗原型。该病的病型、宿主特异性、致病性、免疫性等与血清型有一定的关联性，如我国分离的禽多杀性巴氏杆菌以5：A为多，其次为8：A；猪的以5：A和6：B为主，8：A与2：D其次；羊的以6：B为多，家兔的以7：A为主，其次是5：A。目前，尚未对从骆驼体内分离到的多杀性巴氏杆菌进行系统的血清型鉴定。虽然从发生出血性败血症骆驼体内分离到了B型和E型菌株，但感染骆驼的巴氏杆菌是否还有独特的血清型尚不清楚。

巴氏杆菌对理化因素和外界环境因素抵抗力不强，在日光直射和干燥的条件下迅速死亡；巴氏灭菌法（65℃经30min或70℃经15s）可将其杀灭；常用消毒剂在低浓度下数分钟到十几分钟内可将其杀灭（3%石炭酸和0.1%升汞在1min内可杀灭，10%石灰乳及常用的甲醛溶液3～4min内可使之死亡）。纯培养物在0℃以下会很快死亡，但动物脏器（如肝、脾）中的细菌在−20℃可存活数年。

2.流行病学 多杀性巴氏杆菌宿主广泛，对多种动物（家畜、家禽、野生动物）和人均有致病性，呈世界性分布。家畜中以牛、水牛、猪、兔和绵羊发病较多，骆驼也可以感染发病。虽然所有年龄段的骆驼均可感染，但主要感染成年骆驼。相比于其他反刍动物，骆驼对巴氏杆菌的易感性较低，很少引发出血性败血症，因此在骆驼群中一般呈散发。

该病的发生一般无明显的季节性，但在气候急剧变化、冷热交替、闷热、多雨、潮湿的时候更容易发生。正常骆驼上呼吸道常有巴氏杆菌存在，疾病的发生与环境条件及机体抵抗力状况密切相关，当机体受到应激导致抵抗力降低时可感染发病。例如，当天气寒冷、闷热、气候急剧变化、环境潮湿、通风不良、饲养密度过大、营养不良、突然更换饲料、过度劳累、长途运输等因素的影响而造成机体抵抗力减弱时，病原菌即可乘机侵入肺部，经淋巴液进入血液循环，发生内源性感染。因此，一般认为骆驼在发病前已经带菌，从而导致驼群发病时往往查不到传染源。此外，某些疾病的存在造成机体抵抗力降低，在上呼吸道的巴氏杆菌得以大量繁殖、毒力也开始增强，常继发巴氏杆菌病。

本病主要通过消化道和呼吸道感染。患病及带菌骆驼可持续经由分泌物、排泄物排出病原体，对外界环境、饮水、饲料及用具造成污染，健康动物通过消化道感染；或者通过打喷嚏、咳嗽排出病原体，以飞沫的方式经由呼吸道使其他骆驼感染。另外，吸血昆虫也是传播该病的重要媒介；也可通过损伤的皮肤、黏膜感染。

3. 临床症状 目前，虽然有关于骆驼感染巴氏杆菌的报道，但由单一的一种巴氏杆菌引起的疾病其临床症状仍有争议。为了能与炭疽、沙门氏菌病等临床症状相似的疾病进行鉴别诊断，有必要对骆驼巴氏杆菌病进行全面科学的研究。根据病例报道可将骆驼巴氏杆菌病分为败血型、肺炎型和慢性型。

（1）败血型 表现为出血性败血症，主要发生于成年骆驼，发病率低，死亡率高（可达80%）。类似于牛出血性败血症，其特征为发热（可达到40℃以上）、咽部和肩前部水肿、急性呼吸困难并迅速死亡。伴随出现精神沉郁、结膜潮红、脉搏加快、呼吸迫促、食欲减退、泌乳和反刍停止、下颌和颈部淋巴结肿大。几乎所有病例都伴有出血性肠炎、腹痛、腹泻，粪便初为粥状，后呈液状并混有黏液、黏膜碎片和血液，具有恶臭。病驼常于12 ~ 24h死亡。随着病程发展出现巧克力色尿液。

（2）肺炎型 临床上以发热、鼻腔分泌物增多、流泪、呼吸困难、黏膜充血、咽喉和颈部肿胀、肺炎为特征。后期有的病例发生腹泻，便中带血，有的尿血，经数天至两周死亡，有的转为慢性型。康复的患病动物在肩前淋巴结通常有脓肿残留。

（3）慢性型 以慢性肺炎为主，病程1个月以上。

2021年1月初，内蒙古阿拉善右旗某养驼群突然发病，波及不同年龄段骆驼，甚至死亡。主要临床表现为口流唾液，唾液中有粉红色血液，有的骆驼体温升高至40.6℃，血液凝固不良，多数病程1 ~ 3d。2周内，80多峰骆驼死亡30多峰。经用青霉素、维生素C和氟苯尼考等治疗，可明显延长病程，个别骆驼可治愈。采样送至内蒙古农业大学检测，经病料涂片、瑞氏染色和革兰氏染色，发现大量典型的两极着色、两端钝圆的短杆菌（图2-7），再经分离培养、生化鉴定确定为巴氏杆菌。

4. 病理变化 骆驼巴氏杆菌病与其他各种动物巴氏杆菌感染病理变化相似。

（1）败血型 全身浆膜、黏膜、皮下、肌肉等均有出血点。肺明显肿胀，有出血点或出血斑（图2-8）；显微镜检查可见炎性细胞浸润，肺泡腔有大量炎性渗出物和红细胞，肺泡间质增宽及弥漫性出血。肝脏肿胀、质脆，实质细胞变性、坏死（图2-9）。脾脏有出血点，但不肿胀。淋巴结充血、水肿。胸腹腔内有大量渗出液，渗出物暴露空气中易凝固。胃肠黏膜有明显充血、淤血和出血，黏膜脱落，肠壁变薄，肠内容物呈黑褐色稀糊状。

（2）肺炎型 主要表现为纤维素性肺炎和浆液纤维素性胸膜炎，肺气肿，肺组织

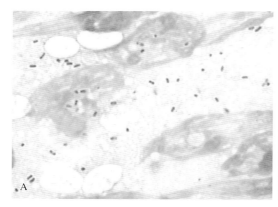

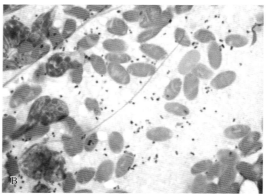

图2-7　骆驼脾脏涂片中两极着色的巴氏杆菌
A.革兰氏染色　B.瑞氏染色
（资料来源：王金玲）

图2-8　多杀性巴氏杆菌感染，肺弥漫性
实变并伴随出血
（资料来源：哈斯苏荣）

图2-9　多杀性巴氏杆菌感染，肝脏肿胀和质脆
（资料来源：哈斯苏荣）

颜色从暗红、淡红到灰白，切面呈大理石样；随着病变发展，肝变区可见到干燥、坚实、易碎的黄色坏死灶，个别坏死灶周围有结缔组织形成的包囊；胸腔积聚大量有絮状纤维素的浆液，并伴有纤维素性心包炎和腹膜炎；渗出性纤维素性心包炎，心包液混浊，胸腔内淋巴肿大出血，呈紫红色。

　　5.诊断　根据流行病学、临床症状和病理变化可做出初步诊断，确诊需要进行实验室检查。可采取病死骆驼血液、肝脏、脾脏、肾脏、淋巴结、唾液及局部病灶组织等，进行染色镜检、细菌分离鉴定、分子生物学及免疫学诊断。

　　（1）显微镜检查　采取新鲜病料涂片或触片，以碱性美蓝或瑞氏染色液染色，显微镜检查，如发现典型的两极着色的短杆菌，结合流行病学调查及剖检变化，即可做出初步诊断。但慢性病例或腐败材料不易发现典型菌体，则需进行分离培养和动物试验。

　　（2）细菌分离培养　用血琼脂平板和麦康凯琼脂平板同时进行分离培养，麦康凯培养基上不生长，血琼脂平板上生长良好，菌落不溶血。将此菌接种在三糖铁培养基上可生长，并使底部变黄。必要时可进一步做生化试验鉴定。

（3）实验动物接种　取1∶10病料混悬液或24h肉汤培养物0.2～0.5mL，皮下或肌内注射于小鼠或家兔，经24～48h死亡，剖检观察病变并镜检进行确诊。

（4）血清学试验　若要鉴定荚膜抗原和菌体抗原型，则要用抗血清或单克隆抗体进行血清学试验。检测动物血清中的抗体，可用试管凝集试验、间接凝集试验、琼脂扩散试验或ELISA。

（5）PCR　既可从病料中直接检测巴氏杆菌，也可对分离物进行鉴定。

6.防控　在巴氏杆菌病的防控方面，根据其传播特点，首先应注意平时的饲养管理，消除可能降低机体抵抗力的各种应激因素，提高骆驼的抵抗力。其次，对圈舍、围栏、饲槽、饮水器具等进行定期消毒，尽量避免病原侵入。再次，应以预防为主，定期接种氢氧化铝灭活苗进行预防，增强机体对该病的特异性免疫力。已有实践证实，使用牛、羊的巴氏杆菌疫苗免疫骆驼，可以控制该病在骆驼群中流行。但由于巴氏杆菌有多重血清型，血清型之间多数无交叉免疫原性，所以应选用与当地常见血清型相同的菌株制备的疫苗进行预防接种。

一旦发病，应立即隔离患病骆驼及可疑病驼，及早确诊并及时治疗。败血型巴氏杆菌病急性发病的特性极大地限制了抗生素治疗效果，但早期合理使用青霉素或土霉素治疗可以取得较好疗效，防止该病暴发。将抗生素和高免血清联用，则疗效更佳。病死动物应进行深埋等无害化处理，严格消毒圈舍和用具。对同群假定健康骆驼，可用高免血清作紧急预防接种，隔离观察1周后如无新病例出现，再注射疫苗。如无高免血清，也可用疫苗进行紧急预防接种，但应做好潜伏期骆驼发病的紧急抢救准备。

在农牧区，加强对巴氏杆菌病防治知识的宣传，防止疫情的发生和蔓延，让广大农牧民群众深入认识并掌握相关防疫知识，了解巴氏杆菌病的危害，提高其防疫意识。

七、沙门氏菌病

沙门氏菌病（salmonellosis）是由沙门氏菌属细菌引起各种动物的疾病总称。沙门氏菌广泛存在于骆驼、猪、牛、羊、家禽、野生鸟类、鼠类等多种动物的肠道和内脏中。1880年Eberth首先发现伤寒杆菌，1885年Salmon分离到猪霍乱杆菌。

1993年，阿联酋驼群中发生过沙门氏菌病，现已遍布于世界各地。很多血清型均能引发骆驼出现临床症状，对骆驼的繁殖和幼驼的健康带来严重威胁。另外，骆驼还是沙门氏菌的重要储存宿主，与人和食品动物的感染密切相关。

1.病原　沙门氏菌为革兰氏阴性，不产生芽孢，亦无荚膜，是一群寄生于人和动物肠道内的胞内寄生菌，生化特性和抗原结构相似。大小为（0.7～1.5）μm×（2.0～5.0）μm，偶有短丝状。根据沙门氏菌对宿主适应性或嗜性不同，可将其分为三群：第一群具有高度适应性或专嗜性，只对人或某种动物产生特定的疾病。第二群是在一定程度上适应于特定动物的偏嗜性沙门氏菌，多在各自宿主中致病，但也能感染其他动物。第三群具有宿主适应性，具有广泛的宿主谱，能引起人和各种动物的沙门氏菌病，具有重要的公共卫生意义，占该属的大多数，鼠伤寒沙门氏菌和肠炎沙门氏菌是其中的突出代表。

沙门氏菌具有菌体（O）、鞭毛（H）、荚膜（K）和菌毛（F）4种抗原，其中前两种是主要抗原。除了鸡白痢沙门氏菌和鸡伤寒沙门氏菌无鞭毛不运动外，其余均以周生鞭毛运动，且绝大多数具有Ⅰ型菌毛。沙门氏菌的血清型虽然很多，但常见的危害人和动物的非宿主适应性血清型只有20多种，加上宿主适应性血清型，有30余种。

沙门氏菌在普通培养基上生长良好，需氧或兼性厌氧，生长温度范围为10～42℃，最适生长温度为37℃，适宜pH为6.8～7.8；培养基中加入硫代硫酸钠、胱氨酸、血清、葡萄糖、脑心浸液和甘油等有助于沙门氏菌生长；多数菌株能产生硫化氢，并能在西蒙柠檬酸盐琼脂上生长；在肠道杆菌鉴别培养基或选择培养基上，大多数菌株因不发酵乳糖而形成无色菌落，但由于产硫化氢，大部分菌落中央显黑色（图2-10）。

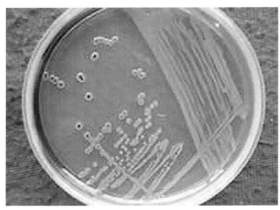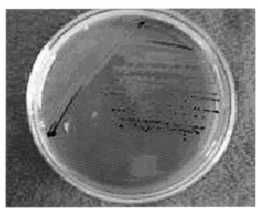

图2-10　沙门氏菌在SS琼脂上形成有黑色中心的无色透明菌落（左），在胆硫乳琼脂（DHL琼脂）上形成无色半透明有黑心或几乎全黑的菌落（右）

沙门氏菌对干燥、腐败、日光等因素具有一定的抵抗力，在外界条件下可以生存数周或数月。冷冻对沙门氏菌无杀灭作用，在-25℃低温环境中仍可存活10个月左右。沙门氏菌不耐热，55℃经1h、60℃经15～30min即被杀死。对化学消毒剂的抵抗力不强，一般常用消毒剂和消毒方法均能达到消毒目的。由于沙门氏菌属不分解蛋白质，不产生靛基质，污染食品后无感官性状的变化，易被忽视而引起食物中毒。

2.流行病学　沙门氏菌属中的许多细菌对人、家畜以及其他动物均有致病性，骆驼亦对沙门氏菌易感，以幼年、青年及消瘦过劳的骆驼易感性最高。该病的发生无季节性，传播迅速，可呈流行性，尤其是潮湿低洼地区及污染环境易流行。目前，骆驼沙门氏菌病几乎呈世界性分布，且鼠伤寒沙门氏菌、肠炎沙门氏菌等是引起骆驼发病重要的血清型。

健康骆驼的带菌现象（尤其是鼠伤寒沙门氏菌）相当普遍。由健康骆驼粪便、淋巴结及肠道内均分离到沙门氏菌。因此，病驼和带菌骆驼是主要传染源，可随粪便、尿液、乳汁及流产的胎儿、胎衣和羊水排出病菌，污染水源和饲料等，经消化道感染健康骆驼。患病骆驼与健康骆驼交配时可感染。此外，胎儿也可在子宫内感染。鼠类可传播本病。

3. 临床症状 骆驼沙门氏菌病主要是由鼠伤寒沙门氏菌和肠炎沙门氏菌引起，以腹泻为主要特征，根据临床症状及病程经过可分为急性型、亚急性型和慢性型。

（1）急性型 特征为急性出血性肠炎（图2-11），伴随脱水及死亡。通常首先发生绿色恶臭水泻，粪便表面有黏液，2d后开始排带血的稀粪，1周后出现全身症状，体温升高至40℃以上，食欲不振，呼吸急促，反刍停止，常卧地，有时表现疝痛症状，且趋向恶化，多于12～15d死亡，

图2-11 鼠伤寒沙门氏菌引起一头幼龄单峰驼发生出血性肠炎
（资料来源：Ulrich Wernery 等）

病死率高达50%。妊娠母驼流产。6月龄以内幼驼，一般表现为急性型且通常伴发败血症、发热及精神沉郁，多于48h内死亡。

（2）亚急性型和慢性型 成年骆驼感染沙门氏菌的共同特征为慢性肠炎。病情发展较慢，表现为顽固性腹泻，伴随间歇热，食欲及反刍时好时坏，病驼显著消瘦，体重减轻，经1个月或更长的时间死亡，偶尔也有自愈者。有些沙门氏菌的菌株能引起范围较广的临床综合征，包括耳朵、尾巴及四肢的缺血性坏死，除去坏死部分可露出轻微出血创面（图2-12）。肠道沙门氏菌亦可参与骆驼关节炎的发生（图2-13）。

图2-12 沙门氏菌感染引起骆驼耳朵缺血性坏死
（资料来源：Ulrich Wernery 等）

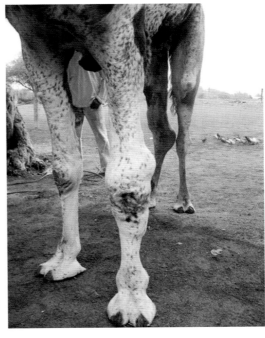

图2-13 沙门氏菌感染引起骆驼关节及关节周围炎
（资料来源：Tejedor-Junco 等）

4.病理变化 肺、心外膜、结肠黏膜和肌肉等器官组织有明显出血、淤血，经常伴随纤维素性心包炎、肺炎、胸膜炎和腹膜炎。十二指肠和盲肠黏膜有出血斑。肠系膜淋巴结水肿和出血。皱胃黏膜弥漫性出血和溃疡。肝变性，脾肿大，肾充血和出血。

组织病理学变化：显微镜下观察可见组织充血、出血变化，并有一定程度的微血管血栓形成。严重的纤维素性脓性脑膜炎伴有明显的蛛网膜腔内出血（图2-14a）。脑充血，多灶性神经胶质增生，血管周围轻度单核细胞聚集。肺水肿、充血，肺泡内充满浆液纤维素样渗出物和少数多形核细胞（图2-14b）。皱胃和肠黏膜出血、糜烂，嗜碱性细菌覆盖肠黏膜表面，大肠表现尤为明显（图2-14c）。急性型病例肝脏切面呈槟榔样外观，表现为小叶中心充血，有中度脂肪变性，但没有炎性细胞浸润（图2-14d）。

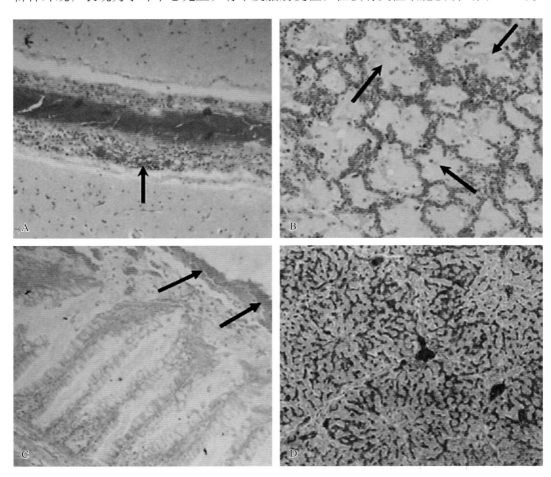

图2-14 沙门氏菌感染后的组织病理学变化
A.脑膜炎，蛛网膜下腔中白细胞浸润 B.肺内充满透明液体
C.嗜碱性细菌分布于肠黏膜表面 D.肝小叶分叶明显并伴有中心充血

（资料来源：Nour-Mohammadzadeh 等）

5.诊断 根据流行病学、临床症状和病理变化，可做出初步诊断，确诊需做沙门氏菌的分离鉴定。

生前采取粪便，死后采取脾、肠系膜淋巴结等进行细菌学检查及分离培养和鉴定，予以确诊。沙门氏菌营养需求简单，未污染的被检组织可直接接种普通琼脂、血琼脂或鉴别培养基，已污染的被检材料如粪便、肠内容物、已腐败的组织等，需用蛋白胨水预增菌培养，然后采用亮绿-胆盐-四硫磺酸钠肉汤、四硫磺酸盐增菌液、亚硒酸盐增菌液等选择性培养基增菌培养，再用麦康凯、伊红美蓝和SS琼脂等鉴别培养基分离。挑取鉴别培养基上的可疑菌落进行纯培养，同时分别接种三糖铁（TSI）琼脂和尿素琼脂培养基，37℃培养24h。若有二者反应结果均符合沙门氏菌者，则取其TSI琼脂的培养物或与其相应菌落的纯培养物进行生化特性和O抗原鉴定。必要时可利用O抗原单因子血清进一步做血清型分型。

病原快速诊断可采取粪便、病变组织等病料，用PCR和定量PCR等分子生物学技术检测。亦可采用单克隆抗体技术、酶联免疫吸附试验（ELISA）等免疫学技术，但该类方法尚未在骆驼科动物广泛应用。

6.防控　预防沙门氏菌病应加强饲养管理和兽医卫生防疫工作，注意环境消毒，保持饲料和饮水的清洁、卫生，消除发病诱因。合理使役，避免长途重役。发现病驼隔离治疗，尸体深埋或烧毁。

幼驼感染肠炎沙门氏菌，常出现酸碱平衡紊乱和代谢性酸中毒，应用支持疗法及合理护理措施很有必要，可口服和注射改善电解质紊乱和平衡酸碱的药物。应用氟苯尼考、新霉素、氨苄西林、阿莫西林等进行治疗，应根据药敏试验结果选用有效的抗菌药物，同时配合止泻、补液、补充葡萄糖、调整胃肠机能等对症疗法，可提高疗效。

目前应用的兽用疫苗多限于预防各种家畜特有的沙门氏菌病，例如仔猪副伤寒、马流产、羊都柏林沙门氏菌病的灭活疫苗。因为新生幼驼免疫系统尚未完善，可对分娩前的母驼进行两次接种，可预防孕畜流产或幼畜感染。用减毒或无毒活菌苗注射或口服免疫动物，效果优于灭活苗。但这些疫苗尚未应用于骆驼，因此，亦可用当地分离的沙门氏菌株制成灭活菌苗预防接种，常能收到良好的预防效果。

八、大肠埃希氏菌病（大肠杆菌病）

大肠埃希氏菌病（colibacilosis）是由大肠埃希氏菌（又称大肠杆菌）某些致病性菌株及其毒素引起的动物和人多种感染性疾病的总称，包括局部或全身性感染，如腹泻、尿道感染、乳腺炎、脑膜炎和败血症等，主要侵害婴儿和幼龄动物。本病已在世界养驼国家和地区广泛报道，不但给骆驼养殖业带来巨大的经济损失，而且严重危害人类健康，但对从患病骆驼中分离出的大肠埃希氏菌的致病性尚知之甚少。

大肠埃希氏菌是人和动物肠道中常在菌群，但一般不致病，曾一度被认为是肠道正常菌群，具有维护肠道生态平衡、作为生物拮抗剂和参与维生素合成等重要作用。直到20世纪中叶，才明确一些特殊血清型的大肠埃希氏菌对人和动物有致病性，常引起严重的腹泻和败血症，因此统称为致病性大肠埃希氏菌。随着大型集约化养殖业的发展，致病性大肠埃希氏菌对畜牧业所造成的损失已日益明显。几乎所有单峰驼幼驼和羊驼群中均可检测到腹泻型大肠埃希氏菌，但双峰驼大肠埃希氏菌的研究工作开展得很少。

1.病原　大肠埃希氏菌是革兰氏阴性无芽孢直杆菌，大小为（0.4 ~ 0.7）μm×（2.0 ~ 3.0）μm，两端钝圆，散在或成对。一般均为Ⅰ型菌毛，少数菌株兼有性菌毛。大肠埃希氏菌为兼性厌氧菌，在普通培养基上生长良好，最适生长温度为37℃，最适生长pH为7.2 ~ 7.4。在普通营养琼脂上培养24h后形成灰白色、透明菌落（图2-15A）。在麦康凯琼脂上形成红色菌落（图2-15B）。SS琼脂上一般不生长或生长较差，生长者呈红色（图2-15C）。在伊红美蓝琼脂上形成黑色带金属光泽的菌落（图2-15D）。对哺乳动物致病菌株在绵羊血平板上常呈β溶血。

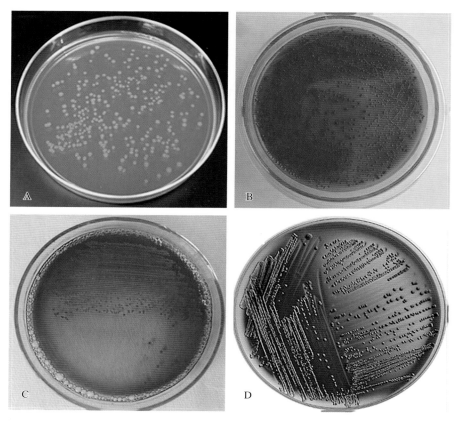

图2-15　大肠埃希氏菌在普通营养琼脂（A）、麦康凯琼脂（B）、
SS琼脂（C）及伊红美蓝琼脂（D）的菌落特征

大肠埃希氏菌抗原主要有O、K、H和F 4种。O抗原目前已知的约有180种，其中162种与腹泻有关，K抗原有103种，H抗原有60多种。由于不同血清型大肠埃希氏菌缺乏交叉免疫原性，给该病的预防带来很大困难。但只有在特定条件下某些血清型才可导致人和动物患病。其中一类是细菌寄生部位发生改变，如移位侵入肠外组织或器官，成为机会致病菌；另一类是致病性大肠埃希氏菌，正常情况下很少存在于健康机体内。根据毒力因子、发病机制及不同生物学特性将与动物有关的致病性大肠埃希氏菌分为肠道致病性大肠埃希氏菌和肠道外致病性大肠埃希氏菌（主要引起败

血症以及尿道、生殖道、乳腺等感染）。前者又分为6类：肠产毒素型大肠埃希氏菌（ETEC）、肠致病型大肠埃希氏菌（EPEC）、肠侵袭型大肠埃希氏菌（EIEC）、肠出血型大肠埃希氏菌（EHEC）、肠聚集型大肠埃希氏菌（EAEC）、弥散黏附型大肠埃希氏菌（DAEC）。其中，EIEC和EAEC主要导致炎症性腹泻，其余4类均引起非炎症性腹泻。但该分类方法是相对的，有交叉或重复，且在不断变化。

ETEC是最常见的致人和幼畜腹泻的病原性大肠埃希氏菌，主要由黏附素和肠毒素等毒力因子共同作用而致病。动物源黏附素主要有F4（K88）、F5（K99）、F6（987P）、F17、F18、F41、F42等。肠毒素是ETEC在体内或体外生长时产生并分泌到胞外的一种蛋白质毒素，可分为不耐热肠毒素LT和耐热肠毒素ST两种，均由质粒编码。

大肠埃希氏菌对外界不利因素的抵抗力不强，但对热的抵抗力较其他肠道杆菌强，55℃经60min或60℃加热15min仍可有部分存活。干燥环境下易死亡，对低温有一定的耐受性。对一般化学药品都比较敏感，如5%～10%漂白粉、3%来苏儿、5%石炭酸等均能迅速将其杀灭。对磺胺类、链霉素、氯霉素等敏感，但易产生耐药性。

2.流行病学 致病性大肠埃希氏菌的许多血清型可引起各种动物发病，不同血清型菌株引起疾病的临床症状存在差异。根据流行病学调查，不同地区的优势血清型往往有差别，即使在同一地区，不同动物群的优势血清型也不尽相同。

本病一年四季都能发生，但是与饲养管理以及环境等有很大的关系，一般春、夏、秋三季较多发。大肠埃希氏菌病主要通过消化道感染，患病动物和带菌动物排出的粪便中含有大量病原菌，可污染饲料、饮水、用具及雌性动物的乳头和皮肤，当初生动物吮乳、舔舐或饮食时，经消化道而感染。发病后因饲养管理水平、环境卫生、防治措施及有无其他疫病等因素的影响，其死亡率差异较大。因此，保持饲料、饮水和环境不被污染具有重要意义。

在骆驼饲养场中，大肠埃希氏菌病多发生于幼龄骆驼，造成巨大经济损失。在世界养驼国家和地区，每年都有规律地发生大肠埃希氏菌感染，且主要发生于营养不良或出生后没有及时吃到足够初乳的2～4周龄幼驼。

3.临床症状 以腹泻为特征，具体分为败血型、肠毒血症型和肠炎型。

（1）败血型 主要危害6月龄以内的幼龄骆驼。表现为精神沉郁，食欲减退或废绝，心跳加快，黏膜出血，关节肿痛，有肺炎或脑炎症状，体温升高至40℃以上；腹泻，粪便由浅黄色粥样至淡灰色水样，混有凝血块、血丝和气泡，恶臭，病初排粪用力，后变为自由流出，污染后躯，可见会阴、尾部及后腿带有干燥排泄物。最后高度衰弱、卧地不起、脱水，急性型通常在24～96h死亡，死亡率高达80%～100%。

（2）肠毒血症型 病程短促，一般最急性病例2～6h死亡，病程稍长者表现典型中毒性神经症状，初期兴奋不安，以后精神沉郁、昏迷、死亡，死前多有腹泻症状，剖检无特征病变。有的患病骆驼表现为腹部肿胀、腹腔膨大，腹腔液增多可达1～150L，眼睑、喉、耳和前额水肿。

（3）肠炎型 多发生于初生驼羔，腹泻，初期排出白色稀粪，后变为黄色带血稀便，恶臭，常见后躯和尾巴沾满粪便，消瘦虚弱，通常经3～5d脱水死亡。

4.病理变化　剖检可见肝脏肿大质脆；肺脏炎性水肿，有出血点；胃黏膜脱落，胃壁有大小不一的黑褐色溃疡斑，胃内容物为灰白色或黄绿色，有时瘤胃内含有大量泥沙（图2-16A）；小肠充血、出血并伴有卡他性肠炎，肠腔内充满气体和黄色糊状液体（图2-16B），肠系膜淋巴结水肿；结肠、盲肠的浆膜和黏膜充血或出血，肠内充满气体和胶冻样物；有的病例肝脏和心脏有局灶性坏死病灶；败血症病例可见全身充血、出血变化，腹膜淤血，内脏器官苍白（图2-16C），病程长者可见腹腔纤维素性渗出（图2-16D）。

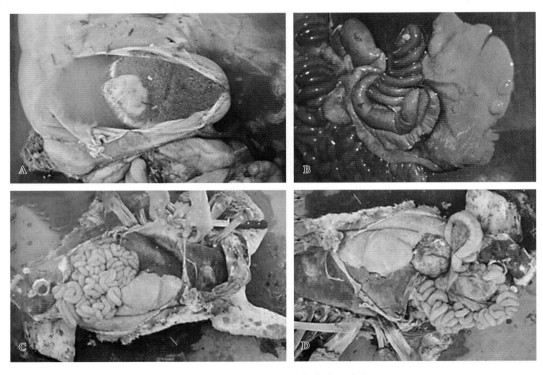

图2-16　大肠埃希氏菌病的病理变化

瘤胃内含大量泥沙（A），胃肠内充满黄色糊状液体（B），内脏器官苍白（C）及纤维素性渗出（D）

（资料来源：Ulrich Wernery 等）

5.诊断　大肠埃希氏菌病的临床症状与轮状病毒、冠状病毒、沙门氏菌及球虫感染相似，因此需注意进行鉴别诊断。确诊可采集血液、内脏器官、肠系膜淋巴结等病料进行微生物学检测。先将病料涂片、染色、镜检，再进行分离培养。对分离出的疑似大肠埃希氏菌应进行生化鉴定和血清学鉴定，然后再根据需要进行动物致病性试验确定其致病性，只有证明分离株有致病性才有诊断意义。进一步鉴定分离株血清型，可采用血清定型、毒株定型、肠毒素或细胞毒素检测以及分子生物学技术。

6.防控　治疗可根据药敏试验结果筛选敏感抗菌药物，如恩氟沙星、甲氧苄胺嘧啶、卡那霉素、黏菌素等药物，肌内注射给药，同时辅助应用支持疗法。大肠埃希氏菌引起骆驼死亡通常是由脱水引起的，因此口服或肠外补充电解质，恢复体液平衡很有必要。另外，应限制母乳的摄入量，但是在出生后几小时内应保证初乳的摄入，以便最大限度补充免疫球蛋白。

控制该病重在预防。妊娠母驼应加强产前、产后的饲养管理，初生驼羔及时吮吸初乳，饲料配比适当，勿使饥饿或过饱，断乳期间饲料不要突然改变。为了降低幼龄骆驼死亡率，用针对本地流行的优势血清型的大肠埃希氏菌制备的灭活苗在预产期前第8周和第4周对妊娠母驼免疫，可使初生驼羔获得被动免疫。

九、结核病

结核病（tuberculosis）是由分枝杆菌属的细菌引起的人和动物共患的一种慢性、传染性、肉芽肿性疾病，其特征是在多种组织器官形成结核结节、干酪样坏死或钙化结节。

该病在世界范围分布广泛，曾经是引起人和动物死亡最多的疾病之一。目前，已有很多国家控制了结核病，人和动物的发病率和死亡率逐年减少，但骆驼结核病的研究相对滞后。一般来说，骆驼科动物对结核分枝杆菌不是特别易感，在圈养骆驼中的患病率为2%～9%，但近些年结核病的发生率有上升趋势，引起了国内外的广泛关注。引起骆驼发病的分枝杆菌属中最重要的两个成员是结核分枝杆菌和牛分枝杆菌。

1.病原　结核病的病原是分枝杆菌属中的三个种，即结核分枝杆菌、牛分枝杆菌、禽分枝杆菌，已从骆驼科动物分离到。该菌的形态，因种别不同而稍有差异。结核分枝杆菌是直或微弯的细长杆菌，单独存在，少数成丛，间有分枝状，大小为（0.2～0.5）$\mu m \times$（1.5～4.0）μm。牛分枝杆菌菌体短而粗，且着色不均匀。禽分枝杆菌短而小，呈多形性。在陈旧的培养基或干酪性病灶内可见分枝现象。该菌不产生芽孢和荚膜，也不能运动。革兰氏染色阳性，但与一般革兰氏阳性菌不同，其细胞壁不仅有肽聚糖，还有特殊的糖脂，因此用一般的染色法较难着色，必须用特殊的抗酸染色法，常用Ziehl-Neelsen抗酸染色法。一旦着色则不容易脱色，菌体被染成红色。

分枝杆菌为专性需氧菌，最适生长温度为37.5℃，营养要求高，生长缓慢，常用罗杰培养基（L-J培养基，内含蛋黄、甘油、马铃薯、无机盐和孔雀绿等）进行培养，需3～4周后才形成粟粒大，圆形、颗粒状或菜花状，透明、潮湿，并逐渐变为半透明、呈褐灰白色的菌落，易剥离。典型的菌落为粗糙型，毒力强，而变异菌株菌落则呈光滑型，毒力弱。牛分枝杆菌生长最慢，禽分枝杆菌生长最快。

分枝杆菌细胞壁中含有糖脂，故对酸、碱、自然环境有抵抗力，但对乙醇敏感，在70%乙醇中经2min死亡。此外，糖脂可防止菌体水分丢失，故对干燥的抵抗力特别强。但对湿热和紫外线敏感，在液体中62～63℃经15min或煮沸即可被杀死，直接日光照射数小时可被杀死。该菌对磺胺类药物和一般抗生素不敏感且易产生耐药性，但对链霉素、异烟肼、利福平、卡那霉素、对氨基水杨酸等有不同程度的敏感性。中草药白及、百部、黄芩对分枝杆菌有一定抑菌作用。

2.流行病学　分枝杆菌可侵害人和多种动物，目前已知有50多种哺乳动物和20多种禽类可被感染。自20世纪初开始，已从埃及、印度、比利时、美国、哈萨克斯坦、埃塞俄比亚、俄罗斯等国家的骆驼体内分离到结核分枝杆菌、牛分枝杆菌和禽分枝杆菌。

患有结核病的动物，尤其是患开放型结核病的动物是主要传染源。病菌在机体内分布于各个器官的病灶内，其痰液、粪尿、乳汁和生殖道分泌物中均可带菌，污染饲料、饮水、空气和环境而散播传染。主要通过呼吸道和消化道传播，呼吸道是最主要的传播方式。病菌可随咳嗽、喷嚏排出体外，飘浮在空气飞沫中，健康动物和人吸入后即可感染。目前，该病在骆驼群中的流行方式尚不明确，但游牧状态的骆驼很少发病，主要发生于和牛有密切接触的骆驼中，因此猜测该病在骆驼群中的传播方式与牛结核类似，主要为水平传播。通过动物试验已证实大羊驼和羊驼对低剂量的牛分枝杆菌极易感，可引起羊驼高死亡率。蜱在结核病的传播中也发挥着重要作用。

一般认为，牛分枝杆菌可通过气溶胶的方式感染健康骆驼。饲养管理不当与该病的传播有密切关系，圈舍通风不良、拥挤、潮湿、阳光照射不足、缺乏运动等易导致结核病的流行。

3.临床症状 结核病是一种慢性消耗性疾病，潜伏期一般为 10~15d，有时达数月以上，发病后的骆驼还能存活数月甚至数年。病程主要呈慢性经过，病初食欲、反刍无明显变化。随着病程的发展，表现为进行性消瘦、食欲不振、咳嗽。骆驼科动物患病后其临床症状差异较大，且对结核病的抵抗力很强，尽管肺脏有严重的病变，也很少出现明显的呼吸窘迫症状，发生弥散型粟粒状结核的骆驼通常也不表现临床症状。只有在晚期病例中，可能出现呼吸困难症状。

4.病理变化 骆驼结核病的病理变化与其他动物表现一致，特点是在肺脏、气管、支气管、胸膜、胃、肾脏、脾脏和肝脏（图2-17）等组织器官发生增生性或渗出性炎

图2-17 牛瘤胃和网胃黏膜的结核病灶（左）及单峰驼肝脏结核结节（右）

（资料来源：Ahmad等）

症，或两者混合存在。淋巴结，尤其是纵隔淋巴结充满白色或绿色脓液，也可形成皮下脓肿，后期增大、变硬（图2-18）。肺增大，实变，可见不同形状和大小的实性脓肿，或在肺脏表面或内部形成粟粒状结节（图2-19）。机体抵抗力强时，对分枝杆菌的反应以细胞增生为主，形成增生性结核结节，即增生性炎，由类上皮细胞和巨噬细胞集结在分枝杆菌周围，构成特异性肉芽肿，外周是一层密集的淋巴细胞或成纤维细胞形成的非特异性肉芽组织，体积较大的中央常坏死，且周围上皮样细胞中存在抗酸性染色棒状杆菌（图2-20）。抵抗力低时，机体反应则以渗出性炎症为主，在组织中有纤维蛋白和淋巴细胞的弥漫性沉积，后发生干酪样坏死、化脓或钙化，这种变化主要见于肺及其淋巴结，也可发生于胸膜、心包腔及纵隔淋巴结。

图2-18　骆驼纵隔淋巴结肿大、变硬，呈灰白色

（资料来源：Kinne 等）

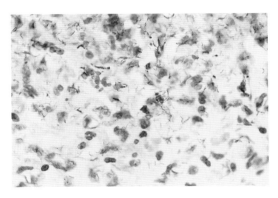

图2-20　骆驼结核病肺脏肉芽肿的上皮样细胞内可见抗酸性染色棒状杆菌

（资料来源：Ulrich Wernery 等）

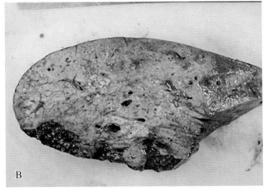

图2-19　结核病病驼肉芽肿性胸膜炎，肺实变呈灰白色（A），肺脏切面有干酪样肉芽肿（B）

（资料来源：Kinne 等）

5.诊断　患病骆驼主要表现消瘦、精神沉郁、易疲劳等非特异性症状，因此生前诊断较困难，需结合流行病学、临床症状、病理变化、结核菌素试验、细菌学试验和分子生物学试验等方法综合诊断。

（1）细菌学检查　采取患病骆驼的结核病灶、尿、粪、乳及其他分泌物，涂片、抗酸染色、镜检，如发现红色成丛杆菌，可做出初步诊断。但如果有疑似临床症状和病理变化，染色镜检结果为阴性时，需进一步做分离培养及动物试验。

分离培养：病料中加入6% H₂SO₄或4% NaOH溶液处理15min后，经中和、离心，取少量沉淀物接种L-J培养基，37℃培养3～6周，每周观察一次。也可用快速变色液体培养基37℃培养1～4周，培养结果为阳性时，根据培养特性和生化特性进一步鉴定。

动物接种：将上述供分离培养用的病料接种于实验动物，皮下或腹腔注射0.5mL，禽分枝杆菌可使鸡致病；结核分枝杆菌对豚鼠有较强的致病性，皮下注射后3～5周可引起明显病变；牛分枝杆菌对兔有致病性，接种后3周至3个月死亡。

（2）血清学诊断　可采用结核菌素皮内变态反应（tuberculin skin test, TST）、多抗原免疫印迹分析法（multiantigen print immunoassay, MAPIA）、快速检测技术（rapid test, RT）和酶联免疫吸附试验（ELISA）检测。

传统的结核菌素皮内变态反应用于骆驼科动物检测时，结果不太理想，往往出现大量非特异性结果，甚至病理剖检有典型结核结节的个体也常出现阴性结果。即便如此，官方机构在骆驼科动物国际贸易中使用的结核病检测方法仍为结核菌素皮内变态反应，可作为结核病的筛查方法。骆驼结核菌素注射部位一般选择腋下，可用提纯牛型结核菌素（bovine purified protein derivative, BPPD）和禽型结核菌素（avian purified protein derivative, APPD），分别注射于剃毛后的左右腋下皮内，注射前及注射后72h分别测定皮肤厚度。如果BPPD接种部位皮肤厚度−APPD接种部位皮肤厚度≥1mm，则可判定为阳性反应。如测量双层皮肤皱褶厚度，皮肤厚度差≥2mm判为阳性反应。但需注意，个别单峰驼的皮试检测中，皮肤厚度差最大差异在结核菌素注射后5d出现。

尽管数十年来针对骆驼科动物结核病生前诊断方法的研究已经取得很大进展，但这些方法还存在一定的局限性，即用于实验动物检测的敏感性高于自然感染动物，尤其是双峰驼结核病的检测数据尚为空白。因此，虽然MAPIA、RT和ELISA方法均是OIE推荐的方法，检测结果较传统方法准确，但采用两种及以上方法联合检测仍有必要，可使检测结果更可靠。

（3）PCR　已广泛应用于分离菌株及多种动物和人的临床样本检测，包括荧光定量PCR和全自动核酸直接扩增法，后者的特异性更强而且快速。但该菌的DNA提取较困难，含菌量少的样本检测结果可靠性较差，且尚未在骆驼科动物验证。

6.防控　家畜的结核病一般不进行治疗，而是采取加强检疫、隔离、淘汰，防止疾病传入，逐步净化污染群，培育健康群等综合性防控措施。一些有价值的观赏骆驼和种用骆驼可用异烟肼治疗。

目前尚无骆驼结核病疫苗可以应用，且世界各国防控动物结核病一般都不提倡接种疫苗，定期监测和淘汰潜伏性感染病例才是最有效的措施，具体可参考牛结核病的防控方法。例如，每年春、秋两季定期用结核菌素进行检疫，结合临床检查，发现阳性病例及时处理，同群其他动物则应按污染群对待。对污染群反复进行多次检疫，淘汰污染群的开放性病例及生产性能不好、利用价值不高的结核菌素阳性反应动物。在检疫时如能将结核菌素变态反应与ELISA等方法结合进行，可提高检出率。阳性反应驼群，应定期进行临床检查，必要时进行细菌学检查，发现开放性病驼立即淘汰，根除传染源。病驼所产驼羔出生后只吃3～5d初乳，以后则由检疫无病的母驼供养或喂消毒乳。幼驼应在出生后1月龄、3～4月龄、6月龄进行3次检疫，阳性者淘汰。如果3次检疫都呈阴性反应，且无任何可疑症状，可于假定健康驼群中饲养。假定健康向健康过渡的驼群，应在第1年每隔3个月进行一次检疫，直到没有一头阳性病例出现为止。然后再在1～1.5年的时间内连续进行3次检疫，如果3次均为阴性即可定为健康驼群。加强消毒工作，每年进行2～4次预防性消毒，每当驼群出现阳性病例后，都要进行一次大消毒。常用消毒剂为3%甲醛、2%来苏儿、2.5%苯酚等。

总之，单纯用结核菌素检测结果制定控制骆驼结核病防控计划尚不可靠，可采用多种方法联合检测，清除被感染动物和防止进一步感染是目前控制骆驼结核病的可靠方式。

十、布鲁氏菌病

布鲁氏菌病（brucellosis）是由多种布鲁氏菌（又称布氏杆菌）引起的骆驼等动物和人的一种慢性人畜共患传染病，又称为布氏杆菌病，简称布病。其特征为生殖器官和胎膜发炎，引起流产、不育和各种组织的局部病灶。

本病已在世界各地发现，骆驼等动物和人均对布鲁氏菌易感，和患病牛、羊等反刍动物接触易被感染。因此，布鲁氏菌病在全球特别是发展中国家是重要的人畜共患病，具有公共卫生意义。

1.病原　有致病性的布鲁氏菌有6种，种内又可分为若干生物型，即马耳他布鲁氏菌（又称为羊布鲁氏菌）、流产布鲁氏菌（又称为牛布鲁氏菌）、猪布鲁氏菌、犬布鲁氏菌、沙林鼠布鲁氏菌和绵羊布鲁氏菌。其中，马耳他布鲁氏菌有3个生物型（1、2、3型），流产布鲁氏菌有8个生物型（1、2、3、4、5、6、7、9型），猪布鲁氏菌有5个生物型（1、2、3、4、5型）。近年来，采用分子分型方法对分离自海洋哺乳动物的布鲁氏菌进行了分型，结果发现其不属于已知的6个种，因此将这些菌株命名为：海豚布鲁氏菌（宿主是海豚）、海豹布鲁氏菌（宿主是海豹、海狗、海象）。

各种布鲁氏菌在形态和染色上无明显区别，均为细小、两端钝圆的球杆或短杆状，大小为（0.5～0.7）μm×（0.6～1.5）μm。无鞭毛、不运动、不形成芽孢。革兰氏染色阴性，姬姆萨染色呈紫色，柯氏染色呈红色。布鲁氏菌为专性需氧菌，初代分离需在含5%～10%的CO_2，并且含血清或马铃薯浸液的培养基中才能较好生长。在培养基上可形成两种不同菌落：S型菌落无色透明、表面光滑湿润、大小不等、浅黄色到褐色，易碎或黏稠。R型菌落粗糙、灰白色或褐色、黏稠、干燥、不透明。绵羊布鲁氏菌和犬布鲁氏菌是天然粗糙型菌种，其他菌种为光滑型。

在自然界中，布鲁氏菌的抵抗力较强，在干燥的土壤、病畜的器官、流产胎儿、皮毛中可存活4个月左右，在子宫渗出物中可存活200d。对湿热、日光、常用消毒剂等均较敏感。日光照射20min、60℃加热、3%漂白粉及3%来苏儿在几分钟内均可将其杀死。

2.流行病学　布鲁氏菌的易感动物范围非常广泛，目前已知有60多种家畜、家禽和野生动物是布鲁氏菌的宿主，如牛、猪、绵羊、山羊、骆驼、犬等。人布鲁氏菌病也是最常见的人畜共患病之一，且其发病率与该菌在宿主动物中的流行趋势一致。马耳他布鲁氏菌和流产布鲁氏菌是患病人体中最常见的两个种，且已知这两种布鲁氏菌均可以感染骆驼，因此人与骆驼接触、食用骆驼肉或未经消毒的骆驼奶时，就存在被感染风险。

患病动物及带菌动物是本病最主要的传染源，即便菌体被单核巨噬细胞吞噬成为胞内寄生菌仍能够生长繁殖。最危险的传染源是被感染的妊娠动物，布鲁氏菌定殖于胎盘，流产时随流产胎儿、胎衣、胎水和阴道分泌物大量排出。此外，患病动物还可通过乳汁、精液、粪便、尿液排出病原。在未妊娠动物体内，布鲁氏菌可潜伏于淋巴结内直到妊娠才开始增殖。

布鲁氏菌病的主要传播途径为消化道，可通过饲料、饮水、乳汁，尤其是舔舐、嗅闻胎盘和流产胎儿感染。其次为皮肤、黏膜及生殖道，也可经吸血昆虫传播。母畜流产后，乳汁中含有大量病原菌，且可持续排菌3个月，需特别注意防控。但是，慢性感染的骆驼可以产下健康的后代，排出的胎盘和乳汁中检测不到病原菌，且6月龄内幼驼血液培养及PCR检测均为阴性，直到成年才会呈现阳性并导致流产。另外，骆驼布鲁氏菌病存在自愈现象，有报道表明在两年内约有20%血清阳性反应的母驼转为阴性，5%的母驼存在血清阳性→阴性→阳性的波动变换状态。

3.临床症状 妊娠母驼多为隐性感染，主要症状为流产，可发生于妊娠的任何时间，但主要发生于妊娠后期。一般流产只发生于头胎母驼，流产后可再次正常发情、受孕并正常生产，也可能再次发生流产，但再次发生流产的少见。牛、羊布鲁氏菌感染可导致死胎、胎衣滞留和产奶量下降，但骆驼科动物可能由于胎盘附着方式不同没有胎衣滞留现象。非妊娠动物，常发生滑液囊炎和脓肿。雄性可发生睾丸炎和附睾炎，表现睾丸肿大，有热、痛反应，以后逐渐减轻，无热、无痛，触之质地坚硬。

4.病理变化 布鲁氏菌主要存在于骆驼妊娠子宫、乳房、淋巴结、关节囊、黏液囊、雄性动物的睾丸及副性腺，相应病理变化主要在这些部位，包括子宫内膜红肿发炎，出见坏死灶和纤维化，子宫腺萎缩，卵巢囊粘连和水囊增多。另外，除了卵巢囊和卵巢之间发生粘连，有的病例卵巢囊和输卵管之间也发生粘连，导致输卵管严重硬化。但未妊娠骆驼、流产胎儿无可见病理变化。布鲁氏菌阳性的雄性骆驼除睾丸炎和附睾炎外也没有可见病变。慢性病例，常发生黏液囊炎，可见黏液囊增大，充满透明的琥珀色液体。

组织病理学检查可见亚急性型胎盘炎，表现为轻微的多灶性淋巴细胞、组织细胞及滋养层细胞大量缺失。绒毛尿囊膜基质包含大量坏死和钙化碎片，膨胀的毛细血管中可见布鲁氏菌分布。布鲁氏菌阳性的泌乳期单峰驼很少出现肉眼可见病理变化，组织学变化可见淋巴结内出现窦状小管水肿，毛囊活跃和组织细胞增生现象，但生殖道无损伤。

5.诊断 根据流行病学、临床症状和病理变化，可怀疑布鲁氏菌病，确诊需要进行实验室诊断。

（1）细菌学检查 可采集胎衣、绒毛膜渗出物、血液、流产胎儿胃内容物、羊水、胎盘、水肿液、骨髓、关节液、脑脊液、尿液、淋巴组织等制备涂片，用柯氏染色法染色镜检，可见单个、成对或成堆的红色球杆状细菌，其他细菌被染成绿色或蓝色。急性期检出率较高，慢性期检出率较低。也可将病料接种培养基，进行病原菌的分离鉴定。无污染病料可直接接种，污染病料应接种含放线菌酮0.1mg/mL、杆菌肽25IU/mL、多黏菌素 B 6IU/mL的培养基或选择培养基。如有细菌生长，挑取可疑菌落，进一步做玻片凝集试验或PCR，如培养至30d后仍无细菌生长，则可判定为阴性。必要时可接种实验动物（豚鼠），做进一步检查。

（2）血清凝集试验　是布鲁氏菌病诊断和检疫常用的方法，具有较高的特异性和敏感性，且操作简单实用。OIE确定的国际贸易指定试验为虎红平板凝集试验（RBPT）和试管凝集试验（SAT），一般用虎红平板凝集试验初筛，阳性者用试管凝集试验做复核筛。在骆驼布鲁氏菌病的检测方法中，RBPT的血清抗原比为3：1时最灵敏；SAT则要求使用pH为3.5的抗原取代其他动物采用的中性抗原才能达到最佳检测效果。

（3）补体结合试验（CFT）　本法是最敏感最特异的方法，比血清凝集试验敏感4倍，对急性和慢性感染都有很好的特异性，也是OIE确定的国际贸易指定检测牛布鲁氏菌、羊布鲁氏菌、绵羊附睾布鲁氏菌的试验，亦可用于骆驼布鲁氏菌病的检疫。但其操作复杂，通常只作为辅助诊断方法，且已逐渐被ELISA和荧光偏振试验取代。

（4）全乳环状试验（MRT）　此法操作简便，敏感性低，但优点是成本低且可用于混合乳样的普查，以判定群体动物是否存在布鲁氏菌。但与牛奶相比，骆驼奶缺少可以凝集脂肪球蛋白的凝集物质，且骆驼奶脂肪球蛋白为微脂粒，不会奶油化产生脂层，因此不能用传统的MRT检测乳汁中的布鲁氏菌抗体。有学者将布病阴性牛奶加入骆驼奶样中建立了改良MRT试验，可用于骆驼布病检测，当有布鲁氏菌抗体存在时会产生典型的彩色乳环（图2-21）。

图2-21　改良MRT试验检测布鲁氏菌抗体形成彩色乳环

（资料来源：Van Straten 等）

（5）酶联免疫吸附试验（ELISA）　是OIE确定的用于布鲁氏菌病的国际贸易指定试验。有间接酶联免疫吸附试验（I-ELISA）和竞争酶联免疫吸附试验（C-ELISA），具有高度的敏感性，是检测布鲁氏菌病的良好方法，但特异性较差，与不同种的细菌存在交叉反应，特别是与小肠结肠炎耶尔森菌容易发生交叉反应。

（6）荧光偏振试验（FPA）　是OIE确定的国际贸易指定试验，具有很高的敏感性和特异性，且具有可批量检测的优点。

（7）分子生物学技术　在沙特阿拉伯已经在使用PCR方法来检测骆驼布鲁氏菌病，包括普通PCR、实时荧光定量PCR、多重PCR和LCR等方法。对组织样本的检出率显著高于血清学方法，诊断结果可靠，还可区分不同种布鲁氏菌。

6.防控　控制和消灭布鲁氏菌病应遵循"预防为主"的原则，采取检疫、免疫、淘汰患病骆驼等综合性措施进行防控。

平时应定期对骆驼群体进行检疫和疫病监测。当发现骆驼群体不明原因流产时，应怀疑布鲁氏菌病，立即隔离患病骆驼，对流产物污染的环境和用具进行彻底消毒，对流产胎儿和雌雄骆驼进行诊断和检测，如检测结果为阳性，则该群骆驼按感染驼群处理。

对感染骆驼群体，可采用2~3种试验方法进行反复多次检疫，检出的患病骆驼（有症状的动物）应立即淘汰。血清学检测阳性骆驼应隔离饲养，避免与健康骆驼接触，如阳性骆驼数量少，也可淘汰处理，这样逐步检疫净化，直至全群骆驼均为阴性后给驼群内所有骆驼接种疫苗。再经1年以上检疫或连续3次检疫未出现阳性的骆驼群，即可认为是净化骆驼群体。如血检阳性骆驼数量多，不能立即淘汰处理，可采用培育健康骆驼群体方法。雌性骆驼产前、产后要对体躯和产房环境进行彻底消毒。驼羔出生后，立即与母驼隔离，喂健康母驼初乳，以后喂健康乳或消毒乳。在1年内进行2~3次免疫学检查，如检查均为阴性，可作为健康骆驼饲养，如检查为阳性，则淘汰处理。

免疫接种是控制布鲁氏菌病的有效措施，在流行不严重的国家全群接种疫苗，在流行国家采取检疫和扑杀阳性动物之后再接种疫苗的措施。灭活苗和减毒苗均对骆驼有效，常用的为流产布鲁氏菌Buck 19株（B19或S19）和马耳他布鲁氏菌Rev I株。幼龄骆驼使用全剂量，成年骆驼剂量可减少，接种疫苗后可产生布鲁氏菌抗体。幼龄骆驼在接种后8个月抗体消退，成年骆驼在接种后3个月抗体消退。需注意，布鲁氏菌弱毒苗具有一定的残余毒力，一般不用于妊娠母驼；对人也有一定的毒力，因此在使用时应做好工作人员的自身防护。

布鲁氏菌对广谱抗生素敏感，但其为兼性细胞内寄生菌，应用药物治疗效果通常不理想且容易产生耐药性。因此，对患病骆驼一般不予治疗，而是采取检疫、扑杀等措施。但对于一些有特殊价值（如竞赛骆驼）可用抗生素治疗，治疗原则为早期、联合、足量、足疗程用药，必要时延长疗程，以防止复发及慢性化。用土霉素连续用药30d，链霉素连续用药16d，两者配合对患病单峰驼进行治疗效果确实。此外，泌乳单峰驼可进行乳房内输注，连续用药8d。经该方案治疗后没有复发，且患病骆驼在16个月内转为血清阴性。

十一、干酪性淋巴结炎

干酪性淋巴结炎（caseous lymphadenitis, CLA）又称为伪结核病，是由伪结核棒状杆菌引起的多种动物和人的慢性传染病。其典型特征为在一个或多个体表淋巴结出现化脓性病变，呈脓性干酪样坏死，有的还可侵入体内引起动物的肺炎、肝炎、乳腺炎、关节炎、睾丸炎和脑膜炎，在肝、脾、肺、子宫角、肠系膜等处发生大小不等的结节，内含黄白色的脓性干酪样物质。

本病广泛存在于世界各国骆驼群中，是最常见的皮肤病之一，通常可感染整个骆驼群。发病后严重影响骆驼的采食活动，病驼甚至卧病不起，直至死亡，也影响幼驼的生长发育，给养驼业造成重大经济损失。

1.病原 伪结核棒状杆菌为革兰氏阳性、具有多形性的非抗酸杆菌，菌体细长或微弯，因其一端或两端膨大呈棒状而得名。用奈氏（Neisser）法或美蓝染色着色不均匀，两端或一端可见异染颗粒，似短球菌。无鞭毛、不运动，也不形成荚膜和芽孢。少数菌株需氧，而多数致病菌株为需氧兼性厌氧，培养基中加入血液或血清可促进其生长，血平板上培养 1~2d 可形成扁平、不透明、干燥松脆、瓷白色至粉红色、易推动的菌落，初分离时狭窄溶血，传代后不溶血。最适生长温度为 37℃，对热敏感，60℃ 以上温度下很快死亡。常用消毒剂亦可很快将其杀灭。从骆驼体内只分离到了绵羊/山羊型菌株，为化脓性兼性胞内寄生菌，可穿过组织，在体内产生毒素。

伪结核棒状杆菌亦可引起马溃疡性淋巴管炎、羊干酪性淋巴结炎、牛细菌性肾盂肾炎、幼驹传染性支气管肺炎等疾病。该病原也可引起人感染发病，因此应禁止食用病驼肉和奶。

2. 流行病学 伪结核病发生于世界各养驼国家或地区，我国内蒙古、陕西、甘肃、新疆等地亦有报道。本病多为散发，有时呈地方性流行，一年四季均可发生，但以春夏季节多发。年龄、性别及营养状况对易感性无明显影响，但青壮年及老龄骆驼发病较多。病程缓慢，多呈慢性经过。病原菌广泛存在于土壤、肥料等自然环境中，也存在于肠道及皮毛上，主要经破损的黏膜和皮肤感染，也可经呼吸道感染传播。另外，本病的传染性很强，患病骆驼会出现淋巴结、肺脏、皮肤脓肿，如果皮肤表面脓肿破溃，其白色黏稠脓液会流出污染周围环境，健康骆驼通过直接接触被污染物品而感染。发病骆驼通常同时寄生有璃眼蜱，且可从这些蜱内分离到伪结核棒状杆菌。

伪结核棒状杆菌感染骆驼后，通过机体血液增殖和传播，在机体淋巴结和内脏器官定殖并形成脓肿。该菌也可通过未破损皮肤侵入机体，被巨噬细胞吞噬后通过淋巴循环进入淋巴结，并可能再次形成脓肿，且一旦骆驼被感染将会终身带菌。与绵羊/山羊伪结核病不同，骆驼通常表现为混合感染，从骆驼化脓灶中分离的致病菌不仅仅只有伪结核棒状杆菌，还包括链球菌、金黄色葡萄球菌、志贺氏菌、大肠埃希氏菌、化脓放线菌。

3. 临床症状 临床特征是体表局部或肺脏发生大小不一的脓肿病灶，故又称为骆驼脓肿病（camel pyosis）。本病一般呈慢性经过，病初常有咳嗽，呈感冒状，体温正常或升高至 39~40℃ 或更高。精神沉郁，驼峰下垂，食欲减退，消瘦，体表被毛脱落。脓肿是本病的主要特征，多发生于体表和肺脏。起初由于体表瘙痒动物用力摩擦，随后在瘙痒部位形成硬结，十多天或数月后结节逐渐增大变成大小不一、数量不等的脓肿，多见于头部、蹄部、腿部、颈部、肩部的皮下、肌肉或淋巴结，也可见于深层组织。脓肿表面隆起，触摸时骆驼会有哀鸣痛感，同时可见脓肿周围淋巴管呈串珠状肿胀。脓肿破溃后，流出白色黏稠或稀薄的脓汁，有的脓汁中含有坏死组织，使脓汁呈酸奶状，无臭味，长期流脓不止，常形成久治不愈的溃疡（图2-22）。愈合的脓肿容易复发，遂使病驼病情加重，最终衰竭而死亡。病程一般为 20~30d，有的可延长至1年左右。四肢关节脓肿可引起跛行。体表脓肿可转移至内脏器官，最多见者为肺脏，其次为肝、肾、淋巴结等，出现化脓性肺炎症状，咳嗽，呼吸加快，体温升高，常以脓毒败血症而死亡。

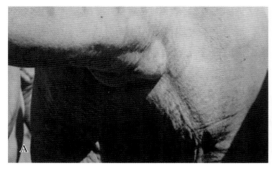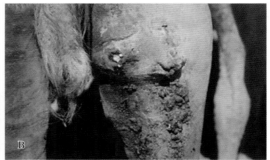

图2-22　单峰驼体表柠檬大小的干酪样淋巴结炎（A）及脓肿病灶（B）

（资料来源：Ulrich Wernery 等）

4.病理变化　病理剖检可见尸体消瘦和内脏脓肿，且脓肿最常见于肺脏，也可见于肝、肾、心脏及淋巴结等处（图2-23A）。剖检可见肺部肿大，肺组织坏死，脓汁呈灰白色或奶油色，无臭味，脓肿膜内壁光滑，有的形成干酪样结节，有的可见关节化脓。绵羊/山羊多数病例中的脓肿灶形成同心片层（洋葱环）结构，但在骆驼科动物尚未观察到类似结构。坏死灶液化吸收后，常形成肺空洞（图2-23B）。脾脏边缘可见少量出血点。心脏、胃、肝、肾、膀胱一般无明显病理变化。

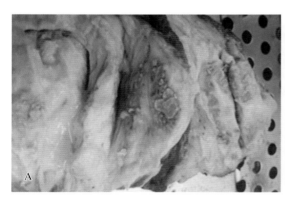

图2-23　干酪性淋巴结炎引起单峰驼多发性化脓灶（A）及严重的支气管炎和肺空洞病变（B）

（资料来源：Ulrich Wernery 等）

5.诊断　根据特殊症状和病理变化，可以做出初步诊断。必要时，应无菌采集未破溃脓肿内的脓汁涂片、染色、镜检，或进行病原菌分离鉴定。但有时还可检出葡萄球菌、链球菌或其他细菌，且该病引起的内脏与淋巴结病变与结核病的症状十分类似，应注意鉴别。

细菌分离鉴定，可取病驼心、肺、肝、脾、血液涂片，经革兰氏染色之后镜检，如有伪结核棒状杆菌可见到长0.1 ~ 3.0μm，小而不规则的杆状细菌，呈革兰氏染色阳性。进一步做细菌培养，将从病死驼身体上采集的肺、肝、脾接种于肉汤中培养，培养温度为37℃，培养时间36h，培养24h时肉汤出现浑浊，随后变得清澈，管底出现颗粒状沉淀，36h后沉至管底。再将肉汤增菌培养物接种血琼脂平板培养36h，在培养基上出现小的灰色和灰白色鳞片状菌落。随着菌落不断生长，典型的伪结核棒状杆菌菌落逐渐长成干燥无光泽的颗粒状，并且中心凹陷。

目前，已有红细胞凝集试验、红细胞凝集抑制试验、琼脂凝胶扩散试验和ELISA用于干酪性淋巴结炎的血清学诊断，但敏感性较低。新型的间接双抗体夹心ELISA、γ-干扰素检测方法和免疫印迹技术，检测山羊/绵羊伪结核棒状杆菌磷脂酶D（PLD）外毒素抗体具有较高的特异性和敏感性，但尚未在骆驼科动物验证其检测效果。

6.防控　应加强饲养管理，注意体表卫生，防止发生外伤，及早发现病驼，进行隔离治疗。早期应用青霉素或广谱抗生素，再配合应用四环素、红霉素、头孢菌素和磺胺类药物，可获得良好疗效。

治疗时，首先要做好清洁消毒处理，对骆驼栏舍进行清洁，并且保持骆驼体表的清洁卫生，防止皮肤出现外伤。如果发现骆驼体表损伤，及时进行处理，对脓液进行集中无害化处理，避免再次感染。对于病情不严重的骆驼，可以采用青霉素肌内注射。如果病驼病情严重，其脓肿伴有厚包囊，药物治疗效果较差，脓肿成熟时，应切开排脓，按化脓创治疗。手术治疗的方法为：切开脓肿挤出脓汁，然后用过氧化氢灌洗创口后，撒上高效广谱抗生素粉，或用碘酊棉条填塞数日后取出。如果在伤口上撒高效广谱抗生素粉，还需要同时注射高效广谱抗生素进行全身治疗。对反复发生脓肿的病例，应交替使用抗生素，并配合清创和大量输液。

目前，已有用于预防绵羊和山羊干酪性淋巴结炎的商品化疫苗，均是通过灭活含PLD的伪结核棒状杆菌培养上清液制成的，但尚未在骆驼体内应用。预防骆驼伪结核病可用自家灭活苗免疫接种。

十二、金黄色葡萄球菌性皮炎

葡萄球菌病（staphylococcosis）主要是由金黄色葡萄球菌引起的人和动物多种疾病的总称。骆驼金黄色葡萄球菌性皮炎，俗称"癞皮病"，以奇痒、脱毛、皮下结缔组织和肌肉蜂窝织炎、皮肤脓疱等为特征。

金黄色葡萄球菌广泛存在于人和动物皮肤、鼻咽部、消化道及生殖道等部位，是一种潜在的致病菌，可引起多种化脓性炎症、不同类型的皮肤病，也可引起菌血症、败血症及各内脏器官的严重感染。骆驼金黄色葡萄球菌病也是引起骆驼死亡的重要原因之一。自1988年，在阿拉善首次确诊本病以来，我国每年都有一定数量的骆驼发病。

1.病原　葡萄球菌为革兰氏阳性球菌，直径0.5～1.5μm，常排列成葡萄串状，在脓汁中或生长在液体培养基中常呈双球或短链排列，易被误认为链球菌，需注意鉴别。葡萄球菌无鞭毛，不形成芽孢，体外培养时一般不形成荚膜，但少数菌株的细胞壁外层可见有荚膜样黏液物质。在某些化学物质（如青霉素）作用下，可裂解或变成细胞壁缺失或缺陷L型细菌。葡萄球菌为需氧或兼性厌氧菌，在普通培养基、血琼脂培养基上生长良好，不能在麦康凯培养基上生长。最适生长温度为35～40℃。

根据细菌细胞壁的组成、血浆凝固酶、毒素产生和生化反应的不同，可将葡萄球菌分为多个种，其中金黄色葡萄球菌为主要的致病菌，能产生脂溶性的黄色或柠檬色素，不着染培养基。在普通琼脂平板形成湿润、光滑、隆起的圆形菌落，直径1～2mm，有时可达4～5mm。菌落颜色因菌株不同而有差异，一般培养初期为灰白色，继而变为金黄色、白色或柠檬色。在血琼脂平板形成的菌落较大，产生溶血素的菌株多为致病菌，在菌落周围呈现明显的β溶血。

葡萄球菌的致病力取决于其产生毒素和酶的能力，致病菌株能产生血浆凝固酶、透明质酸酶、皮肤坏死毒素、肠毒素、溶血素、杀白细胞素等。大多数金黄色葡萄球菌能产生血浆凝固酶，还能产生数种引起急性胃肠炎的蛋白质性肠毒素。

金黄色葡萄球菌对外界环境具有较强的抵抗力，在尘埃、干燥的脓血中可存活数月，80℃加热30min才能将其杀死。对磺胺类药物敏感性低，对青霉素、红霉素等高度敏感，但易产生耐药菌株。

2.流行病学 金黄色葡萄球菌广泛存在于自然界，主要通过家畜破损的皮肤和黏膜与植被接触时出现损伤进而引发感染，甚至可经过汗腺、毛囊进入机体组织，能够引起骆驼毛囊炎、疖、痈、蜂窝织炎、脓肿以及坏死性皮炎等；经消化道感染可引起食物中毒和胃肠炎；经呼吸道感染可引起气管炎、肺炎；也常成为其他传染病的混合感染或继发感染的病原。葡萄球菌的发生和流行与各种诱发因素有密切联系，如饲养管理条件差、环境恶劣、污染程度严重、有并发症存在使机体抵抗力减弱等。

3.临床症状 骆驼发病后表现精神沉郁、食欲减退或废绝、咳嗽、跛行，局部皮肤流血、奇痒、脱毛、脓疱，体温38～40℃。皮肤发病部位主要集中于颈部、肩胛部、尾部、后肢，还有少数在眼部发病，造成发病侧的眼睛失明甚至眼球脱落。由于该病奇痒难忍，严重地影响了病驼的进食和饮水，使病驼的产毛量及膘情下降，还可引起怀孕母驼流产。

此外，特殊症状有以下三种：①在上述部位的皮下和肌肉内产生大量脓疱，有乒乓球至排球大小（图2-24A）。以脓疱为主要病变的骆驼不出现奇痒，且不易传染，但会有跛行和咳嗽等症状。脓疱破裂后会流出脓液，个别可见流血。如果病畜的眼睛出现脓疱极易导致失明。②病驼的皮下结缔组织内出现筛眼状的蜂窝织炎。患部流血、奇痒，到处乱蹭，此症状的病畜传播最快，患驼最多。③皮肤大面积地溃烂、流血及脱毛。

4.病理变化 剖检可见病变主要是体表、皮下、肌肉内分布有大量脓疱，皮肤变厚，被毛脱落严重等。有的病例心脏、肝脏、肾脏出现脓疱，切开脓疱后可见充满浓稠的白色脓汁，有的钙化，伴发心包炎和心包积水（图2-24B）。关节与骨髓腔化脓，脓汁呈牙膏状，质地均匀，无臭味。

5.诊断 根据流行病学、临床症状和病理变化可做出初步诊断，确诊还需进行实验室检查。

（1）病原学检查 采取患病骆驼化脓病灶脓汁、血液、渗出液等病料，涂片、染色、镜检，如见有大量典型的葡萄球菌可初步诊断。分离培养，可将病料接种于普通琼脂和血琼脂平板，温度控制在38℃，培养18～24h，可见生长出光滑、湿润、隆起、边缘整齐的菌落，2d后呈淡黄色至金黄色，周围呈溶血现象者多为致病菌株。菌株鉴定可进一步通过生化反应判断，该菌发酵后可产生乳糖、葡萄糖、麦芽糖、蔗糖等，

图2-24 金黄色葡萄球菌引起单峰驼脓肿（A）及心肌炎和心包炎（B）

（资料来源：Ulrich Wernery 等）

但产酸不产气。

（2）动物试验 实验动物中家兔最易感，采用皮下接种方法，可引起家兔局部皮肤溃烂坏死；剖检可见浆膜出血，肾、心肌及其他器官出现大小不等的脓肿。

6.防控 应加强骆驼的饲养管理，防止因环境因素的影响而使骆驼机体抵抗力降低。防止皮肤外伤，圈舍和运动场地应经常打扫，注意清除带有锋利尖锐的物品，防止划破皮肤。如发现皮肤有损伤，应及时给予处置，防止感染。如果出现患病骆驼要及时进行隔离，并给予治疗，严禁将病驼与健康骆驼混牧、共同进食和饮水，防止交叉感染。呈流行性发生时，对周围环境也应采取严格的消毒措施。

由于一些金黄色葡萄球菌菌株对抗生素有很强的耐药性，因此应对所有分离菌株做药敏试验，筛选出敏感抗生素进行治疗。皮肤发病部位每天应用5%的来苏儿或碘伏清洗消毒，脓肿成熟后可切开引流，按化脓感染创处理。严重感染病例，可静脉输注大剂量青霉素。如病驼无法正常进食，可给予10%葡萄糖，同时应用10%磺胺嘧啶钠。也可使用清肺解毒散或者消黄散治疗。

金黄色葡萄球菌菌株存在众多免疫因子及毒力因子，尚无商品化疫苗可用，可用福尔马林制备自家灭活苗用于预防，免疫后可使多数骆驼在数天内临床症状有所改善，脓肿脱水变干，病变面积缩小。严重病例可于初次免疫后14d加强免疫1次。

十三、嗜皮菌病

嗜皮菌病（dermatophiliasis）是由刚果嗜皮菌引起的一种主要侵害反刍动物的皮肤病，曾称为绵羊真菌性皮炎、羊毛结块病、羊草莓状腐蹄病等。以在皮肤表层发生渗出性不发痒的皮炎，随后形成可能覆盖整个皮肤的瘢痕和痂皮为特征。

该病在非洲、欧洲、美洲、亚洲和大洋洲流行广泛，主要发生于湿热地区的骆驼、反刍动物、马属动物，人亦可感染，因此具有重要的公共卫生意义。但骆驼的嗜皮菌病，由于认识不足一直未受到重视，或容易与别的骆驼疾病相混淆。我国于1969年发现本病，现已发生于甘肃、四川、青海的牦牛及贵州与云南的牛和山羊。骆驼亦发生过类似皮肤病。由于本病传染性强、发病集中、病情顽固，可造成一定数量的死亡，一旦发生会给农牧业和制革工业带来严重影响。

1.病原 嗜皮菌菌体结构因培养基类型及培养时间不同而异，有菌丝期和孢子期两个生长期，孢子具游动性而有较强感染能力。菌丝和孢子均为革兰氏染色阳性，可用姬姆萨、碱性复红、吕氏美蓝、结晶紫等苯胺染料着染，其中以美蓝染色最好。抗酸染色阴性，无荚膜，呈长短不一的弯曲杆状、蝌蚪状等多种形态，有鞭毛，孢子在新鲜培养基运动性较强。

本菌为需氧兼性厌氧，在36℃生长良好，在含血液、血清、葡萄糖的培养基中生长最好。在固体培养基上，菌落通常为苍白色、黄色至金色，圆形有波浪形边缘，并固着于培养基上。菌落直径0.5 ~ 4mm。在血琼脂平板上呈β溶血。有时在同一培养基上可见到几种形态不同的菌落。在卵培养基上菌落小，呈苍白色并有少量孢子。在骆费勒培养基上可形成较多的菌丝和孢子。在半固体培养基上的菌落类似于放线菌的菌落。

嗜皮菌对温度、无氧环境、氯化钠、酸碱度等理化因素有一定抵抗力，孢子抗干燥，在干燥痂皮中可存活42个月。1%新洁尔灭经10min可杀灭菌丝期的嗜皮菌；0.5%双链季铵盐、2%来苏儿、2%苯酚、10%甲醛经5min即可杀灭本菌；0.25%硫酸铜可在20min内杀灭菌丝期的嗜皮菌；0.5%硫酸铜可在10min内杀灭菌丝期的嗜皮菌；孢子期嗜皮菌对上述消毒剂具有一定耐受性；60℃经10min、80℃经5min、煮沸经1min能杀死嗜皮菌。

该菌对盐酸土霉素、硫酸链霉素、青霉素、氟苯尼考、卡那霉素、氧氟沙星、四环素、甲氧苄啶、三甲氧苄二氨嘧啶、林可霉素、枯草杆菌素、红霉素敏感；对庆大霉素、链霉素中度敏感；对多黏菌素、恩诺沙星、新霉素、氨苄西林、阿莫西林、头孢菌素不敏感。

2.流行病学 本病可引起多种动物包括人的感染，绵羊和泌乳期圈养的奶牛尤其易感，山羊、骆驼、鹿和马属动物也可感染。各年龄段均可感染，幼畜致死率较高，品种与发病率有密切关系。此病常见于炎热、多雨季节，多呈地方性流行，每年第一场雨后开始流行，至雨季末期好转，可见病灶干化、病痂脱落、被毛重新长出，但这种骆驼仍为病原携带者，在下一个雨季仍会复发。

嗜皮菌为皮肤专性寄生菌，携带嗜皮菌的动物是本病的传染源。一经感染，此病菌可通过破损皮肤、吸血昆虫叮咬直接传播，或污染饲槽、用具等引起间接传播。因此，炎热多雨季节吸血昆虫较多也是此病的重要诱因。研究表明，骆驼携带的璃眼蜱对伊朗境内单峰驼嗜皮菌病的传播起着重要作用。

3.临床症状 骆驼嗜皮菌病的临床症状与其他动物一致，特征为在皮肤表层发生渗出性不发痒的皮炎及结痂。首先是损害皮肤，出现小丘疹，继而波及邻近毛囊和表皮，分泌浆液性渗出物，与被毛凝结在一起，呈"油漆刷子"状，被毛容易被拔掉露出粉红色充血创面（图2-25A）。通常被毛和细胞碎屑凝结在一起，形成痂块，呈灰色或黄褐色，高出皮肤，呈圆形，大小不等，无瘙痒症状。去掉痂皮后，可露出有血液和血清渗出液的创面（图2-25C和D）。急性感染时，这些区域会被化脓性渗出物覆盖，高湿度及雌性骆驼频繁的排尿行为，使后躯及臀部长期湿润，导致皮肤坏死（图2-25B）。皮肤损

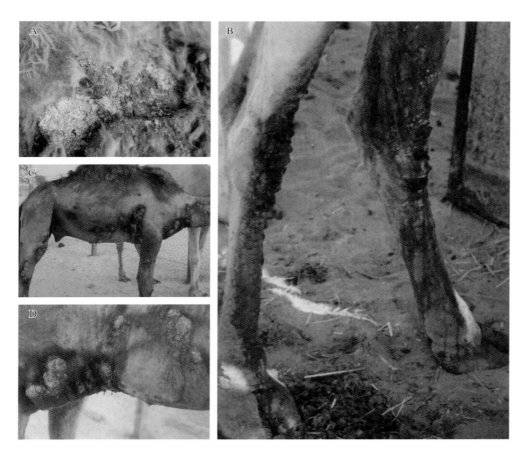

图 2-25　骆驼嗜皮菌病临床症状

A.感染后骆驼毛发呈"油漆刷子"样　B.感染后骆驼后腿发生皮肤坏死

C.感染波及身体多处　D.去除病变部位硬壳后出血

（资料来源：Ulrich Wernery 等）

害通常从背部开始，由臀部蔓延至中间肋骨外部，有的可波及颈、前躯、胸下和乳房后部，有的则在腋部、肉垂、腹股沟部及阴囊处发病，有的个体可能在四肢弯曲部发病。

4.病理变化　典型病理变化一般始于真皮毛囊或损伤的表皮，受感染的毛囊外根鞘或表皮角化上皮出现急性炎症反应，表现为毛囊炎、海绵样变及微脓肿形成。当感染的毛囊口被渗出物堵塞，感染可蔓延至表皮深层或由于基底膜破坏而感染真皮，表现真皮血管高度充血，表皮细胞变质、坏死及过度角化；皮肤表面有渗出液，表皮和真皮层均有中性粒细胞浸润。慢性型以皮肤硬化和表皮过度增生为特征，汗腺上皮由低立方形变成高圆柱状或立方形，腺腔表面高低不平。

5.诊断　依据特征性症状可做出初步诊断，确诊需进行实验室检查。

（1）直接染色镜检　取病驼体表皮肤疹块直接涂片，革兰氏染色后镜检，可见圆形颗粒状菌体及部分分支的菌丝，偶见孢子形态，革兰氏阳性，常呈钱串状排列。

（2）分离培养　取患病骆驼痂皮，用灭菌蒸馏水冲洗数次后制成悬液，接种于含血清或血液琼脂培养基，置36～37℃培养24～48h，待培养基上出现黄白色菌落或在血液琼脂培养基上长成露滴状呈β型溶血小菌落时，挑取菌落涂片染色或将病料接种到0.1%葡萄糖肉汤中培养，在36～37℃下传1～4代后进行涂片、染色、镜检，可见到革兰氏染色阳性分支的菌丝及球菌状孢子，必要时对纯培养物进行生化鉴定。

（3）血清学诊断　可应用酶联免疫吸附试验、琼脂凝胶免疫扩散试验、间接红细胞凝集试验等方法。

6. 防控　目前，尚没有预防骆驼嗜皮菌病的疫苗，预防的关键在于搞好圈舍环境卫生、加强饲养管理工作。圈舍定期清扫杂物，合理实施消毒工作，保证骆驼有一个良好的生长环境。加强饲养管理，避免各种外伤感染，一旦有外伤发生，及时参照外科手术治疗处理。防止动物被雨淋或被吸血昆虫叮咬。一旦有染病情况出现，立即对病驼进行隔离治疗。全面消毒圈舍及用具，被病驼污染过的垫草、残留的粪便、废弃物等要进行严格的无害化处理。此外，饲养人员也要做好个人防护措施，避免感染。

治疗多采用抗生素、皮质类固醇、有机氯杀虫剂、合成除虫菊酯等局部处理配合全身疗法，疗效明显。局部处理：首先，对皮肤痂皮使用温肥皂水湿润，除去所有痂皮及周边渗出物；其次，选择浓度为1%的甲紫溶液、碘酊或水杨酸溶液进行涂擦消毒，连续应用7d，病变部位可在4周内完全恢复正常。如果是被毛覆盖的严重感染部位，则需要将感染部位的被毛剪除后再局部处理。全身治疗常用青霉素、链霉素、土霉素、螺旋霉素等。

十四、传染性乳腺炎

乳腺炎是由于乳腺受到某些物理、化学和微生物等刺激而发生的一种炎症变化，是一种多因素疾病，其中由病原菌引起的乳腺炎具有传染性。传染性乳腺炎是乳用动物最重要的疫病之一，可造成严重的经济损失，由于抗生素的使用可导致乳制品中的药物残留，因而受到广泛的研究和关注。

骆驼也可发生乳腺炎，但目前有关骆驼乳腺炎的研究报道相对较少，只有埃及、印度、沙特阿拉伯、索马里、苏丹、阿联酋、埃塞俄比亚和哈萨克斯坦等国家有相关报道，其发病过程与奶牛乳腺炎相同。骆驼乳房发生感染的概率较奶牛低，可能是驼奶中含有的一些物质可抑制病原菌的生长，如溶菌酶、免疫球蛋白、乳铁蛋白和过氧化物酶等，其浓度和活性均高于牛奶。最近研究发现，驼奶中含有一种小乳清蛋白，它是一种肽聚糖识别蛋白（PGRP），有助于新生幼驼建立肠道有益微生物群，尤其能阻止革兰氏阴性菌的生长。

1. 病原　引起骆驼传染性乳腺炎的病原很多，目前已知的有150余种（包括细菌、真菌、支原体、病毒）被报道与乳腺炎诱发有关，但较常见的有20余种。其中根据来源与传播方式，通常将乳腺炎的病原微生物分为环境病原和传染性病原两大类。环境病原多为一些条件致病微生物，如大肠埃希氏菌、乳房链球菌、铜绿假单胞菌、化脓性放线菌、环境链球菌、凝固酶阴性葡萄球菌、牛棒状杆菌、真菌等。传染性病原主要包括金黄色葡萄球菌、停乳链球菌、无乳链球菌、支原体等，它们可以在乳区和骆驼群中传播流行。上述微生物中葡萄球菌、大肠埃希氏菌和链球菌是引起骆驼乳腺炎的主要病原，是防治乳腺炎的重点和关键。但大肠埃希氏菌和化脓性放线菌等少数病原菌亦可引起骆驼乳腺炎的地方性流行。

2.流行病学 骆驼乳腺炎的流行与环境卫生有密切关系，传播的主要途径是通过接触感染，如饲养管理不善，挤奶卫生、环境卫生较差，圈舍不清洁、不消毒等。且乳腺炎的发生具有一定的规律性，发病率与泌乳期、季节、胎次、气候、年龄等因素有密切关系。气温变化与乳腺炎阳性率存在正相关，随着外界温度升高，降雨量及相对湿度增加，造成母驼食欲减退，机体处于热应激状态，抗病能力减弱，感染机会增加，是导致乳腺炎发生的重要因素之一；年龄、胎次与乳腺炎发病率之间也存在显著差异，随着年龄或胎次的增加，乳腺炎的发病率呈上升趋势；各泌乳阶段乳腺炎发病率也有差异，泌乳后期发病率最高。

3.临床症状 骆驼乳腺炎发病过程与奶牛乳腺炎相同，分为临床型乳腺炎和隐性乳腺炎，两种形式的乳腺炎有明确的界定。乳腺炎多伴有乳腺组织的病理学变化，有的骆驼表现前乳区硬化，两个"乳导管窦"被血液填塞（图2-26A），乳区疼痛、发热和肿大，同时乳汁也会发生成分和化学性质变化及细菌感染变化，乳汁呈水样，颜色呈淡红色，CMT检测呈阳性（图2-26B）。严重者，乳汁中可能会出现大量凝絮和白细胞，甚至可能导致乳腺坏死、脓肿及萎缩现象，有可能会导致永久丧失泌乳功能。临床型乳腺炎属于急性发病期表征，其发病急且症状明显，可以直接观察到患病骆驼的病态表征。而隐性乳腺炎往往难以直接观察到临床感染症状，乳房和乳汁通常看不到明显的病态变化，通常无法及时发现，以致在防治中易被忽视。但隐性乳腺炎具备转为临床型乳腺炎的潜在风险，因此同样会对骆驼养殖业造成严重影响。

图2-26 骆驼急性出血性乳腺炎伴有软组织出血（A）及乳样CMT检测呈阳性（B）

（资料来源：Ulrich Wernery 等）

4.病理变化 目前，对骆驼乳腺炎发病过程中的病理变化知之甚少，但有报道表明其与奶牛乳腺炎病理变化相似：剖检可见乳腺肿大、坚硬，易切开，切面可见大量炎性渗出物流出。根据炎性渗出物性质、病程经过等的不同，眼观可见不同的病理变化。如浆液性乳腺炎可见乳腺湿润有光泽，颜色稍苍白，乳腺小叶呈灰黄色，小叶间的间质及皮下结缔组织炎性水肿和血管扩张充血。卡他性乳腺炎乳腺切面则稍显干燥，切面因乳腺小叶肿大而呈淡黄色颗粒状，压之则有混浊液体流出。出血性乳腺炎，乳腺切面光滑，呈暗红色，按压时，自切口流出淡红色或血样稀薄液体，其中常混有絮状出血块等。纤维素性乳腺炎，切面干燥，乳腺硬实，呈白色或灰黄色。化脓性乳腺炎，可见在乳池和输乳管内有灰白色脓液，黏膜糜烂或溃疡。

5. 诊断

(1) 乳汁病原微生物检查　在乳汁中检查出病原微生物，结合临床症状大致可作出诊断，但对于非特异性隐性乳腺炎，乳房、乳汁不但不表现肉眼变化，而且乳汁中病原菌检出率很低，而有些病原菌虽然存在于乳房内，但不一定引起发病。因此，根据乳汁中有无病原菌来诊断并不可靠，只能根据检出的病原菌种类、数量作出大致判断。

(2) 乳汁体细胞计数法　体细胞计数 (somatic cell count, SCC) 是指计算每毫升乳中体细胞的数量。当乳腺感染后，血液中的大量白细胞 (如巨噬细胞、多形核中性粒白细胞等) 移行至乳腺组织，产生溶菌酶、乳铁蛋白和补体，吞噬和消化病原微生物，并使机体产生抗体。同时，受侵袭乳腺腺泡上皮组织也会发生病变，导致上皮细胞脱落增多，从而使乳汁中体细胞数增多。在隐性乳腺炎检测中，体细胞计数分为直接计数法和间接计数法。直接显微镜细胞计数法 (DMSCC) 认为每毫升乳汁中体细胞数超过50万个即判定为阳性。

间接SCC检测方法主要有加利福尼亚乳腺炎试验 (CMT) 及其衍生的威斯康星乳腺炎试验 (WMT)、MMT法和日本乳腺炎简易检验法 (PL) 等。我国也研制出了相关检测方法，主要有兰州乳腺炎试验 (LMT)、杭州乳腺炎试验 (HMT)、北京乳腺炎试验 (BMT) 等。上述方法如CMT、LMT等均可用于骆驼乳腺炎的检测。

6. 防控　平时防治奶驼乳腺炎要做好以下几方面工作：

(1) 保持良好的环境卫生，防止细菌繁殖是预防隐性乳腺炎的关键。平时要及时清理粪便和垫料，保证运动场干燥，做好消毒、通风工作。

(2) 加强挤奶卫生，挤奶前刷拭奶驼身体，对乳房进行清洗。清洗乳房的水要清洁、勤换，擦拭乳房保证一驼一巾。挤奶前挤奶员要对双手进行彻底清洗、消毒，挤奶前后对挤奶机进行洗刷、消毒。挤奶时不得随意将头几把奶挤在地面上，应挤入专用的容器内，集中处理，不得随意乱倒，以免交叉感染。

(3) 每次挤奶后 1min 内，应将乳头在 4%次氯酸钠或 0.5%～1%碘液中浸泡 30s。每天、每次挤奶后坚持进行药浴，尤其在夏季高温季节更应做好挤奶前后乳头的药浴工作。

(4) 加强对泌乳期奶驼乳房的保护，有条件的每次挤完奶外出放牧时带乳罩，防止细菌污染。

(5) 严格执行挤奶操作规程，避免奶驼乳房放奶已结束，但是奶杯还没有及时取下，造成挤奶时间过长，损害乳腺组织。避免因挤奶技术不熟练或技术不当，使乳头黏膜上皮受到损伤。

(6) 高龄、高胎次奶驼长期挤奶，乳腺组织长期受到刺激，患隐性乳腺炎的概率增大。故平时应加强乳腺炎监控，通过检测体细胞数的变化，及早发现乳房损伤或感染，及早发现隐性乳腺炎，并为制定乳腺炎防治计划提供科学依据，从而有效减少奶驼淘汰数，降低治疗费用。

（7）对产奶量低、乳腺炎反复发作、长时间医治无效的病奶驼，要坚决淘汰，以免从乳中不断排出病原微生物，成为感染源。

（8）治疗可选用青霉素、红霉素、新霉素、头孢菌素等药物，对不严重的病例可采用热敷。乳腺炎的药物灌注治疗应根据细菌分离培养和药敏试验进行，且治疗人员必须对骆驼乳房的特殊解剖学结构有清晰的认识。可采用直径1mm的导乳管疏通乳导管。在注入治疗药物前，应用酒精擦拭消毒乳头，清空感染的乳区或乳房。对严重感染病例，可每天轻柔按摩乳房3～5次，以清除乳腺中的分泌物。急性乳腺炎在进行乳房药物灌注治疗的同时，可肌内注射抗生素。

第二节　病毒性疾病

一、狂犬病

狂犬病（Rabies）是由狂犬病病毒（*Rabies virus*，RV）引起的人和所有其他哺乳动物的致命性传染病，以中枢神经系统紊乱、瘫痪和死亡为主要特征。骆驼科动物对狂犬病病毒易感，骆驼一旦出现临床症状，其死亡率往往很高。由于狂犬病属于人畜共患病，该病目前在新大陆骆驼中得到广泛研究。

1.病原学　狂犬病病毒属于弹状病毒科、狂犬病病毒属。弹状病毒在形态上呈杆状或子弹状，其基因组是不分节段的单股负链RNA，编码5种结构蛋白（图2-27）。病毒颗粒外有囊膜，内有核蛋白壳。囊膜的最外层有由糖蛋白构成的许多纤突，排列比较整齐，此突起具有抗原性，能刺激机体产生中和抗体。狂犬病病毒属分为4个血清型和7个基因型。其中，血清学Ⅰ型包括所有的狂犬病病毒，而其他血清型属于"狂犬病相关病毒"（血清Ⅰ型、血清Ⅱ型、血清Ⅲ型和血清Ⅳ型）。病毒在受感染细胞的胞质

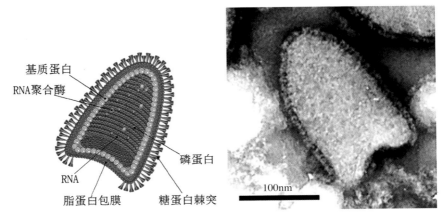

图2-27　狂犬病病毒模式图（左）和病毒电子显微镜照片（右）

（资料来源：https://www.vectorstock.com/royalty-free-vector/ 和 https://link.springer.com/referenceworkentry/）

中复制，随着病毒蛋白在细胞质中不断积累，形成组织学可见的狂犬病病毒包涵体或内基体。

2. 流行病学 非洲和亚洲是狂犬病的高发区，印度居首位。动物与动物以及动物和人之间该病主要通过咬伤传播。食草动物和灵长类是狂犬病病毒的终末宿主，通常不会传播病毒；肉食动物或吸血蝙蝠是中间宿主，具有传染性。骆驼感染狂犬病病毒主要是被疯狗咬伤引起，也有红狐、臭鼬和蝙蝠引起骆驼感染狂犬病的报道。因此，家养动物、野生肉食动物或蝙蝠是狂犬病病毒长期寄存的主要宿主。动物狂犬病虽然分布于世界各地，但是一些国家如澳大利亚、新西兰、日本和英国等为无狂犬病国家；而一些国家采取疫病防控措施也已逐步消灭了狂犬病。

不同动物对狂犬病病毒的易感性有很大差异。狐狸、棉鼠和草原狼对狂犬病病毒最为敏感；牛、骆驼、兔子和猫较为敏感；犬、绵羊和山羊不敏感。狂犬病病毒传播媒介生物在不同国家和地区各不相同。在非洲，家犬仍然是狂犬病病毒传播的主要媒介，而其他动物如黄色猫鼬、侧纹胡狼和狐狸也可传播狂犬病。在亚洲热带地区，犬是地方性狂犬病传播的唯一中间宿主。犬也是引起美国热带地区狂犬病地方性流行的主要媒介，除此之外，吸血蝙蝠也可导致人和牛感染狂犬病。在其他一些国家，食虫蝙蝠和食果蝙蝠也可传播狂犬病。

骆驼狂犬病的报道主要来自摩洛哥、毛里塔尼亚、阿曼、阿联酋、尼日尔、印度、以色列、苏丹和伊朗等国家。依据传播媒介的不同，可将狂犬病分为3种类型，即城市型（家犬）、森林型（野生动物）和蝙蝠型（蝙蝠）。如阿拉伯半岛地区以森林型狂犬病为主，其中阿联酋和阿曼的狂犬病主要由红狐引起，也门的狂犬病主要由流浪犬（野生犬）引起。

在尼日尔，Bloch 等（1995）报道一头患有狂犬病的犬引起40峰骆驼中的7峰感染了狂犬病。Al-Dubaib 等（2007）报道狂犬病在沙特阿拉伯单峰驼中的发病率为0.2%，其中70%的病例是被疯狗咬伤引起，而17%的病例是被患有狂犬病的狐狸咬伤引起。在北美洲和南美洲，不同动物媒介均可传播狂犬病，包括犬、狐狸、浣熊、臭鼬和蝙蝠。在内蒙古的阿拉善地区亦有双峰驼被狐狸咬伤后发生狂犬病的报道。受感染的骆驼出现临床症状后6～8d内死亡。2007年，沙特阿拉伯单峰驼中出现了以非化脓性脑膜脑炎为主的单峰驼狂犬病。患病单峰驼以神经紊乱、共济失调、步态蹒跚和偶尔神经兴奋为特征。虽然非化脓性脑膜脑炎提示病毒感染，但脑组织中并未检测到狂犬病病毒，其原因未解。

3. 临床症状和病理变化 单峰驼狂犬病有两种不同临床类型，即狂躁型和沉静型（麻痹综合征）。狂躁型临床症状包括焦躁不安、有攻击性、异常兴奋、突然撕咬、奇痒、擦伤、自残、垂涎、肌肉震颤和后肢瘫痪等。沉静型临床症状包括虚弱、颤抖和胸式躺卧等。

在沙特阿拉伯，67%的单峰驼狂犬病为沉静型，狂躁型所占比例较低，而狂躁型症状主要发生在雄性骆驼中。当患狂犬病的雄性驼攻击和撕咬附近物体时，具有潜在的被感染风险。当被患有狂犬病的雄性驼咬伤后经3周至6个月的潜伏期即可出现狂躁型临床症状。在单峰驼中，这种狂躁型临床症状持续1～3d后进入麻痹瘫痪期。在麻痹瘫痪期，患病骆驼侧卧不起，并出现四肢乱蹬等症状。患病单峰驼进入麻痹瘫痪阶段1～2d后试图不断地"打哈欠"（无声的咆哮）并迅速死亡，这种现象是狂犬病的典型临床症状之一（图2-28）。

死于狂犬病的骆驼其病理变化不一，唯一可见的异常病变是软脑膜血管充血。在整个病程中，患病骆驼逐渐消瘦，自残或在互相斗殴中受伤。病死骆驼胃内经常发现异物，如石头、玻璃碎片或瓷器碎片等（异食癖）（图2-29）。组织病理学变化

图2-28　狂犬病病驼：尝试打哈欠是典型症状
（资料来源：Ulrich Wernery 等）

特点主要体现在中枢神经系统，狂犬病病毒引起非化脓性脑炎，在脑组织中出现以单核细胞为主的血管管套（图2-30），局灶性和弥漫性神经胶质细胞增生，神经元变性，有时在细胞质中出现包涵体。

图2-29　患狂犬病的单峰驼胃内出现的异物
（资料来源：Ulrich Wernery 等）

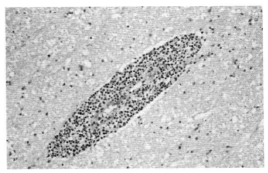

图2-30　非化脓性脑炎血管管套
（资料来源：Ulrich Wernery 等）

Perl 等（1996）报道以色列一150峰的骆驼群中，有一8岁的单峰驼患狂犬病。该患病骆驼表现出狂犬病沉静型临床症状，如虚弱、颤抖、胸式卧地等。尸体剖检发现脊髓周围轻度水肿。海马、小脑和延髓免疫荧光试验呈阴性。但是将病料接种小鼠后第12天小鼠出现瘫痪症状，并且脑组织免疫荧光试验呈阳性。使用免疫组化检测该病例脑组织时，未检测到狂犬病病毒。但是，当检测腰部到胸部的脊髓时，却检测到了狂犬病病毒抗原。因此，在诊断骆驼狂犬病时，除了检测脑组织外也要检测脊髓。

4.诊断　当骆驼出现异常行为时都可怀疑为狂犬病，尤其患病动物来自疫区时，感染狂犬病的可能性明显提高。一旦怀疑为狂犬病时第一时间告知当地动物疫病防控机构，并隔离观察14d。隔离期间出现明显临床症状时进行实验室检查。确诊为狂犬病时应实施安乐死，且应避免对骆驼颅骨造成任何损伤破坏。

通常用海马组织来诊断狂犬病，但根据不同的病灶或病毒抗原的分布特点，一般建议从大脑和脊髓的不同部位采集病料样本进行诊断。狂犬病的诊断只能在骆驼死亡

后才能进行。采取病料时应谨慎操作，必须按照有关操作规程进行，以避免病毒扩散。

诊断狂犬病的标准方法是通过免疫荧光技术检测脑组织中的病毒抗原，可在大脑，

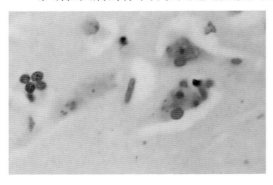

尤其是在海马内发现大小不一的狂犬病病毒聚集物即包涵体。这种方法检测速度快、特异性强，对实验室工作人员要求不高。也可通过制作病理切片来进行观察，在福尔马林固定的组织样品或新鲜脑组织样品病理切片中可观察到包涵体（图2-31）。

第三种诊断方法是将脑悬浮液接种小鼠进行病毒分离。此方法虽然敏感性高，但费时、费力，需要4周甚至更长时间才能出结果。需要通过小鼠脑组织病理学检查或免疫荧光试验来验证是否分离到病毒。

图2-31　在狂犬病病驼海马中观察到的包涵体（苏木精-伊红染色）

（资料来源：Ulrich Wernery 等）

也可利用PCR技术扩增病毒，并通过DNA测序来分析狂犬病病毒的基因型。一些血清学试验，如酶联免疫吸附试验，用于检测免疫后抗体水平和抗原检测，主要用来评价疫苗的免疫反应或进行分离病毒的确认。需要注意的是不管哪种检测方法，检测样本中必须要包括脊髓样本。

5. 防控　目前，尚无治疗骆驼狂犬病的有效药物。弱毒疫苗和灭活疫苗均可预防狂犬病。免疫后产生的中和抗体是保护骆驼免受狂犬病病毒感染的主要成分。中和抗体滴度>0.5IU/mL时，可保护骆驼免受狂犬病病毒攻击。狂犬病疫苗保护力通常为1～3年。如果母驼在妊娠期间接受了免疫，幼驼在出生后4月龄或9月龄时进行免疫接种，每年加强免疫1次。

疫苗在单峰驼中的免疫持续期有很大差异，维持有效抗体滴度期差异与骆驼品种或个体差异有关。组织培养灭活疫苗的免疫维持期较长。

二、痘病

痘病毒（*Pox virus*）感染人和动物后常引起局部或全身化脓性皮肤损伤。单峰驼和双峰驼均可发生痘病，新大陆骆驼也可试验性诱导感染痘病。世界动物卫生组织规定骆驼痘是一种必须上报的传染病。骆驼痘病毒感染骆驼科动物后可引起增生性皮肤病。

1. 病原　痘病毒为痘病毒科成员，可分为两个亚科，即脊椎动物痘病毒亚科（感染脊椎动物）和昆虫痘病毒亚科（感染昆虫）。痘病毒为哺乳动物最大及最复杂的病毒，具有砖块样的外形（图2-32）。目前，已知的痘病毒科、正痘病毒属中有11个种，骆驼痘病毒（*Camelpox virus*，CMPV）则是其中之一。它是一种体积较大、有囊膜的双股DNA病毒，是引起骆驼痘病的病原体。该病毒与天花病毒核酸序列较相近。

2. 流行病学　痘病毒可通过损伤的皮肤、呼吸道或被节肢动物叮咬的伤口感染骆驼。在雨季可暴发性地增加；而在旱季，痘病的传播较温和。由于在寄生性节肢动物蜱中发现骆驼痘病毒，雨季里大量滋生的节肢动物给骆驼群带来更多的感染压力。另

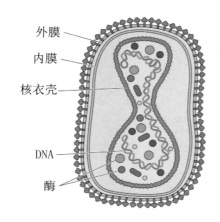
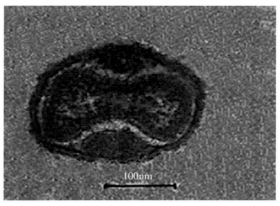

外膜
内膜
核衣壳
DNA
酶

100nm

图2-32　痘病毒模式图（左）和电子显微镜照片（右）

（分别引自http://www.twiv.tv/virus-structure/和http://www.virology.net/Big_Virology/）

外，不同的毒株毒力也存在较大的差异。强毒株可引起骆驼全身性感染，而弱毒株只引起局部性感染。DNA限制性内切酶分析结果表明，来自非洲不同国家的骆驼痘病毒毒株具有不同的基因组，引起毒株毒力的相应变化。

骆驼一旦被痘病毒感染可获得终生免疫力。骆驼痘病的流行与雨季的长短、昆虫密度以及种群中免疫骆驼数量等有关系。目前已经证实，骆驼痘病为人畜共患病，饲养骆驼的牧民会定期出现皮肤丘疹。2009年，印度西北部地区暴发了一场骆驼痘，3人确诊感染，并在患病骆驼体内成功分离出病原体。受感染的3名骆驼饲养员皮肤出现了丘疹、水疱、溃疡、结痂等症状。患者血液样本中也检测到了相应的骆驼痘病毒抗体。

由于痘病是骆驼最常见的病毒性疾病之一，因此被广泛报道。凡是有骆驼饲养的地方，就会发生痘病。迄今为止，只有澳大利亚的单峰驼中从未发现过痘病。

不管是局部感染还是全身性感染，病毒首先在入侵部位大量增殖。在全身性感染病例中，病毒在淋巴结中增殖之后引起原发性病毒血症，并感染其他组织器官。最终导致继发性病毒血症和皮疹。

血清学研究揭示了骆驼痘病毒在不同国家广泛流行。Davies等（1985）用血清中和试验证明，无论是自然放牧的驼群还是农场集中饲养的驼群，都有较高的骆驼痘抗体。在肯尼亚，用血清中和试验对6个健康的驼群进行检测，其中在5个驼群中检测到了抗体。Munz等（1986）报道，苏丹骆驼痘抗体阳性率为73%～95%。Pfeffer等（1998）使用酶联免疫吸附试验（ELISA）检测1 000峰阿联酋单峰驼抗体水平，发现其阳性率为88%～100%。在利比亚，Azwai等（1996）调查了来自6个不同畜群的520峰单峰驼，发现其阳性率只有10%。在摩洛哥，骆驼痘血清阳性率7年内从23%增加到37%。值得一提的是血清学调查对于评估驼群的免疫状态意义不大。因为在痘病毒感染中，细胞介导的免疫作用起着主要免疫保护作用，而非循环血液中的抗体。

3.临床症状和病理变化　潜伏期一般为9～13d，症状较轻时鼻孔、眼睑和口腔黏膜上均出现脓疱（图2-33）。严重病例即呈现全身性临床症状，如发热、精神沉郁、腹泻、厌食、全身布满丘疹等（图2-34）。Buchnev等（1967）报道骆驼痘可导致骆驼

图2-33 发生骆驼痘病时，鼻黏膜病变
（资料来源：Ulrich Wernery 等）

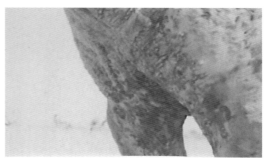

图2-34 单峰驼痘病，全身性感染皮疹
（资料来源：Ulrich Wernery 等）

流产，并在流产的胎儿中分离出骆驼痘病毒。Al-zrabi 等（2007）也报道，患病的叙利亚妊娠母骆驼的流产率高达90%。骆驼痘病的发病率和死亡率有时差异很大，这主要取决于全身感染和局部感染的程度。另外，继发细菌和真菌感染会使骆驼痘病毒感染更加复杂化（图2-35）。

典型的痘斑起初是红色的瘢痕，接着形成丘疹和囊泡。囊泡最终发展成中央扁平，周围有红晕的脓疱，即痘疮。脓疱破

图2-35 骆驼痘伴发金黄色葡萄球菌感染
（资料来源：Ulrich Wernery 等）

裂后，形成硬的结痂。脓疱需要4～6周才能愈合，小的脓疱愈合不留瘢痕，大的脓疱可留瘢痕。痘病毒一般嗜上皮，发生病变的皮肤角质细胞肿胀，形成空泡和气球样膨胀等病理变化，并最终破裂形成囊泡。脓疱周围上皮细胞的增生又逐渐使脓疱增大。通常在真皮和水肿部位血管周围有单核细胞、中性粒细胞和嗜酸性粒细胞等浸润。

Kinne 等（1998）详细描述了骆驼痘引起骆驼呼吸系统的病理变化，即气管和肺部散在的局灶性病变。肺部病理变化表现为肺组织实变，并散落着直径1～10mm大小不等的病灶。肺切片用苏木精-伊红染色，可见增生性肺泡炎和细支气管炎，其中正常肺结构部分或完全被坏死组织和纤维素取代。病灶的免疫组化病理切片结果显示其支气管上皮细胞中有大量痘病毒抗原阳性细胞。

4.诊断 典型病例可根据临床症状、病理变化和流行情况做出诊断；非典型病例可综合患病骆驼发病情况做出诊断。亦可采取丘疹组织涂片，用姬姆萨或苏木精-伊红染色，镜检胞质内包涵体，姬姆萨染色包涵体呈红紫色或淡青色，苏木精-伊红染色包涵体呈紫色或深亮红色，且周围绕有清晰的晕。

区别骆驼痘病毒与其他正痘病毒属的病毒的方法包括接种鸡胚分离病毒法、细胞培养物病变观察法、鸡胚培养法和家兔皮内接种试验等。另外还有使用单克隆抗体的ELISA技术、DNA限制性内切酶分析技术和使用地高辛标记的DNA探针斑点杂交技术等新的检测方法。骆驼痘的实验室诊断方法包括电子显微镜观察、ELISA、免疫组化技

术和聚合酶链式反应（PCR）等，其中PCR技术是一种快速、有效的方法。

5.**防控**　目前，尚无治疗骆驼痘的特效方法。对不严重的病例可全身使用广谱抗生素和维生素以减少继发感染。尽管预防骆驼痘具有重要的经济价值，但目前只有少数科学家在关注疫苗研制。直至今天，一般情况下依然采用将受感染骆驼的结痂溶解在牛奶中涂抹到病变部位来预防骆驼痘的进一步发展。

据报道，摩洛哥、沙特阿拉伯和阿联酋等国家已成功生产骆驼痘疫苗。摩洛哥研发的灭活疫苗，自1991年起用于骆驼痘预防，需要每年接种一次。此后研究人员又筛选出数个单克隆毒株，其中A28毒株安全性和免疫力均高于其他毒株。另外，沙特阿拉伯、阿联酋和埃及等国家研发出了弱毒疫苗。

在摩洛哥，Khalafalla等（2003）进行了灭活疫苗和弱毒活疫苗（Ducapox）的田间比较试验，发现两种疫苗均有较高的安全性和免疫原性，均能诱导骆驼产生体液和细胞免疫应答，可保护单峰驼免受骆驼痘感染。在沙特阿拉伯，弱毒疫苗株louf-78可在兔子和豚鼠中产生抗体，具有较好的免疫原性。在阿联酋，自1994年以来，弱毒疫苗Ducapox一直用于骆驼痘病的预防，并且具有较高的免疫保护作用。

疫苗生产者建议6～9月龄的骆驼接种疫苗时应加强免疫，避免因母源抗体而导致免疫失败。由于骆驼痘病毒和牛痘苗病毒之间有交叉抗原性，可用牛痘疫苗免疫骆驼。

三、流行性感冒

流行性感冒（influenza）简称流感，是由A型流感病毒引起的人畜共患传染病，通常侵害上呼吸道，以发热、咳嗽、打喷嚏、呼吸困难、流鼻涕及乏力等症状为主，一般预后良好。但禽流感病毒感染家禽的后果则差别极大，可从无症状的隐性感染至90%以上发病死亡。骆驼可作为流感病毒的中间媒介，但在19世纪70年代末到80年代期间，蒙古国的双峰驼群中曾暴发过几次流感。

1.**病原**　流感病毒属于正黏病毒科，其中A型、B型、C型、D型流感病毒均可感染动物，但仅有A型流感病毒能造成疫病流行，即A型流感病毒危害最大。流感病毒粒子直径为80～100nm，其外膜是源自宿主的两个囊膜蛋白，即按照4：1或5：1比例构成血凝素和神经氨酸酶糖蛋白（图2-36）。流感病毒在受感染细胞胞质中大量复

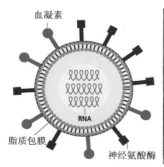
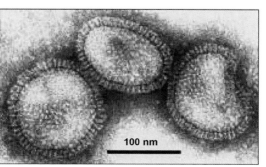

图2-36　流感病毒模式图（左）和电子显微镜照片（右）

（资料来源：https://ya-webdesign.com/download.html 和 https://www.intechopen.com/books/）

制。当同一个体感染不同类型流感病毒时，病毒之间发生基因重组，从而出现抗原漂移，在自然界中经常能分离到重组流感病毒。

2.流行病学　流感疫情主要流行于禽群、猪群和马群，也可感染犬、貂以及海豹、鲸等动物。1978—1988年，蒙古国不同地区61个养驼场的骆驼中发生了19起严重呼吸道疾病。研究者通过鸡胚培养法从92份鼻拭子样品中分离出13株流感病毒，血凝试验证实为H1N1流感病毒。H1N1流感病毒在骆驼种群中流行的同时，在当地牧民体内也分离到4株H1N1流感病毒，经测序发现4株病毒的基因序列与骆驼分离株具有高度同源性。

Olaleye等（1989）在尼日利亚东北的单峰驼屠宰场进行采样，发现A型流感病毒抗体阳性率为0.6%，B型流感病毒抗体阳性为12.7%。EI-Amin等（1985）报道苏丹骆驼A型流感病毒抗体阳性率为7.8%。

在中东和亚洲其他地区很多国家，马和骆驼经常紧密接触，因此一些人认为马流感病毒有可能会从马属动物传播到骆驼。而且，由蒙古国的一峰无明显流感症状的双峰驼体内分离到一株马流感病毒（H3N8），说明马流感病毒可在双峰驼体内存活。

3.临床症状　蒙古国发生的双峰驼流感疫情中，一次就有4 000多峰骆驼出现了严重的呼吸道疾病症状，并有部分骆驼死亡，其致死率为9.1%，流产率为2.6%，精神萎靡占6.7%。急性期的临床症状还包括干咳、支气管炎、肺炎和发热，以及持续数周的流鼻涕和黏液眼（mucous ocular）。

流感病毒抗体阴性骆驼，经鼻腔、气管或者肌内注射人工感染H1N1病毒后由骆驼体内可以再次分离到流感病毒，并且血凝抑制抗体效价为1∶16～1∶128，但是试验感染骆驼仅出现了和自然感染骆驼相似的轻微临床症状，即表现为发热、咳嗽、支气管炎和鼻眼流涕等症状，之后均恢复健康。试验骆驼群中无再发流感疫情。在人工感染试验中未出现严重感染病例，说明细菌继发感染在严重感染病例中发挥重要作用（图2-37）。

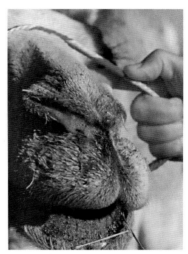

图2-37　伴有细菌继发感染的流感患驼

（资料来源：Ulrich Wernery 等）

4.诊断　由于病毒（A型流感病毒、副流感病毒3型）和细菌（多杀性巴氏杆菌、葡萄球菌、链球菌、大肠埃希氏菌、铜绿假单胞菌等）均可引起骆驼呼吸道疾病。因此，骆驼流感的诊断必须对病原体进行鉴别。由于流感病毒排毒时间较短，骆驼一旦出现发热和咳嗽等症状时，需第一时间采集样本并进行病毒分离或检测。流感病毒可在鸡胚或者MDBK细胞上进行培养繁殖。可采用血凝抑制试验鉴别流感病毒不同类型，也可用来检测流感病毒抗体。目前，用于检测马流感的FLU-A/B检测试剂盒（Becton Dickinson, New Jersey）已研制成功。该试剂盒可用来尝试检测患有流感样症状的骆驼。虽然试剂盒采用了人流感病毒A型和B型核蛋白抗原捕获ELISA技术，也同样适用于检测其他物种，如禽类和马属动物流感抗原。另外，通过反转录PCR也可快速检测流感病毒。

5.防控 骆驼出现流感疫情时，免疫接种和禁止动物交易流动是控制流感疫情最有效的方法。目前尚无骆驼专用商用流感疫苗，但骆驼流感疫情暴发时应考虑用其他动物的流感疫苗进行紧急预防。

四、口蹄疫

口蹄疫（foot-and-mouth disease）是由口蹄疫病毒（*Foot-and-mouth disease virus*，FMDV）感染引起的偶蹄动物共患的急性、热性、接触性传染病。口蹄疫主要引起牛和猪感染，也可以感染山羊、绵羊、骆驼、鹿和其他偶蹄动物。马和人类感染病例则非常少。

口蹄疫在亚洲、非洲以及南美洲均有流行，而这些地区也是骆驼科动物的主要分布地区。通过过去数年的流行病学调查，尤其是试验性诱导感染，目前人们对骆驼口蹄疫有了较深的认识。

1.病原 口蹄疫病毒隶属于微RNA病毒科、口蹄疫病毒属。口蹄疫病毒目前有O、A、C、SAT1、SAT2、SAT3（即南非1、2、3型）和亚洲型7个血清型。各血清型之间几乎没有交叉免疫保护力，感染了其中某一型口蹄疫的动物仍可感染另一型口蹄疫病毒而发病。病毒的中心为一条单股正链RNA，由大约8 000个碱基组成，是感染和遗传的基础；RNA周围包裹的蛋白质决定了病毒的抗原性、免疫原性和血清学反应能力；病毒外壳为对称的20面体（图2-38）。

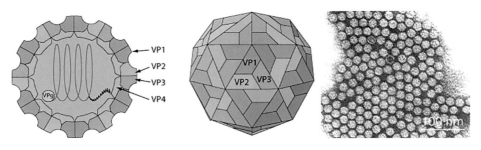

图2-38　口蹄疫病毒模式图（左、中）和电子显微镜照片（右）

（资料来源：https://virologymsu.blogspot.com/2017/和http://www.whatislife.com/news/）

2.流行病学 口蹄疫在欧洲、亚洲和南美洲的部分地区呈地方性流行，而北美洲、澳大利亚、新西兰和西欧的许多地区尚未出现。

口蹄疫病毒的自然宿主是偶蹄类动物，包括牛、猪、绵羊和山羊。一些野生动物也可能是口蹄疫病毒的自然宿主，但不表现临床症状。例如，非洲水牛可在咽部携带病毒达2年之久而不表现水疱性病变。多数情况下口蹄疫病毒通过气溶胶方式在紧密接触的动物之间传播。在适当的环境条件下病毒也可随风传播到较远的地方。目前，随着分子生物学技术的发展可从分子水平上追踪每个毒株在不同国家之间或不同宿主之间的传播路线。

新大陆骆驼在自然条件下和试验条件下都对口蹄疫病毒易感。如在秘鲁普诺发生的一起牛口蹄疫疫情中，与之接触的羊驼表现出轻微的临床症状。值得一提的是，不是所有发生口蹄疫的地区的新大陆骆驼均对口蹄疫易感。1981年，在印度阿萨姆地区暴发口蹄疫疫情，该疫区中有包括骆驼科在内的大量偶蹄类动物，但美洲驼和单峰驼均未被感染。

3.临床症状和病理变化　不同动物发生口蹄疫后的临床症状基本相似，但由于侵入病毒的数量、毒力以及感染途径的不同，潜伏期长短和临床症状不完全一致。对于骆驼，潜伏期1周左右。临床症状包括体温升高，精神沉郁，厌食，消瘦；口腔黏膜和蹄部发生水疱，水疱破裂后形成糜烂和溃疡；病驼流涎，挂满口角与下唇，拉成线状；沿蹄冠出现大小不一的水疱，有时蔓延到蹄叉，水疱破裂后，由于继发感染而化脓，溃疡加深，致使蹄踵角质部与肌肉组织脱离，有的成片脱落或一次性整个脱落，俗称"脱靴"或"脱掌"。

（1）双峰驼　Krasovski（1929）描述了人工感染双峰驼的口蹄疫症状。感染48h后在接种部位出现水疱，随后在蹄部出现水疱，所有感染骆驼于7d后康复。阿联酋中央兽医研究实验室（CVRL）和丹麦科学家进行了双峰驼的人工诱导感染试验。将含有A型口蹄疫病毒的牛水疱皮悬液通过舌部皮下注射给2峰双峰驼（图2-39A）。人工感染病毒后2峰双峰驼均产生了中等到严重的口蹄疫临床症状，即后蹄跛行、发热、卧地不起，接种14d后2峰骆驼后腿蹄匣脱落（图2-39B、C、D）；接种21d后损伤愈合，动物

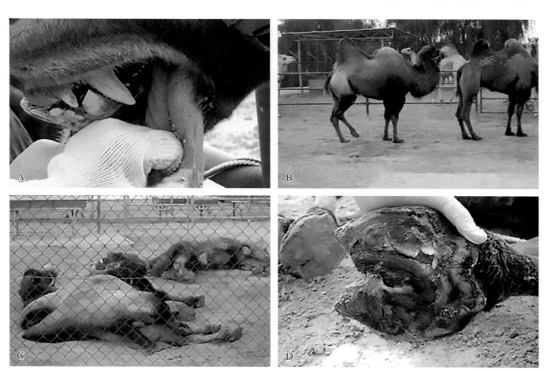

图2-39　双峰驼人工感染口蹄疫的主要临床症状
A.双峰驼舌皮下注射口蹄疫病毒　B.后腿跛行　C.卧地不起　D.后腿蹄匣脱落
（资料来源：Ulrich Wernery 等）

恢复健康。在舌部皮下接种部位也没有观察到损伤。接种7～10d后2峰骆驼均产生了较高浓度的口蹄疫病毒抗体，但仅在口腔拭子和咽喉分泌物中检测到少量的口蹄疫病毒。这些结果表明，虽然双峰驼可急性感染口蹄疫病毒，但它们长期携带病毒的可能性很小。

双峰驼感染口蹄疫后在病毒入侵位点发生早期口疮，体温升高，大量流涎，全身无力和严重的蹄部病灶等。1958年在阿斯特拉罕附近一次口蹄疫疫情中，一家骆驼养殖场32峰双峰驼出现了严重的口蹄疫临床症状，另有31峰只出现轻微症状。患病骆驼出现食欲不振、体温升高、蹄匣脱落，在腕关节和跗关节以及胸部和膝垫处部分皮肤坏死脱落，在坏死皮肤下能看到明显的渗出液。

蒙古国双峰驼口蹄疫暴发期间，许多双峰驼都出现了典型的症状，最主要的特征为蹄匣脱落（图2-40）。从1峰具有典型口蹄疫临床症状的双峰驼中分离到了病毒，这也是首次从自然感染的双峰驼分离到口蹄疫病毒。近年在我国内蒙古中部地区的双峰驼中亦出现类似症状。

图2-40　自然感染口蹄疫的双峰驼蹄匣脱落
（资料来源：Ulrich Wernery 等）

（2）单峰驼　无论是自然感染还是人工诱导感染，单峰驼对口蹄疫均不易感。阿联酋中央兽医研究实验室和丹麦科学家曾进行单峰驼人工感染口蹄疫试验。研究者分别用O型和A型口蹄疫病毒感染单峰驼。将高剂量的口蹄疫病毒经舌部皮下注射给23峰单峰驼，并将几只绵羊和接种病毒的单峰驼饲养在一起，作为直接接触感染试验组。另外给2头犊牛和2只绵羊分别接种O型和A型口蹄疫病毒作为阳性对照。试验采用病毒分离法、实时荧光定量PCR法、酶联免疫吸附试验（ELISA）和血清抗体中和试验检测病毒抗原和抗体。试验结果表明，人工接种病毒的单峰驼和直接接触患口蹄疫病羊的单峰驼均未出现任何口蹄疫临床症状。而阳性对照组的牛、羊均出现了典型的口蹄疫临床症状，也检测到口蹄疫病毒抗体。在试验中单峰驼虽然接种了高剂量的口蹄疫病毒，但没有一峰出现病毒血症，也没有产生特异性抗体。研究者认为单峰驼对高剂量口蹄疫病毒具有抵抗力，因此也不会向易感动物传播口蹄疫病毒。

4.诊断　一般通过眼观病理变化很难区分骆驼口蹄疫与水疱性口炎，根据流行病学、临床症状和病理剖检特点可做出初步诊断，确诊需要通过实验室诊断。实验室诊断方法包括补体结合试验、ELISA、病毒中和试验、琼脂扩散试验。目前已有一些商品化的ELISA试剂盒可以区分自然感染抗体和疫苗免疫抗体。可通过骆驼胚胎肾细胞系进行病毒分离。直接利用RT-PCR技术可对病毒进行扩增鉴定。

5.防控　口蹄疫目前尚无有效的治疗方法，以预防为主。最有效的预防措施是禁止从有疫情国家引进动物或动物产品。目前，许多欧洲国家禁止进行常规的口蹄疫疫苗免疫。另外，即使是免疫接种过的动物，再次接触野生型病毒后仍可能成为病毒携带者，牛的带毒时间有时可长达3年。

目前商品化的口蹄疫疫苗大多数为灭活疫苗，其免疫持续期很少能超过6个月。2010年在蒙古国发生双峰驼口蹄疫期间，有超过3 000峰骆驼接种了O型口蹄疫疫苗，但是尚不清楚免疫后是否产生了血清抗体应答和免疫力。值得注意的是，使用弱毒疫苗的地区一旦发生口蹄疫疫情，要第一时间对患病动物的病原体进行核酸序列分析，确定其是否与疫苗毒株同源。

五、接触传染性脓疱病

接触传染性脓疱病（contagious ecthyma disease）是一种由羊口疮病毒（ORFV）引起的急性接触性传染病，又称为脓疱性皮炎，其特征为口腔黏膜、唇部、面部、腿部和乳房部的皮肤形成丘疹、脓疱、溃疡和结成疣状厚痂。该病在全球广泛分布，可感染绵羊、山羊和野生反刍动物，如马鹿、驯鹿、欧洲盘羊等，亦可感染骆驼。该病在幼畜表现较为严重，当有继发感染时往往引起死亡。

1.病原　羊口疮病毒属于副痘病毒属，该属成员包括羊口疮病毒（ORFV）（图2-41）、牛丘疹性口炎病毒（BPSV）、伪牛痘病毒（PCPV）和新西兰马鹿副痘病毒（PVNZ）。根据自然宿主的范围、病理学以及基因组特征，将副痘病毒分为4个群。不同群的副痘病毒编码基因区高度保守，而末端区域同源性较低。

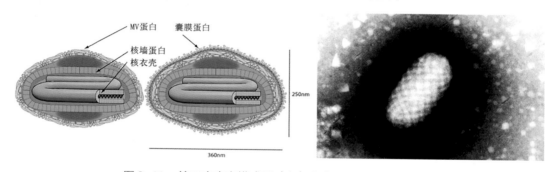

图2-41　羊口疮病毒模式图（左）和电子显微镜照片（右）

（资料来源：https://viralzone.expasy.org/ 和 https://www.wikidata.org/wiki/）

2.流行病学　骆驼科动物均可感染副痘病毒。骆驼的接触传染性脓疱病和骆驼痘在临床上很难区分。目前已有多个国家报道骆驼的接触传染性脓疱病病例。长期以来骆驼饲养者一直认为此病不是传染病，只是由带刺的植物引起。现在已认识到荆棘类植物只是损伤了动物的嘴，使得副痘病毒能够侵入。研究者从患病骆驼体内分离的副痘病毒，其超显微结构与接触传染性脓疱病毒相似，命名为骆驼皮肤病病毒，并指出这种病毒能引起骆驼脓疱性皮炎。接触传染性脓疱主要发生于幼驼，发病年龄一般不超过3岁。俄罗斯、蒙古国、肯尼亚、索马里、苏丹、利比亚、阿联酋、沙特阿拉伯、巴林和印度国家都报道了骆驼接触传染性脓疱病。

目前认为，本病通过与患病动物的痂皮和脓疱液直接接触或与受污染的环境间接接触而传播。病毒在恢复期动物皮肤内可存活1个多月。有临床症状的患有接触传染性脓疱病单峰驼的血清阳性率为38%，无临床症状的单峰驼血清阳性率为0～7%。饲养密度大会增加传染性脓疱病的感染率。

3.临床症状和病理变化　骆驼感染后2～6d，在病毒入侵位点出现原发性局部病灶，病灶位置和大小各不相同。单个或多个原发病灶可出现在嘴唇和口鼻处皮肤上，也可出现在眼睑、口腔上腭、切齿下牙龈和头部其他部位。病灶先是微红色的丘疹，数天后变成淡黄色的水疱。在结痂前，出现溃疡和出血。继发细菌、真菌及蝇蛆感染可引起嘴唇和口腔病灶的恶化（图2-42）。浅表淋巴结明显增大。镜检可见感染的皮肤棘层细胞角化不全，角蛋白细胞气球样变性，真皮发生炎性肿胀等。病灶常伴随溃疡、中性粒细胞和嗜酸性粒细胞浸润，表面可见细菌和真菌菌落。显微观察可用于早期、急性期诊断，在陈旧病变中（6d或更长）可见肿胀表皮细胞胞质包涵体。

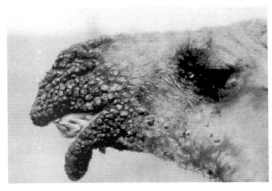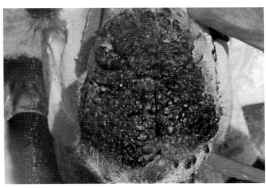

图2-42　苏丹幼龄单峰驼（左）和阿联酋单峰驼（右）患接触传染性脓疱病并继发细菌和蝇蛆感染
（资料来源：Ulrich Wernery 等）

由于患病骆驼通常在面部出现痘样病变，有时很难与骆驼痘病区分。最初，在骆驼唇部可见增生性病变，病变偶尔扩展到鼻子和口腔黏膜，幼龄单峰驼具有全身性感染的趋势，体表多个部位形成丘疹。丘疹接着发展成脓疱，继而结痂。结痂最终变为深棕色，6～10周后脱落。严重感染的单峰驼将形成数个圆形、表皮轻度变厚的黑色无毛区域，并可长达6个月。有时骆驼的眼睑、嘴唇和鼻翼，甚至整个头部出现浮肿现象。

接触传染性脓疱病在肯尼亚单峰驼中的发病率可达100%。Dashtseren 等（1984）报道，蒙古国双峰驼感染接触传染性脓疱病，患病骆驼嘴唇周围病灶可在4～12d内发展成直径为4mm的水疱。患病2～5月后，皮肤病变融合形成5～15mm的厚痂，有时可见厚痂被皮肤褶皱分开。该病在蒙古国成年双峰驼的发病率为10%～80%，在肯尼亚成年单峰驼的发病率为10%～20%。

上述4种副痘病毒，均可感染人。当与患病动物直接接触，或与污染的器具间接接触时受感染，如给患有羊口疮的羔羊人工哺乳时病原体可通过皮肤伤口或擦痕侵入人体。人感染后手、胳膊、颈部、头或腿部可出现水疱、脓疱样病灶。有金黄色葡萄球菌和链球菌继发感染时，体温升高，有时还可引起严重的眼炎。

4.诊断　骆驼接触传染性脓疱病与骆驼痘、乳头瘤、疥癣或嗜皮菌病难以区分，因此必须借助实验室诊断来确诊。传染性脓疱病病毒（羊口疮病毒）不能感染鸡胚，但可在绵羊或小牛肾、睾丸细胞，人或猴羊膜细胞，兔肾细胞上增殖。当传代细胞发生病变后可通过免疫荧光技术或电子显微镜鉴别病毒粒子。也可利用PCR技术直接扩增病毒基因来鉴定。借助PCR技术可快速鉴别接触传染性脓疱病和骆驼痘。

另外，可利用间接免疫荧光技术、ELISA和Western blot等技术检测骆驼传染性脓疱病毒（羊口疮病毒）抗体，但由于该病以细胞免疫为主，抗体检测结果并不能反映免疫状态。

5. 防控 一旦发生疑似病例时，应立即隔离饲养直至完全康复。由于副痘病毒在外界环境中能存活多年，因此禁止在已污染的牧场放牧，尤其是牧场中有荆棘类植被时尤应注意。应尽量降低畜群饲养密度，减少继发感染。可用大剂量青霉素等有效抗生素进行全身治疗防止葡萄球菌继发感染。

检查和治疗患病骆驼时应始终佩戴手套。已免疫的动物和自然感染动物均不能产生持久的抗体，如感染8个月后已康复的绵羊仍可再次感染。弱毒疫苗可用于绵羊和山羊的免疫，但在骆驼科动物无任何效果。另外，痘病毒疫苗和羊口疮病毒疫苗对骆驼传染性脓疱病均无交叉保护力。

六、乳头状瘤

乳头状瘤（papilioma）是生长在皮肤和黏膜上的良性肿瘤，人和大多数动物均可发生乳头状瘤。乳头状瘤是由种属特异性乳头状瘤病毒引起，该病毒与鳞状细胞癌的发生有一定关系。乳头状瘤病毒也可感染骆驼科动物，引起典型的皮肤损伤。

1. 病原 乳头状瘤病毒属于乳多空病毒科、乳头状瘤病毒属。病毒粒子直径约为52nm，呈球形，具有20面体对称结构，72个壳粒组成衣壳结构，每个壳粒至少由3个蛋白质组成（图2-43）。乳头状瘤病毒的鉴别依赖于对病灶的组织学特征观察以及通过核酸杂交或PCR进行DNA鉴定。目前，骆驼乳头状瘤病毒的相关研究较少。

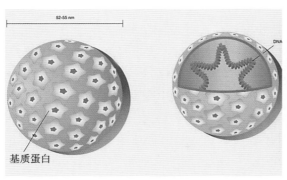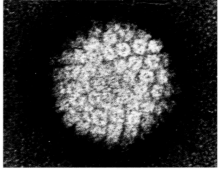

图2-43 乳头状瘤病毒模式图（左）和电子显微镜照片（右）

（资料来源：https://stock.adobe.com/ 和 https://medicalxpress.com/news/）

2. 流行病学 2岁以下的骆驼对该病毒比较敏感。Munz等（1990）报道，在索马里中部暴发的乳头状瘤病，主要感染6月龄到2岁的骆驼。感染后的皮肤病变很难与痘病毒和副痘病毒感染相区分，患病骆驼全身多处出现乳头状瘤。只能通过电子显微镜或PCR方法在实验室进一步确诊。阿联酋的幼龄单峰驼亦感染乳头状瘤病毒，无全身性疣状病变，仅在口唇和鼻孔部位有个别病变，呈茎状疣，易与骆驼痘或骆驼传染性痘疮病病变相区分（图2-44）。

Kinne和Wernery（1998）描述了阿联酋单峰驼感染乳头状瘤情况，在10峰单峰驼中有3峰出现口腔内外增生性茎状疣（图2-45）。用电子显微镜观察病灶样本发现其中含有乳头状瘤病毒粒子（图2-46）。Ure等（2011）报道在苏丹一家单峰驼农

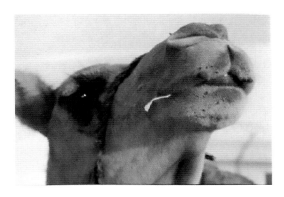

图2-44　单峰驼口唇部位乳头状瘤病变
（资料来源：Ulrich Wernery 等）

场暴发了乳头状瘤病。该农场共有55峰单峰驼，主要是3～7月龄的幼驼发病，发病率为44%。部分患病骆驼出现了菜花样结节，而大多数患病骆驼出现了带裂缝的圆形或椭圆形结节（图2-45），并从病灶中检测出BPV-1型和BPV-2型乳头状瘤病毒（图2-46）。

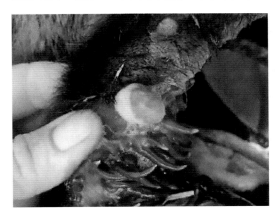

图2-45　单峰驼口腔疣状物
（资料来源：Ulrich Wernery 等）

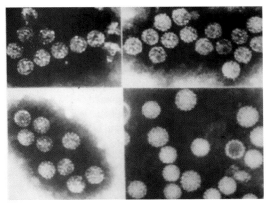

图2-46　单峰驼口腔疣状物内的乳头
状瘤病毒粒子
（资料来源：Ulrich Wernery 等）

　　乳头状瘤病毒主要通过损伤的皮肤传播，也可经受污染的护理设备或绳索传播，或者通过节肢动物叮咬传播。骆驼乳头状瘤病多发生在多雨季节，与骆驼接触传染性脓疱病的暴发季节相一致。

　　3.临床症状和病理变化　骆驼乳头状瘤临床症状与骆驼痘病和副痘病区别很大，后二者所引起的皮肤病变通常要经历小水疱和结痂过程。而乳头状瘤病的早期阶段，病灶部皮肤呈玫瑰色、充血性隆起，进而病灶发展为圆形或菜花样乳头状瘤，直径为3～4cm，通常有茎，但一般不影响骆驼的健康。曾在索马里暴发的单峰驼乳头状瘤中，许多单峰驼嘴唇和鼻孔内出现脓疱和结痂，全身出现大小不等的增生性结节和肿瘤样病变。有些骆驼的耳朵、眼睑、腹股沟、生殖器、腿部亦出现病灶。虽然该病发病率较高，但未出现死亡病例。显微镜观察显示，受感染上皮过度增生皱褶，形成增

生性赘生物。上皮细胞增生以棘层细胞显著增生为主、角化不全或角化过度。病灶突出于表皮生成疣状结构，有时疣状结构可突破皮肤结缔组织大量增生。颗粒层细胞可出现肿大和透明样病理变化。

4.诊断 通过乳头状瘤典型的显微病理变化对其进行鉴别诊断。Kine 和 Wernery 使用牛乳头状瘤病毒兔多抗建立了一种免疫组织化学检测方法诊断该病。亦可通过 PCR 技术检测病料样本中的病毒核酸。

5.防控 乳头状瘤属于动物的轻微疾病，一般不需要预防和治疗，疣状瘤通常在 3~6 个月内会自行脱落。当大量暴发骆驼乳头状瘤时可采用灭活疫苗进行治疗，如将切除的乳头状瘤组织经甲醛灭活处理后制成疫苗进行接种。阿联酋学者曾利用该方法成功治疗了两例单峰驼乳头状瘤病。由于乳头状瘤病毒变异性较大，建议根据不同群体内流行毒株，制作群特异性灭活疫苗。但值得一提的是在乳头状瘤形成的早期阶段不建议用外科手术切除病变部位，因为残留的瘤体仍会生长增大反而会延长治疗过程。

七、裂谷热

裂谷热（Rift Valley fever，RVF）又称里夫特山谷热，是一种由裂谷热病毒（*Rift Valley fever virus*，RVFV）引起的反刍动物和人的一种急性、热性传染病。主要经蚊虫叮咬或通过接触被感染动物传播给人。RVFV 可引起反刍动物流产，而且患病幼崽死亡率接近 100%，历史上曾对畜牧业造成多次重创。骆驼可感染该病。在单峰驼，除了出血热和肺炎，经常会引起妊娠母驼流产。裂谷热在非洲是一种急性至特急性的家养反刍动物主要传染病。雨季过后大量繁殖的蚊虫是该病的主要传播媒介。

1.病原 1930 年，Daubney 在肯尼亚大裂谷（Rift Valley）地区调查绵羊疾病暴发中首次分离到该病毒，故名裂谷热病毒。裂谷热病毒为 RNA 病毒，属于布尼亚病毒科、白蛉病毒属（*Phlebovirus*）。病毒直径 90~110nm，球形，有脂质包膜（图 2-47）。脂质包膜表面有两种糖蛋白 GN 和 GC，帮助病毒进入宿主细胞。病毒 RNA 长度为 11.5kb，由三联重叠基因组成，可编码 6 种不同蛋白质。裂谷热病毒可在 Vero、BHK-

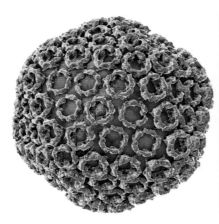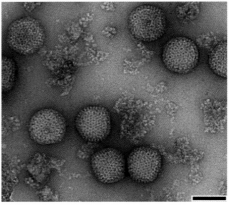

图 2-47　裂谷热病毒模式图（左）和电子显微镜照片（右）

（资料来源：https://es.123rf.com/clipart-vectorizado/ 和 https://www.creative-diagnostics.com/）

21和C6/36等细胞中繁殖。

2.流行病学 裂谷热主要流行于非洲东部和南部牧区，但在各国的流行情况不尽相同。1912年在肯尼亚农业和兽医年会上首次报告该病，称为动物源性肝炎。裂谷热病毒非常容易引起人的感染，而且容易发生空气飞沫传播。Daubney等1930年首次分离本病毒时，4名工作人员全部被感染发病；将这些病料送到英国伦敦后，又有3名工作人员发病。

本病自20世纪30年代在非洲东部的埃及、肯尼亚、苏丹、索马里和坦桑尼亚等国家有9次大流行；在非洲南部的纳米比亚、南非、津巴布韦等国家11次大流行；在非洲西部毛里塔尼亚1次大流行；2000年以后于阿拉伯半岛、沙特阿拉伯发生2次大流行。

裂谷热是一种由蚊虫传播的人畜共患病。目前认为该病毒流行于原始森林，在蚊子和脊椎动物之间传播，大雨可造成蚊子的滋生范围扩大并将疫病扩散至饲养家畜地区。在肯尼亚雨季过后单峰驼流产率明显上升，被认为是由裂谷热病毒引发。在病毒暴发期间45%的单峰驼具有裂谷热抗体。1998年肯尼亚裂谷热的暴发几乎使驼羔全部死亡，死亡数量达到15万峰。2006—2007年间，肯尼亚再次暴发裂谷热，单峰驼患病率达38%，其主要症状为流产。埃及裂谷热流行期间，研究者也发现单峰驼流产率明显上升。由于阿拉伯半岛降雨较少，不适合蚊子的大量繁殖，因此裂谷热的发生率比较低。

3.临床症状和病理变化 在沙特阿拉伯（2000年）和肯尼亚（2006年）裂谷热暴发期间许多单峰驼出现死亡和流产。单峰驼感染裂谷热病毒时表现为发热、共济失调、鼻分泌物带血、失明、牙龈出血、中枢神经症状以及流产等临床症状。主要病理变化包括口腔黏膜、皮下组织、浆膜、心内膜、心外膜、肝脏、肺脏和淋巴结等出现广泛的淤血和出血斑；组织病理学检查显示，肝脏出现凝固性至液化性坏死，并在肝细胞内发现病毒包涵体，实时荧光定量PCR和免疫组化染色确诊为裂谷热病毒。目前尚无有关双峰驼感染裂谷热的报道。

4.诊断 根据流行病学、临床表现和剖检变化，可做出初步诊断。实验室诊断的病料应该包括来自流产胎儿的肝素抗凝血、肝脏、脾脏、肾脏、淋巴结和脑组织等。血清学诊断可用血凝抑制试验、中和试验、间接荧光抗体技术或ELISA进行病毒特异性抗体的检测，辅助诊断，可检测针对病毒的特异性免疫球蛋白M（IgM）病毒抗体。分子生物学诊断可用RT-PCR检测病毒RNA进行早期诊断，包括巢式RT-PCR、实时荧光定量RT-PCR等。病原学诊断可通过采集患病骆驼全血、肝脏、脾脏和脑等病料进行反向被动凝集试验、免疫扩散试验、荧光抗体技术和ELISA直接检测病毒抗原。由于感染骆驼血样和组织中含有大量病毒，较易分离和鉴定。

5.防控 裂谷热病目前尚无有效治疗方法。通过实施持续疫苗接种方案，可以控制裂谷热在驼群中的暴发。现已研发出兽用裂谷热减毒活疫苗和灭活疫苗。减毒活疫苗虽然免疫保护力高，但有可能引起妊娠骆驼流产。灭活疫苗仅诱导产生短期免疫力，多次接种，且成本较高，但是能用于任何年龄段骆驼，包括妊娠母驼。在裂谷热暴发期间，限制和禁止牲畜交易，减缓病毒从疫区向非疫区传播的速度。

八、新生驼羔腹泻

骆驼科动物具有吸收面积很大的螺旋形结肠，是水分的主要吸收场所，特别能适应在干燥环境中生活。因此，骆驼科动物发生腹泻情况较少见，但一旦发生应高度重视。动物发生腹泻往往是由多种细菌、病毒和寄生虫共同作用的结果。新生幼畜腹泻常见病原包括产肠毒素大肠埃希氏菌、轮状病毒、冠状病毒、隐孢子虫和沙门氏菌等，并且临床难以区分。轮状病毒一般侵蚀空肠和回肠黏膜上皮，而冠状病毒则侵蚀结肠黏膜上皮。粪便中病毒的存在并不一定表明疾病的存在，只有病毒复制导致肠绒毛功能异常时才会出现临床症状。

1.病原　轮状病毒属于呼肠孤病毒科、轮状病毒属，为无囊膜病毒，其形态如轮状，核酸由11个节段的双链RNA组成（图2-48）。所有轮状病毒都具有共同的群抗原，共发现有7个不同血清群（A～G）。牛和羊的轮状病毒属于A群，而且已有报道从单峰驼体内也分离出A群轮状病毒。

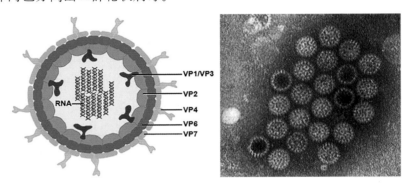

图2-48　轮状病毒模式图（左）和电子显微镜照片（右）

（资料来源：https://www.researchgate.net/figure/ 和 https://anipedia.org/resources/）

冠状病毒属于冠状病毒科、冠状病毒属，为囊膜病毒，基因组为单股RNA，长为27～31kb，其遗传物质是所有RNA病毒中最大的。冠状病毒有包膜，包膜上存在棘突，整个病毒像日冕（图2-49），不同的冠状病毒的棘突有明显的差异。该病毒含

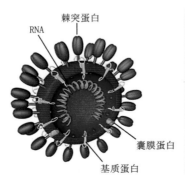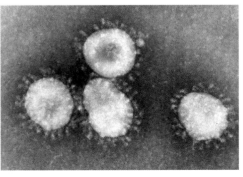

图2-49　冠状病毒模式图（左）和电子显微镜照片（右）

（资料来源：https://en.wikipedia.org/wiki/）

有3个组，其中牛冠状病毒属于第2组，禽冠状病毒属于第3组，重症急性呼吸综合征（SARS）冠状病毒属于第2组。

2.流行病学　目前关于新生驼羔腹泻的报道较少，但腹泻是6月龄内驼羔死亡的主要原因。新生驼羔的死亡率在不同地区差别较大。Agab等（1998）报道，苏丹单峰驼羔死亡率可达30%以上。Gluecks（2007）报道，肯尼亚单峰驼驼羔的死亡率远低于东非其他地区，发病驼羔通常只有23%发生腹泻，腹泻死亡率只有2%。

有关单峰驼的冠状病毒和轮状病毒研究较少，在双峰驼更是没有任何报道。研究者在单峰驼的粪样品中发现过冠状病毒和轮状病毒，血清中亦检测到相应抗体。Wunschmann等（2002）报道在美国明尼苏达州6周龄单峰驼羔发生肠道冠状病毒感染。该病驼持续腹泻5d，治疗无效最终死亡。通过电子显微镜观察在其粪便样品中发现了冠状病毒粒子，利用免疫组化试验证实在结肠上皮细胞中存在冠状病毒抗原。在阿拉伯、苏丹和摩洛哥单峰驼腹泻粪便样品中也发现了轮状病毒和冠状病毒。

血清学和病毒分离试验证实，在美国和南美洲的新大陆骆驼也感染轮状病毒和冠状病毒。美国俄勒冈州兽医诊断实验室对未断奶的7月龄大羊驼和羊驼共45份粪便样本进行检测，发现冠状病毒感染率达42%。成年新大陆骆驼体内也检测到冠状病毒。冠状病毒感染导致美国西北部大多数农场中所有年龄的新大陆骆驼均发生腹泻。但轮状病毒的检出率只有2%。

3.诊断　由于细菌和病毒均可引起新生驼羔腹泻，因此要想确诊病原体类型，需进行实验室诊断。目前，诊断新生驼羔腹泻的方法包括电子显微镜检测法、ELISA、病毒培养分离法和PCR等。虽然利用电子显微镜检测轮状病毒和冠状病毒是病毒鉴定的"金标准"，但由于仪器设备昂贵，操作复杂等原因该方法很难在临床上使用；而ELISA检测方法结果可靠，敏感性高，目前已广泛用于腹泻病毒的临床检测。

捕获ELISA可用来检测粪便样品中的腹泻病毒抗原。如捕获ELISA通过检测轮状病毒保守抗原VP6来检测其病毒抗原。由于所有的轮状病毒具有相同的群抗原性，该方法也可用于检测其他家畜轮状病毒。该方法检测时间短，可在10～15min内检出病毒粒子，可用于现场样本的快速检测。轮状病毒和冠状病毒感染动物后可引起小肠黏膜细胞的病变，因此可利用免疫组化染色方法直接检测小肠黏膜细胞的病毒抗原。另外，还可利用RT-PCR检测冠状病毒和轮状病毒。

4.防控　驼羔发生腹泻后通常由于脱水而死亡。因此，对发病驼羔的治疗首先应进行补液和纠正电解质失衡。根据脱水的严重程度，选择经口或其他非肠道途径进行补液。可使用抗生素来预防细菌继发性感染。新生驼羔发生腹泻时应及时隔离，避免交叉感染。另外，免疫球蛋白的成功转移可以使驼羔的腹泻感染率显著降低。幼驼发生腹泻时可投喂含有10%初乳的奶，提高其免疫力。

母体免疫是防止该病的另一途径。在产驼羔前1～3个月，对母体进行疫苗接种可以降低轮状病毒和冠状病毒的感染率。在母畜妊娠最后3个月接种灭活冠状病毒疫苗和轮状病毒疫苗，可激发较高的抗体效价，从而使初生幼驼有较高的抗体水平。在发生新生驼羔腹泻的疫区，应开展疫苗接种计划。由于幼驼的免疫系统尚未成熟，不宜直接对其进行疫苗接种。

九、疱疹病毒病

目前为止尚未发现专门感染骆驼科动物的特异性疱疹病毒，而马疱疹病毒1型（EHV-1）可感染旧大陆骆驼和新大陆骆驼。在马属动物体内已经分离到至少9个型的马疱疹病毒，其中最重要的是EHV-1和EHV-4。前者是导致马流产和神经异常的病原体，后者与马鼻肺炎有关。

1.病原　疱疹病毒是球形带囊膜的较大病毒，直径120～200nm。主要由核芯、衣壳和囊膜三部分组成（图2-50）。核芯由双股DNA与蛋白质缠绕而成，观察超薄切片标本时，核芯常为均匀一致的圆形电子致密区。核芯直径为30～70nm。病毒衣壳为立体对称的正20面体，外观呈六角形。衣壳由三层组成，中层和内层是无特定形态的蛋白质薄膜；外层衣壳的形态结构是疱疹病毒科的重要特征，它由162个互相连接呈放射状排列且有中空轴孔的壳粒构成。大多数疱疹病毒具有宿主特异性，但可感染其他宿主，可引起严重的疾病，甚至死亡。

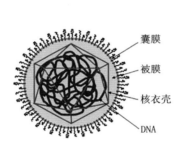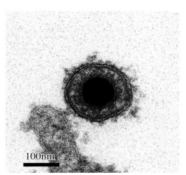

图2-50　疱疹病毒模式图（左）和电子显微镜照片（右）

（资料来源：http://www.kbf99.co.uk/和https://www.researchgate.net/figure/）

2.流行病学和临床症状　EHV-1在世界范围内广泛流行，马属动物是其自然宿主。病毒存在于病马的鼻液、血液和粪便中；流产马的胎膜、胎液和胎儿组织内也含有大量的病毒。但从其他动物体内也分离到该病毒，新大陆骆驼和旧大陆骆驼均可感染EHV-1。在美国，从智利引进的100只大羊驼与当地羊驼、骆驼和羚羊密切接触后发病。由死亡的美洲驼体内分离到疱疹病毒（EHV-1），患病美洲驼死亡前出现了失明、眼球震颤、斜颈或麻痹等神经症状。由出现严重神经症状的大羊驼和羊驼脑组织中分离获得的EHV-1经鼻腔感染3只美洲驼，其中2只表现出严重的神经症状，另一只美洲驼只表现轻微的神经症状。EHV-1感染美洲驼后，病毒首先在鼻腔黏膜中大量复制，并影响嗅觉神经和视觉神经，进而影响中枢神经。EHV-1不仅可感染新大陆骆驼，还可感染旧大陆骆驼。有人从濒死的双峰驼脑组织中分离获得了EHV-1病毒。但目前尚无EHV-1导致驼科动物流产的报道。包括EHV-1在内的许多疱疹病毒初次侵染宿主后会形成潜伏感染，以致在发病动物和临床健康动物中均可检出这些病毒。感染EHV-1

后康复的马属动物可能成为长期潜伏的病毒携带者，驼科动物也可能如此。当这些携带病毒的动物发生应激或注射类固醇类药物后，其体内的病毒可能活化，之后通过鼻分泌物向外界散播病毒。

3.病理变化　组织病理学检查可见发病双峰驼脑组织存在非化脓性脑炎，并伴有脉管炎、脑组织坏死和水肿等变化。这些特征与羊驼或马属动物感染EHV-1后的病理特征相似，但并未发现眼部病变。EHV-1可导致新大陆骆驼血清抗体转阳性，但并无旧大陆骆驼EHV-1抗体阳性的报道。曾在感染EHV-1的羊驼和美洲驼血清中发现病毒抗体。

4.诊断　EHV-1的感染不能只通过临床症状进行判定。可以利用多种细胞培养物，例如兔肾细胞、非洲绿猴肾细胞、马皮肤细胞等进行病毒分离，并以荧光抗体技术、免疫组织化学法检测细胞或神经组织中的病毒抗原。发生急性感染和抗体转阳的驼科动物可进行血清学检查。目前已有ELISA用于EHV-1和EHV-4的鉴别诊断。另外，可通过PCR直接鉴定EHV-1和EHV-4病毒核酸。

5.防控　目前尚无针对EHV-1引起疱疹病毒病的特效疗法。抗病毒治疗常用于发生神经症状的马属动物，虽然常用类固醇类药物和抗生素对EHV-1感染的羊驼进行治疗，但疗效甚微。对美洲驼接种EHV-1灭活疫苗可产生相应抗体，但目前尚无有关疫苗接种骆驼科动物后的疫苗效价实验。另外，疫苗免疫并不能清除EHV-1的潜伏感染。目前在旧大陆骆驼尚无EHV-1疫苗应用先例，骆驼科动物暂不推荐使用EHV-1弱毒活疫苗。

第三节　真菌性疾病

一、皮肤真菌病

皮肤真菌病是由多种皮肤真菌引起的一种人畜共患慢性皮肤传染病的总称，又称皮肤霉菌病、皮肤癣菌病。该病可导致骆驼腿、颈和头部等角质化组织损伤，形成圆形癣斑，表现为脱毛、脱屑、渗出、痂块及痒感等症状，病程持久，难以治愈。

1.病原　引起动物皮肤真菌病的病原体主要是毛癣菌属、小孢子菌属和表皮癣菌属的真菌，其中引起骆驼科动物皮肤真菌病的主要是小孢子菌属和毛癣菌属。皮肤真菌对外界干燥环境有极强的抵抗力，在皮肤屑片上存活5年仍有感染力。100℃干热经1h方可致死，但对湿热抵抗力不强。对一般消毒剂耐受性很强，1%醋酸需1h，1%氢氧化钠需数小时，2%福尔马林需30min才能将其杀死。对一般抗生素及磺胺类药物均不敏感。

骆驼皮肤真菌均能在沙氏葡萄糖琼脂培养基上培养，27℃培养14d生长良好，其大体特征和微观特性如图2-51所示。

2.流行病学　皮肤真菌病是3岁以下骆驼的一种常见皮肤病，3～12月龄驼羔的发病率最高。一般成年骆驼的皮肤真菌病比较少见，但随着养殖方式的改变和养殖密度的增加，成年骆驼的皮肤真菌病也有上升趋势。多数情况下，皮肤真菌仅在凋亡的角质化组织中生长，而活细胞或发炎组织可阻止感染进一步发展。感染开始于生长的毛发或皮肤角质层，分生孢子在此发育成线状菌丝，菌丝穿透并侵入毛干造成损伤。

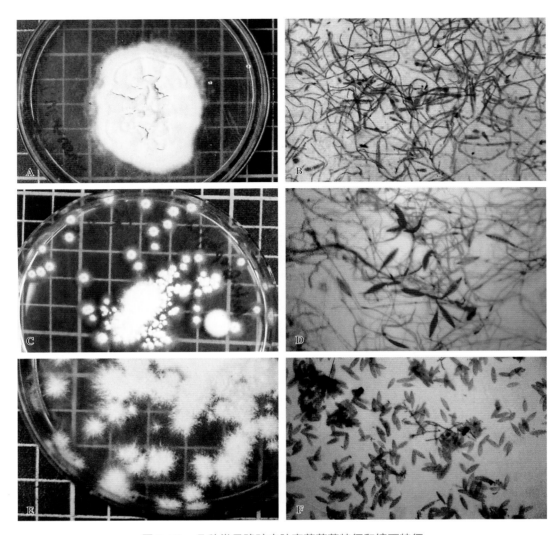

图 2-51　几种常见骆驼皮肤真菌菌落特征和镜下特征

A. 疣状毛癣菌菌落特征　B. 疣状毛癣菌镜下特征　C. 须癣毛癣菌菌落特征　D. 须癣毛癣菌镜下特征

E. 石膏样小孢子菌菌落特征　F. 石膏样小孢子菌镜下特征

（资料来源：Ulrich Werner）

一般认为，与感染动物和污染物直接或间接接触是皮肤真菌病的传播方式。高湿、过于拥挤和营养失衡等因素有助于本病的暴发。在受感染的骆驼群中，多达80%的驼羔表现明显的临床症状。Khamiev（1983）检查了200峰患有皮肤病变的骆驼，其中90峰呈疣状毛癣菌阳性。在这90峰被感染骆驼中90%不到两周岁。疣状毛癣菌和须癣毛癣菌的厚壁孢子在毛发、刮擦的动物细胞碎片和留下的黏附污染物中，可生存长达4.5年。Driot等（2011）、Khosravi 等（2007）和Al-Ani等（1995）分别对摩洛哥、伊朗、约旦和阿曼等国家的单峰驼皮肤真菌病进行了流行病学调查，得到相似的骆驼感染该病的结果。

　　骆驼感染皮肤真菌病的主要途径是直接接触被感染的动物或用具。主要传染源是从其他驼群引进隐性感染的骆驼，或把健康骆驼与被感染的牛、羊或马一起饲养。

3.临床症状　骆驼头部（眼眶、口角、面部）、颈部和肛门等处常见痂癣，病初为小结节，逐渐扩大成隆起的圆斑，形成灰白色石棉状痂块，痂上残留少数无光泽的短毛（图2-52）。骆驼的癣病有两种临床类型：一种表现为典型的灰白色病变，特征是范围小，呈圆秃状，主要发生于驼羔的腿、颈和头部。另一种相对为全身性感染，发生于头、颈、四肢和体侧，这些症状与动物疥癣相似。

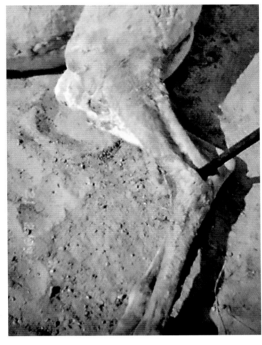

图2-52　驼羔典型的皮肤真菌病症状

（资料来源：Ulrich Wernery）

4.病理变化　由于本病为皮肤病，不侵害内脏器官、组织，眼观病变与临床所见症状相同。组织病理学检查可发现角质层发生角化过度、角化不全和棘皮症等病变。苏木精-伊红染色很难观察到特征菌丝，用过碘酸希夫染色法（PAS染色）染色后可清楚看到。

5.诊断　根据本病的临床特点可做出初步诊断，但要注意与疥癣、过敏性皮炎等疾病区别，确诊应做微生物学检查，包括直接检查、分离培养和人工感染动物试验。直接镜检毛发或皮屑，可发现特征菌丝和分节孢子。取可疑部位外缘的毛或刮屑置载玻片上进行真菌成分检查，将其湿润后（加10%的氢氧化钠）加热，盖玻片压扁，室温孵育10～20min后镜检，重点观察有无菌丝及孢子等。然而，最有效和最特定的诊断手段还是真菌的分离培养，通常需要培养10～14d。小孢子菌和毛癣菌及其他真菌应在沙氏葡萄糖琼脂和真菌检测琼脂培养基中培养，27℃培养10～14d。确诊和鉴定种属，需要用醋酸胶带去除菌丝和在菌落表面的大分生孢子，并用乳酚棉蓝染色，镜检。

角质增生性皮炎在骆驼科动物较常见，但不一定都由皮肤真菌引起。因此，有必要对任何皮肤损伤都要认真检查，对多发性深部皮肤刮下的、带血的碎屑应送往实验室检查。

6.防治

（1）治疗　通过早期诊断和将感染骆驼与未感染骆驼隔离，可有效控制癣菌病的传播。为避免重复感染，有必要对相关设施设备进行适当消毒。病变局部先剪毛，并用肥皂水洗痂壳，或直接使用以下药物：10%水杨酸酒精或油膏，每天或隔天外用；3%来苏儿清洗后涂10%浓碘酊；也可涂氧化锌软膏、10%福尔马林软膏。

灰黄霉素对牛的皮肤癣菌病治疗非常有效，但对骆驼会引起恶心和腹泻等副作用，因此不推荐使用。针对骆驼皮肤真菌感染可局部应用克霉唑软膏治疗，会得到较好的治疗效果。对星状诺卡氏菌和疣状毛癣菌引起的混合感染，用甲氧苄啶和磺胺甲噁唑治疗，并用纳他霉素清洗皮肤病变部位，每日两次。

（2）预防　皮肤真菌孢子在污染的环境中可存活1年以上，因此销毁脱落的毛发或皮屑是预防皮肤真菌病扩散的主要手段。平时要加强养殖场所的卫生管理，定期进行消毒。发现患病骆驼应对全群进行检查，并将患病骆驼隔离治疗，对于难以治愈的骆驼应淘汰，以防病菌蔓延。

二、曲霉菌病

曲霉菌在自然界中广泛分布，可感染动物引起曲霉菌病，也可寄生在饲料中产生毒素，引起动物中毒。尤其是烟曲霉菌，与家畜的胎盘和呼吸系统感染有关，亦可引起乳腺炎和瘤胃炎。发霉的垫料和饲料常被怀疑为曲霉菌病暴发的来源。曲霉菌病作为一种机会致病性真菌感染，在骆驼科动物中已有报道。

1.病原　据估计，在动物的曲霉菌感染中，烟曲霉菌（*Aspergillus fumigatus*）占到了90%～95%，其他曲霉菌，包括黑曲霉菌（*A. niger*）、黄曲霉菌（*A. flavus*）、土曲霉菌（*A. terreus*）和构巢曲霉菌（*A. nidulans*），偶有感染报道。黄曲霉菌病与黄曲霉菌毒素中毒有关，几乎可以感染所有的家养动物，以及鸟类和野生动物等。带有分隔菌丝的曲霉菌增殖迅速，分生孢子梗生长在足细胞上不分支。顶端膨大呈圆形称顶囊，顶囊上长着许多小梗，小梗单层或双层，小梗上着生分生孢子（着色孢子），分生孢子呈链状，由于分生孢子的存在产生有颜色的菌落（黑色、绿色或黄色）（图2-53）。曲霉菌亦可感染人，引起人类中毒和过敏反应。

2.流行病学　烟曲霉菌是自然界中普遍存在的真菌，各种禽类均易感，但哺乳动物不常感染。然而，由于应激、代谢性酸中毒、营养不良或患有肿瘤等导致骆驼等哺乳动物过度疲惫衰弱时，易得曲霉菌病。长期暴露于过量的抗菌药或免疫抑制剂，对骆驼真菌感染的发生和发展起着重要作用。曲霉菌病通常通过吸入或食入真菌孢子而传播。

3.临床症状　骆驼曲霉菌病，尤其是骆驼黄曲霉菌毒素中毒时经常表现为呼吸道和肠道综合征。患病骆驼食欲减退，精神委顿，有些出现轻微的干咳。大多数情况下，骆驼喉咙肿胀并伴有下颌淋巴结肿大，甚至出现水样腹泻或出血性腹泻。患病骆驼体温略有升高，出现临床症状后5～7d死亡。

4.病理变化　各组织的病理变化取决于曲霉菌的主要感染部位。在骆驼肺曲霉菌

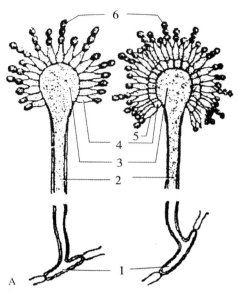
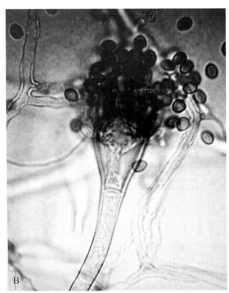

图2-53 曲霉菌的形态结构

A.模式图 B.镜下特征

1.足细胞 2.分生孢子柄 3.顶囊 4.初生小梗 5.次生小梗 6.分生孢子

病中主要表现为坏死性化脓性肺炎，病驼肺部结节发暗变硬，并被肺组织包绕，其中含有固体或半固体的干酪样坏死物（图2-54）。肠道曲霉菌感染，肠道和内脏呈广泛性出血，肝脏肿大、黄染、易碎并充血；组织病理学检查显示肝小叶中心坏死，肝细胞呈空泡状。可从病驼许多器官中分离培养出烟曲霉菌。

5.诊断　根据流行病学、临床症状和病理变化可做出初步诊断，但确诊需要做实验室检查。

图2-54 单峰驼肺部烟曲霉菌感染

（资料来源：Ulrich Wernery）

（1）病原镜检　取病灶部位的霉菌结节、组织刮屑或霉菌斑置于载玻片上，加20%氢氧化钾溶液1～2滴，用针划破病料，浸泡后加盖玻片轻轻压至透明，光学显微镜检查菌丝体和孢子。组织病理切片用PAS染色后镜检。

（2）病原分离培养　无菌取组织碎片接种于沙氏葡萄糖琼脂培养基，置37℃培养箱孵育5d。通常在孵育2～5d时出现菌落，根据菌落形态特征和分生孢子显微结构进行鉴定。除此之外，可用免疫荧光技术鉴定组织切片中的菌丝，也可应用PCR技术进行鉴定。琼脂凝胶免疫扩散试验是一种可靠的真菌抗体诊断技术，如果联合使用ELISA可提高该方法的灵敏度。

6.防治 曲霉病的治疗效果一般难以令人满意，常用药物包括噻苯达唑、氟胞嘧啶和两性霉素 B 等，但它们对骆驼科动物曲霉菌病的治疗效果如何知之甚少。由于骆驼曲霉菌病是一种与应激反应息息相关的疾病，因此尽量减少应激反应，是实现预防该病的最佳途径。

三、念珠菌病

念珠菌病（candidosis）是主要由白色念珠菌引起，感染动物后可引发乳腺炎、阴道炎、口腔黏膜真菌病（口疮）和皮肤感染，也可通过肠道感染其他器官。白色念珠菌是一种人畜共患的条件致病菌，感染常见于幼年骆驼。正常情况下，由于动物黏膜免疫的抵抗作用以及消化道黏液分泌物对病原菌的抑制作用，这些致病菌并不会引起发病，但当机体由于其他因素造成菌群失调或宿主抵抗力下降时，白色念珠菌就会趁机大量繁殖，危害骆驼健康。

1.病原 白色念珠菌（*Candida albicans*）又称白色假丝状酵母菌，在自然界广泛存在，为兼性厌氧菌，在病变组织及普通培养基中均产生芽生孢子（直径 3 ~ 6μm）及假菌丝。出芽细胞呈卵圆形，与酵母细胞相似；假菌丝是由细胞出芽后发育延长而成。在沙氏琼脂培养基上经 37℃培养 1 ~ 3d 后，长成乳脂状半球形酵母样菌落，略带酒酿味，其表层多为卵圆形酵母样出芽细胞，深层可见假菌丝。

白色念珠菌致病性并不强，细胞壁糖蛋白具有类似内毒素的活性。该菌对热的抵抗力不强，加热至 60℃经 1h 后即可将其杀灭，但对干燥、日光、紫外线及化学制剂等抵抗力较强。

2.临床症状和病理变化 患病骆驼常发生胃肠炎，腹泻，粪便呈淡黄色。患病幼驼体重低于同龄的健康幼驼，瘤胃和网胃壁增厚、水肿，皱胃中带有数量不等的沙粒。小肠呈现黄色的伪膜性结肠炎（图 2-55）并伴有卡他性胃肠炎，肠淋巴结肿胀并呈明显类白喉结肠炎。胃黏膜覆盖有黄、白色干酪样坏死物质，黏膜充血、出血或出现糜烂和溃疡。小肠黏膜有时也有溃疡，偶尔在食管和咽部黏膜有溃疡性病变。若为全身播散，则常在肝、肾、脑、肠系膜淋巴结出现病变，肝表面和实质散发界限清楚的白色坏死灶，直径可达 4mm 左右，有时见有化脓性肉芽肿，其中心为坏死的肝细胞和少量中性粒细胞浸润及崩解，周围有淋巴细胞和组织细胞围绕。在凝固性坏死灶和肉芽肿内或周围见大量假菌丝和酵母样菌。在肾皮质的实质部分有光滑坚实的浅黄色肉芽肿，直径为 1 ~ 6mm。肾小球充血，肾小囊积留浆液和纤维素。肾小管上皮细胞变性、坏死，间质毛细血管充血、出血，有时见有小脓肿。

因受大量白色念珠菌侵袭，长期用抗

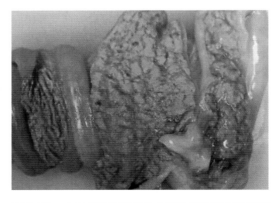

图 2-55 白色念珠菌引起的小肠伪膜性结肠炎病变
（资料来源：Ulrich Wernery）

生素治疗的成年骆驼，皱胃呈多发性溃疡。皮肤病变与嗜皮菌引起的感染相似。病变最初出现在背部，靠近驼峰，后来延伸到腹部并覆盖全身。无需治疗，于翌年换毛时自行消失。

3.诊断　根据在皮肤、黏膜和实质器官中的坏死灶、溃疡、小脓肿以及肉芽肿病变，以及在病变组织内见到酵母样菌、芽生孢子和假菌丝，可作出诊断。

白色念珠菌可以在沙氏葡萄糖琼脂或普通琼脂（如血液和营养琼脂）上培养，条件均为室温或37℃，24～72h内生长为白色、有光泽、凸起的菌落。取此菌落做成涂片，分别进行苏木精-伊红染色、革兰氏及磷酸盐缓冲液染色镜检，则能观察到圆形、椭圆形的酵母样菌。如需进一步确诊，可进行真菌纯培养及镜检，观察菌体的形态特点。

4.防治　用抗生素治疗，不但起不到任何治疗效果，而且还会加剧白色念珠菌感染程度，造成病情进一步恶化。目前制霉菌素、咪康唑和酮康唑已被广泛用于治疗猪和牛的白色念珠菌肠道感染，但对患病骆驼的治疗，尚未有报道。此外，患有皮炎的成年骆驼可在感染部位局部使用制霉菌素和醋酸氯己定软膏治疗，但治愈周期较长（超过60d）。

预防本病需要提升饲养管理水平，改善饲养环境，定期进行免疫接种以及对幼龄骆驼适当补充矿物质添加剂，并注意环境和畜体清洁卫生，改善通风条件，能够大大降低该病的发病率。

四、球孢子菌病

球孢子菌病（coccidioidomycosis）是因吸入环境中粗球孢子菌（*Coccidioides immitis*）的分生孢子而引发的人和动物的一种呼吸道真菌感染，在真菌性疾病中是传染性较强的一种，仅仅吸入单个孢子就可引起皮肤试验阳性。当动物机体的组织损伤或发生炎症时易被感染，机体抵抗力低下也是致病条件之一。该病主要分为两种：原发性球孢子菌病是急性、良性的，且仅限于呼吸器官；进行性球孢子菌病是慢性、恶性和散播性的，侵入皮肤、内脏等，感染可扩散至呼吸道以外组织，主要为皮肤、骨、关节和脑膜等，可出现脑膜炎、胸腔积液等并发症。牛、羊、骆驼等多种动物均可感染本病。

1.病原　球孢子菌为双相真菌，可从流行地区的土壤中分离出来，在干燥沙土中也能生存。在自然状态（或28℃培养基）下表现为分节分支的菌丝型，此菌产生的分生孢子传染性很大。在37℃组织内为酵母型，孢子呈圆形具厚壁及颗粒状结节，直径10～80μm，平均为40μm，较芽生菌、隐球菌或着色真菌的孢子大得多。不出芽，内生孢子直径2～5μm，常通过内生孢子形成而繁殖。成熟孢子球球壁破裂，导致内生孢子逸出进入感染的组织内。每一个内生孢子均能形成一个新的菌丝体，如此反复循环。

2.临床症状及病理变化　骆驼球孢子菌病有呼吸型和皮肤型两种，呼吸型主要表现为呼吸困难和咳嗽，皮肤型则表现为大部分身体表面出现结节性病变。在呈散播型感染的病驼中，身体的每个器官都可能受到感染，包括四肢、面部及会阴部等处均可观察到病变。

本病病变与病期、组织内孢子的繁殖周期密切相关。病原体位于巨细胞、脓肿或坏死组织内，明显的局限性化脓性炎症出现于成熟球体破壁后释放内生孢子的阶段。凡由淋巴细胞、浆细胞、上皮样细胞和多核巨细胞构成的肉芽肿，则为孢子成熟期。同一视野中可见球体不同繁殖阶段，即在同一切片内可见急性化脓性直至慢性肉芽肿性炎症的延续。机体抵抗力增强，肉芽肿代之以纤维化或钙化，反之则迅速发展至化脓过程。

3.**诊断** 病理学检查常用的特殊染色方法包括哥氏六胺银（GMS）、过碘酸希夫（PAS）染色。经PAS染色后球孢子菌内生孢子可着色，但不能使囊壁着色，孢子呈紫红色。GMS染色能使内生孢子和囊壁都着色且对比明显，孢子呈黑色（图2-56）。诊断本病可进行实验室检查：真菌直接镜检可见内有孢子的孢子囊。室温培养可见菌丝关节孢子。也可进行组织病理学检查：原发性皮肤球孢子菌病为慢性肉芽肿，内有中性粒细胞、嗜酸性粒细胞、淋巴细胞及浆细胞浸润，有时可见小脓肿，内含有内生孢子的孢子囊。进行性播散球孢子菌病则形成脓肿，可见酪样坏死，在异型巨细胞内可见内生孢子囊。

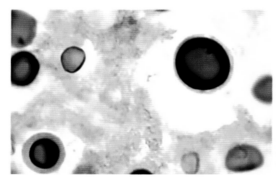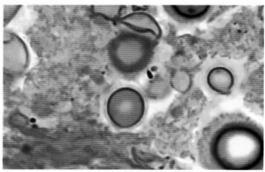

图2-56　球孢子菌经GMS（左）和PAS（右）染色后孢子特征
（资料来源：王春宝等）

4.**防治** 根据临床类型不同，球孢子菌病的治疗方案差异甚大。轻症病驼不需治疗即可自愈，而重症病驼治疗难度大、预后差。由于慢性、播散性感染常迁延不愈，且停药后复发率高，故疗程长达数月、数年，甚至终身。目前对该病的治疗需长时间观察，对于慢性肺部感染、播散性感染或免疫力低下病驼的感染，则首选咪唑类药物（氟康唑、伊曲康唑）治疗。两性霉素B治疗球孢子菌感染疗效确切，但不良反应较大，一般不作为首选药物，仅用于以下情况：咪唑类药物无法耐受或疗效不佳者、严重骨关节病变、免疫力低下且肺部病灶迅速发展或向肺外播散的病驼。此外，因氟康唑有致畸风险，故妊娠患病母驼推荐使用伊曲康唑或两性霉素B治疗。对于球孢子菌病，避免灰尘是防止感染的唯一方式，但这对于经常在干旱环境中生活的骆驼来说极难实现。

五、毛霉菌病

毛霉菌病（mucormycosis）是由毛霉菌科（Mueoraeeae）霉菌中的条件致病菌所引起的真菌性疾病，世界各地均有发生。病原菌以根霉菌及毛霉菌较常见，属耐热腐生菌，广泛存在于土壤及腐败有机体内，通过空气尘埃和饲料散播，前者好侵犯鼻、鼻窦、脑及消化道，后者好侵犯肺。此外，毛霉菌感染常继发于其他病症，可导致许多动物部分器官的肉芽肿病变，其特征为菌丝侵犯血管，引起血栓形成及坏死，产生鼻、脑、消化道及呼吸道等处病变，预后严重。

1.病原　毛霉科中11个属的22个种与毛霉菌病有关，其中主要是毛霉属、犁头霉属、根霉属和被孢霉属，其中致病性最强且耐热的是根毛霉属。本类真菌菌丝粗10~20μm，不分隔，呈直角分支；壁厚薄不均，其横切面似孢子。菌丝无隔、多核、分支状，无假根或匍匐菌丝，不产生定形菌落。菌丝体上直接生出单生、总状分支或假轴状分支的孢囊梗，各分支顶端着生球形孢子囊，内有形状各异的囊轴但无囊托，囊内产大量球形、椭圆形、壁薄、光滑的孢囊孢子，孢子成熟后孢子囊即破裂并释放孢子（图2-57）。毛霉菌丝初期白色，后灰白色至黑色，这说明孢子囊大量成熟。毛霉菌丝体每日可延伸3cm左右。

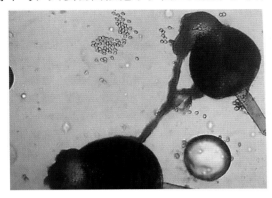

图2-57　带有饱囊梗和孢子囊的毛霉菌
（资料来源：Ulrich Wernery）

2.临床症状　骆驼主要表现精神沉郁，食欲不振，体重减轻，吞咽困难，腹痛、腹泻，粪便呈黄色、煤焦油样或黑水样，腥臭，常混有脱落黏膜和黏液，有脱水现象。

依据临床表现可分为三类：①脑毛霉菌病，系毛霉菌从鼻腔、副鼻窦沿小血管到达脑部，引起血栓及坏死。②肺毛霉菌病，主要表现为支气管肺炎，亦有肺梗死及血栓形成。③胃肠道毛霉菌病，多见于回肠末端、盲肠及结肠、食道及胃。脑毛霉菌病是最常见的类型，但有时也可发生原发性皮肤、肺或胃肠道病变，经血流播散到其他部位。鼻脑感染通常是暴发性的，且常致死。

3.病理变化　最突出的组织病理变化是由于真菌侵入血管，尤其是大、小动脉而引起血栓和邻近组织缺血、梗死和坏死，可分为3种类型，即急性型、亚急性型和慢性型。急性型病变以循环障碍为主，仅限于黏膜及黏膜下层，表现为出血性、化脓性胃炎，即瘤胃黏膜充血、出血及黏膜上皮剥落，黏膜固有层和肌层有很多中性粒细胞、嗜酸性粒细胞和崩解坏死的细胞，其中见有菌丝，血管壁坏死，并有霉菌孢子。亚急性型病例呈凝固性坏死与梗死，病灶从黏膜向深层延伸，表现为瘤胃黏膜坏死，有明显的浆液性、纤维素性渗出物和伴有中性粒细胞浸润。胃壁血管扩张，管壁坏死和血栓形成，很多菌丝散布于病灶和侵入血管内，浆膜脂肪见有灶状坏死，并见有菌丝。慢性型病例胃溃疡周围有肉芽组织增生，其中有少数菌丝，有中性粒细胞、巨噬细胞和郎罕氏细胞浸润，并吞噬菌丝，形成瘤胃的肉芽肿性毛霉菌病。

毛霉菌病的肿块样病灶呈灰白色，质较软，但因有各类炎性细胞、纤维和坏死区的缘故，质地不均匀；病灶的边缘有一圈花边样的出血带；中央可有干酪样坏死和化脓。肿瘤性肿块也呈灰白色，质地较软，但因由一致性的肿瘤细胞组成，所以质地均匀；虽有出血，但呈不规则的点缀状；中央无干酪样坏死和化脓。结核性肉芽肿呈慢性经过，有大量的纤维组织增生，故质地较硬；出血不常见，即使有出血也不规则；结核病灶除干酪样坏死和化脓外，还有石灰样钙化。

4.诊断 取病变组织直接镜检，发现有宽阔的、分支状、无隔膜和不规则菌丝，可以确诊为毛霉菌病。借助毛霉目各属特异的荧光素抗球蛋白，使用荧光抗体技术可鉴别诊断组织切片中的真菌。

5.防治 对毛霉菌病最根本的预防措施，首先是严禁饲喂污染霉变的牧草和饲料，应限量饲喂精饲料；其次，应加强饲养管理，增强骆驼抵抗力，避免长期使用抗生素类药物。目前尚缺乏治疗骆驼毛霉菌病的特效药物，临床上可尝试用两性霉素B治疗。

六、流行性淋巴管炎

流行性淋巴管炎（epizootic lymphangitis，EL）又称假性皮疽，是由伪皮疽组织胞浆菌引起以局部淋巴结和皮下淋巴管脓性发炎为特征的慢性疾病，马属动物为常见患病动物，偶尔也见牛、骆驼等动物发生。该菌于1873年由Rivolta从溃疡脓液中发现。该病首次报道见于14世纪，19世纪中期已广泛流行于地中海地区，但在非洲流行最严重，故有非洲鼻疽之称。

1.病原 伪皮疽组织胞浆菌（*Histoplasma farciminosum*）在分类学上属于念珠菌目、组织胞浆菌科、组织胞浆菌属。可分为在动物机体内以孢子芽裂繁殖为主的寄生型和在培养基上以菌丝繁殖为主的腐生型。寄生型伪皮疽组织胞浆菌呈球形、卵圆形，长2.5～3.5μm、宽2.0～3.5μm，菌体有双层细胞膜，细胞质均质、半透明，可清楚看到透明折光的类脂质包含物。新生体呈淡绿色，其中有2～4个折光率强、能回转运动的颗粒。在病变组织和脓液中也经常发展成少量菌丝。腐生型伪皮疽组织胞浆菌呈长菌丝状，在培养基上形成皱褶菌落。菌丝分支、有横隔，直径为2.1～4.2μm。当培养时间延长时形成直径为5～10μm的厚垣孢子。在腐生型的菌体中也有少量寄生型的孢子菌体。本菌在病变组织及脓汁内不染色也可以清晰地看到其特征形态。

2.临床症状 潜伏期较长，数周到数月。主要症状是在皮肤、皮下组织及黏膜上发生结节和溃疡。淋巴结肿大，有串珠样结节或溃疡。根据临床观察，病情的发展可分为4个阶段：初期，皮肤和皮下组织发生豆大至鸡蛋大的结节，硬固，触之无痛感。第2阶段，结节逐渐化脓，顶部变软脱毛，形成脓肿，最后破溃流出黄白色黏稠的脓汁，有时混有血液，继而形成溃疡。第3阶段，黏膜损伤而出现原发性感染病灶。病变未侵入较大面积时，病驼无全身症状，皮下结节破溃后易于愈合。第4阶段，病菌经血液扩散到全身后，病驼部分皮肤、皮下结缔组织及淋巴管形成较硬的结节和溃疡，并长时间不愈合，流出脓汁，蔓延扩大形成转移性脓肿。病驼体温升高，食欲减退，逐渐消瘦，最后因败血症而死亡。

3.病理变化 皮肤病变部位组织细胞及血管周围有浆细胞浸润，呈明显的增生性炎症。初期的小结节有数目不多的组织细胞、巨噬细胞，且仅见于结节中心，同时可见渐进性坏死性变化。渗出性结节早期特征是细胞的多样性，其中白细胞数量增多。有时在结节中心外围见到肉芽组织，在肉芽组织细胞之间有巨噬细胞吞噬病原的现象。这种渗出性结节后期由纤维性结缔组织形成包囊。

成熟结节的脓汁中有膨胀的巨噬细胞，其原生质中有许多病原菌。当发现游离的、多形的（如卵圆形、双轮廓形、嗜酸的、分裂的、变形的）病原菌，而且细胞反应和吞噬反应弱时，特别是这种现象出现在进行性全身性疾病时，多预后不良。当出现病原菌少且有很多巨噬细胞和白细胞时，表明机体防卫反应良好，是预后良好的表现。

4.诊断　根据典型的临床症状，即发生结节和溃疡等可做出初步诊断。如果病驼的临床症状不典型，为了与类似溃疡鉴别，可进行细菌学诊断。采取病变部的脓汁或分泌物等，放于载玻片上，加些生理盐水稀释，盖上盖玻片轻轻按压后，用弱光油浸镜头检查，发现囊球菌即可确诊。

5.防治　流行性淋巴管炎是一种顽固性疾病，长期以来没有研究出理想的药物和疫苗。治疗该病的主要原则是早期发现、及时治疗，否则一旦发生感染很难治愈。现行的方法是采取药物疗法与切除疗法相结合，且分期分批进行切除，可以提高治疗效果。

（1）药物疗法　可应用新胂凡纳明或土霉素肌内注射。

（2）手术疗法　将结节、脓肿等实行外科手术摘除。在病变轻微时治疗效果较好，如果病变多、面积广可分期分批摘除。切除后的创面涂擦20%碘酊，然后每天用1%高锰酸钾溶液冲洗，再涂20%碘酊并覆盖灭菌纱布。头部及四肢的小块病变，不便施行手术摘除时可用烙铁烧烙。

不良的饲养管理环境容易使骆驼受到外伤，可造成该病的流行。故平时应加强饲养管理，消除各种可能发生外伤的因素，发生外伤后应及时治疗。并且合理使役，保持圈舍环境卫生，防止潮湿，增强骆驼体质。日常应注意观察骆驼体表有无结节和脓肿。当发生本病后，应将病驼及时隔离治疗，对圈舍使用10%热氢氧化钠溶液或20%漂白粉溶液消毒。对已治愈的骆驼用1%氢氧化钠或3%来苏儿溶液消毒体表。

第三章
骆驼常见寄生虫病与防治

CHAPTER 3

骆驼寄生虫包括宿主特异的种（如艾美耳球虫、肉孢子虫、虱和鼻喉蝇蛆）和宿主范围广的种（如伊氏锥虫、刚地弓形虫和新孢子虫/哈芒球虫等成囊球虫，线虫、吸虫、肠道绦虫，蜱、吸血蝇以及麻蝇科和丽蝇科的能引起蝇蛆病的蝇类）。骆驼寄生虫的种群取决于环境因素和饲养管理水平，骆驼一般都生活在非常恶劣的环境条件下，使得寄生虫和宿主的相互作用比较简单。然而，有一些寄生虫适应了这种严酷的环境，如捻转血矛线虫（*Haemonchus contortus*）流行于干旱地区，潜伏期明显延长，在雨季产卵；嗜驼璃眼蜱（*Hyalomma dromedarii*）可根据外界环境情况，以三宿主蜱、二宿主蜱甚至一宿主蜱的方式完成其生活史。

主动寻找宿主的寄生虫（如蜱、蝇及可引起蝇蛆病的蝇类、虱蝇）、媒介传播寄生虫（如伊氏锥虫）、生活史有中间宿主的寄生虫[如斯氏副柔吸虫（*Parabronema skrjabini*）、骆驼膨首线虫（*Physocephalus dromedarii*）]及骆驼的食粪癖等，都增加了寄生虫感染的可能性。在温和的气候条件下，寄生虫种群及其数量会发生变化。

第一节　原　虫　病

一、锥虫病

锥虫病（trypanosomiasis）俗称"驼蝇疫""青干病"，是世界卫生组织认定的重要的人畜共患病之一。目前锥虫病主要分布于亚洲、非洲、拉丁美洲，枯氏锥虫（*Trypanosoma cruzi*）主要分布在南美洲和中美洲，可引起人和动物的恰格氏病（Chaga's disease）；布氏锥虫（*Trypanosoma brucei*）主要分布在非洲，易引起人的昏睡病，在一些地区的死亡率甚至超过30%；而在我国主要流行的是引起骆驼、马、牛等家畜发病的伊氏锥虫，该病可造成家畜日渐消瘦、死亡，随着疾病的蔓延会造成较大的损失。

1.病原　伊氏锥虫（*Trypanosoma evansi*）隶属鞭毛虫纲、动体目、锥体科、锥虫属，是一种单细胞的原生动物，虫体细长呈柳叶状，长18～34μm，宽1～2μm。虫体前端呈尖锐状，后端相对较钝，细胞核呈椭圆形位于虫体中央。动基体位于虫体的后半部，由生毛体和副基体组成。鞭毛从生毛体起始沿着虫体边缘的一侧向前伸延，直到虫体外形成游离的鞭毛。虫体依靠游离鞭毛的运动进行推动运动。鞭毛与波动膜相连接，故而当鞭毛运动时，波动膜也会随之运动且呈波浪状（图3-1）。

伊氏锥虫为典型的细胞外寄生原虫，在吸血昆虫体内通常不会进行发育，同时也不能长期生存。一般虫体在吸血蝇体内

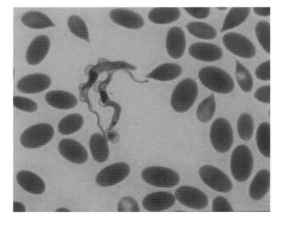

图3-1　骆驼血液涂片中的伊氏锥虫形态特征

骆驼疾病与治疗学

生存时间最长约1.5d，在蜱体内存活时间最长为2d。

骆驼锥虫病主要是由吸血昆虫（虻、螫蝇）通过叮咬等机械性传播，主要寄生在骆驼的血液和组织细胞间。当虻或吸血蝇吸食骆驼血液时，将虫体注入骆驼体内。然后虫体寄生在骆驼造血器官、血液和淋巴液内，在疾病后期可侵入脑、脊髓液中并以纵二次分裂方式进行繁殖。该疾病的发生季节和流行地区与吸血昆虫的出现时间以及活动范围具有一定的一致性，通常容易发生在夏、秋两季节。

2.临床症状 骆驼锥虫病分为急性型和慢性型两种，与其他家畜相比骆驼的耐受性较强，使得骆驼锥虫病多为慢性经过，急性者较少见。

急性型锥虫病病期为10d到1个多月，常在放牧、夜间或乘骑中突然倒地死亡。慢性型通常会持续2～3年，骆驼发病初期症状较轻，精神不振，体温升高至39.5～39.8℃，初始症状一般不易被发现。而疾病持续数日后，体温呈间歇热，先下降后升高，采食和反刍明显减少并伴有咳嗽，同时可观察到眼结膜苍白、黄疸，尿液呈棕色。随之病驼身体逐渐消瘦、肚腹细缩、驼峰缩小、被毛粗乱失去光泽，皮肤出现包块或水肿，卧地不起。病情严重时骆驼会出现反应迟钝、运动障碍、精神沉郁、嗜睡等神经症状。

3.病理变化

（1）急性型 尸体不消瘦，胸腹部及包皮处有明显的水肿，皮下亦有水肿，且内含黄褐色液体。淋巴结肿胀出血。腹腔内有黄褐色腹水，腹膜壁层出血点甚多。皱胃及小肠黏膜充血、出血，脾脏虽不肿大但边缘有小出血点，膀胱有许多小出血点。胸腔内胸水增多，胸膜壁层充血。心包积液，心外膜充血，肺脏充血并有水肿及实质出血。

（2）慢性型 体表淋巴结肿胀，切面多汁，有出血斑。腹腔内有大量淡黄色水样液体，脾脏加倍肿大，质脆弱，易破碎，呈土黄色，如煮熟状；皱胃有出血斑，且呈出血性炎症，黏膜呈血红色，其上附着灰白色黏液；肠管黏膜与皱胃黏膜病变相同。有时胸腔内有渗出液，肺脏表面有时有大小不等的黑色斑，心包液增多，心外膜及冠状沟脂肪附着部有小出血斑。

4.诊断 根据临床症状可怀疑为本病，确诊需要在血液中查出病原体。但由于虫体在末梢血液中的出现有周期性，而且血液中虫体数量不确定，所以即使是病畜也必须多次检查才能发现虫体。实验室检查虫体的方法有以下几种。

（1）镜检 对病驼血液进行镜检发现虫体作为确诊依据。镜检是一种可靠的经典方法，但漏检率相对较高，易造成假阴性。

①血涂片染色检查法 按常规方法将患病骆驼的血液制成血涂片，用姬姆萨染色或瑞氏染色后镜检。此法不仅用于锥虫病的虫体检查，还可进行锥虫形态学检查。

②压滴标本检查法 在洁净的载玻片上置一小滴骆驼血液，加少量生理盐水混合后，覆上盖玻片，用高倍（400倍以上）显微镜弱光下检查，可发现虫体在血细胞之间活泼游动。本法简单易行，但需在虫体较多时检查，并在短时间（最好2h内）内完成。

③集虫检查法 采血置于加抗凝剂（2%枸橼酸钠溶液等）的离心管内，以1 500r/min离心10min后，红细胞下沉至管底，白细胞和虫体较轻，位于红细胞沉降层的表

层。用吸管取沉淀表层，涂片、染色后镜检，可提高检出率。当采用压滴标本法和血涂片染色检查法没有检出虫体时，可采用本法。

（2）动物接种试验法　采集疑似患病骆驼血液0.1～0.3mL，接种于小鼠或家兔腹腔或皮下，每隔2～3d后采集尾尖血液进行虫体检查，如连续检查半个月以上仍不见虫体，则可判为阴性；若在半个月内查到虫体，则可判为阳性。

（3）DNA检测法　包括DNA探针和聚合酶链式反应（PCR）。核糖体DNA转录间隔区是检测锥虫较为合适的靶标分子之一。但是特异性的PCR不能区分伊氏锥虫和布氏锥虫。PCR技术由于灵敏度高、特异性好、可批量处理、检测效率高等原因而具有很好的推广使用价值。

（4）血清学检测　具体方法包括间接荧光抗体技术（IFAT）、酶联免疫吸附试验（ELISA）、免疫溶锥虫试验和锥虫病卡片凝集试验（CATT）。其中，锥虫病卡片凝集试验是用于检测骆驼锥虫病最广泛使用的方法，也是骆驼锥虫病的标准检测方法。该方法是基于伊氏锥虫主要抗原类型（VAT Ro Tat 1.2）的克隆化虫体进行纯化、固定以及染色后，制成冻干悬浮抗原的一种检测方法。

5.治疗　目前治疗骆驼锥虫病主要遵循早治疗、给足药量、长时间观察等原则，进行药物治疗和判定治疗效果。治疗骆驼锥虫病的常用药物有以下几种。

（1）萘磺苯酰脲　对初期感染、病程较轻的病驼，颈静脉注射给药，可取得良好的疗效。可使用抗菌药物进行辅助治疗。

（2）美拉索明　是一种三价砷制剂，深部肌内注射给药，对急性和慢性锥虫病均有良好的治疗效果。但每隔1周需给药一次，连续注射2～3周。

（3）异美氯铵　是一种广泛应用的、杀虫性的抗锥虫药。

（4）三氮脒　广泛用于治疗动物锥虫病。但对骆驼毒性较大，必须慎重使用。

（5）喹嘧胺　也叫安锥赛。皮下注射给药，可获得良好的疗效，而且有一定的预防作用。

6.预防　首先，应加强饲养管理，增强骆驼抵抗力，防止使役过重。养殖户和兽医技术人员应该运用切实可行的检疫技术对骆驼群进行定期检查，尽早发现感染骆驼采取适当的防治措施。通常每年应至少检查两次，一次在冬春交替之际，另一次在夏季。以期及时发现病驼并进行隔离治疗，以防止锥虫病大规模的流行和暴发。

在检疫工作完成后，应使用疗效显著的药物进行药物预防。将检出的病驼与可疑病驼在虻、蝇活动季节来临之前加以隔离，并使用三氮脒、喹嘧胺等药物进行预防注射，其保护期可达4个月之久。由于骆驼的生活方式、性情有别于其他家畜，且以上预防措施在临床具体操作过程中比较烦琐，所以应当加强宣传教育，对广大养殖户进行养殖、治疗、防控等技术指导和答疑，使养殖户对养殖场进行正确的定期消毒处理和驱虫工作，以减少不必要的经济损失。

二、贾第鞭毛虫病

贾第鞭毛虫病主要由蓝伯氏贾第鞭毛虫的滋养体寄生于骆驼的小肠内（主要在

十二指肠）引起的一种寄生虫病。

1.病原 蓝伯氏贾第鞭毛虫（*Giardia lamblia*）又称梨形鞭毛虫，为单细胞原虫，发育过程简单，包括滋养体和包囊两个生活期。

（1）滋养体 虫体长 9 ~ 21μm、宽 5 ~ 15μm、厚 2 ~ 4μm，形似中间切开的半个梨子。前端钝圆，尾尖细，背面隆起呈半圆形，腹面扁平，腹部前半部内陷形成吸盘，借吸盘吸附在肠黏膜表面（图 3-2）。内侧有两个胞核，有 4 对鞭毛，运动灵活。

（2）包囊 椭圆形，长 8 ~ 12μm、宽 7 ~ 10μm，成熟包囊含有 4 个核，位于一端，有厚囊壁。在外界环境中具有很强的保护能力，一般消毒措施不易将其杀灭。

蓝伯氏贾第鞭毛虫病是由于感染虫体对机体产生的机械性损伤和化学作用，导致机体产生非特异性和特异性宿主反应。滋养体以吸盘附着在肠黏膜上皮细胞上以渗透方式获取营养，以纵二分裂法繁殖。部分滋养体从肠壁脱落，随内容物进入小肠末段并形成包囊，随粪便排出体外。但在急性期，腹泻排出的粪便中可含有滋养体，而在慢性期则以包囊为主。包囊携带者是本病的主要传染源，一个包囊携带者，一昼夜可排出包囊 9 亿个之多，通过粪便污染食物和水源，其他动物在外界环境中将其摄入后被感染，包囊脱囊后滋养体定殖于小肠，造成感染。

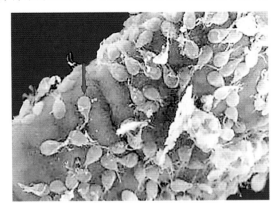

图 3-2 滋养体吸附在小肠黏膜上（扫描电镜照片）

2.临床症状 蓝伯氏贾第鞭毛虫感染后根据病变部位的不同症状也有很大差异，有的仅为无症状的带虫感染，有的则可导致严重的吸收不良综合征。本病由于滋养体吸盘吸附于肠黏膜造成的刺激与损伤，以及肠内细菌协同作用而致病。根据发病的缓急和病程长短，可分为急性、亚急性和慢性三种。骆驼以消化道症状为主，症状轻重不等，以无症状带虫及慢性型居多。慢性型主要临床症状为周期性短时间的腹泻，粪便稀薄、附有黏液或呈黄色泡沫状，有恶臭等。

3.病理变化 一般认为贾第鞭毛虫病发病情况与虫株毒力、机体免疫状况和共生内环境等多方面因素有关。

滋养体以吸盘吸附在肠黏膜表面，造成机械性刺激与损伤导致黏膜炎症。虫体大量繁殖时，可大片覆盖肠黏膜，影响脂肪及脂溶性维生素等物质的吸收。虫体还与宿主竞争肠腔内的营养，肠内菌群的改变在不同程度上可使肠功能失常。虫体可引起小肠微绒毛病变并导致乳糖酶、木糖酶等双糖酶的缺乏，产生腹胀及乳糖耐受性差等症状。

病变多累及十二指肠及空肠上段，严重者胆囊、胆管、小肠末端、阑尾、结肠、胰管、肝管等均可受到侵袭。小肠黏膜充血、水肿，炎症细胞浸润及浅表性溃疡。肠微绒毛水肿，变性及空泡形成，在微绒毛之间、隐窝、上皮细胞内、固有层、黏膜下层及肌层均可发现滋养体。重度感染时微绒毛增厚、萎缩，黏膜下层和固有层有大量中性粒细胞和嗜酸性粒细胞浸润。

4.诊断 可根据临床症状、发现虫体和粪便检查发现包囊等进行诊断。

（1）病原体检查 新鲜腹泻便中可发现滋养体，而糊状粪便或成形粪便中多为包囊。粪便直接经生理盐水涂片即可找到滋养体；加一滴卢戈氏碘液染色后可使包囊易于识别（图3-3）。硫酸锌漂浮法等集卵法可提高包囊检出率。十二指肠引流物、小肠黏液或活检组织中均可查到蓝伯氏贾第鞭毛虫虫体。

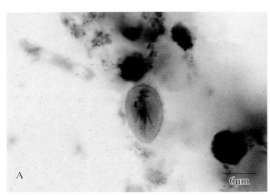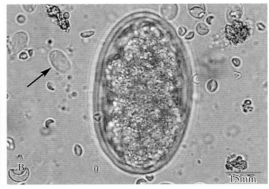

图3-3 贾第鞭毛虫包囊

A.卢戈氏碘液染色后检查 B.饱和生理盐水漂浮法检查

（资料来源：Anne M. Zajac）

（2）免疫学试验 可分为检测血清内抗体和粪便抗原两种。可用酶联免疫吸附试验（双夹心法）、斑点酶联免疫吸附试验（Dot-ELISA）、对流免疫电泳（CIE）等方法检测粪便稀释液中的抗原。其中，双夹心法ELISA阳性准确率高达92%，该方法对诊断贾第鞭毛虫病有较高的敏感性和特异性，同时也可用于血清流行病学调查研究。Dot-ELISA阳性准确率也可达91.7%，本法操作简单，无需特殊设备，其敏感性和特异性均较强，是一种检测粪便内贾第鞭毛虫抗原的简便方法。CIE阳性准确率则可达94%，但操作过程较为烦琐，并且需要特殊的荧光显微镜。

近年来，采用聚合酶链式反应（PCR）检测蓝伯氏贾第鞭毛虫核糖体RNA（rRNA）基因产物，可检测出相当于一个滋养体基因组DNA量的扩增拷贝。也可用放射性标记的染色体DNA探针检测滋养体和包囊。分子生物学方法具有高特异性和灵敏性，因而有广阔的应用前景。

5.治疗 将患病骆驼进行隔离，控制饮食。芬苯达唑口服给药，对于患病骆驼具有良好的治疗效果。迄今为止，尚无任何一种药物对贾第鞭毛虫病有100%的治疗效果，上述治疗药物并非清除虫体，而是抑制包囊的产生。经彻底治疗后，不产生临床症状或体征，以及粪便检查无包囊即为治愈。即使经过治疗的骆驼仍可能在停药后复发或继续排出包囊，因此控制本病的发生重在预防。

6.预防

（1）定期普查，及时发现患病骆驼，早发现、早治疗。

（2）彻底治疗患病骆驼和无症状包囊携带者，消灭蟑螂、苍蝇等传播媒介，控制传染根源。

（3）加强水源管理和注意饮食卫生是预防本病的重要措施。

（4）做好粪便无害化处理，及时清除圈舍内粪便，排便区域清洗干净、消毒处理，并防止污染饮水和饲料。

（5）包囊对干燥高温较为敏感，但在宿主体外的湿、冷条件下可存活几个月。因此，保持地面的清洁干燥，可减少感染机会。

三、艾美耳球虫病

自然界中，球虫病的分布极为广泛，在家畜中马、牛、羊、骆驼等都可发生球虫病，是畜牧业生产中最重要和最常见的一种原虫病。球虫是属于顶复门（Apicomplexa）、孢子虫纲（Sporozoa）、球虫亚纲（Coccidiasina）的原虫。在单峰驼和双峰驼中已发现了5种艾美耳球虫，即骆驼艾美耳球虫（*Eimeria cameli*）、拉氏艾美耳球虫（*E. rajasthani*）、双峰驼艾美耳球虫（*E. bactriani*）、单峰驼艾美耳球虫（*E. dromedarii*）和佩氏艾美耳球（*E. pellerdyi*）。

艾美耳球虫病是骆驼最常见的肠道寄生虫疾病之一。骆驼因吞食孢子化卵囊而被感染，引起腹泻、贫血、消瘦、发育缓慢、免疫力低下等病症，严重时甚至会出现死亡。该病发病率较高，对骆驼养殖业危害较大。

1.病原 通常认为艾美耳球虫是在肠上皮细胞中寄居的胞内寄生虫，它们的形状为球形、椭圆形或梨形，变化不一。球虫的功能性单位是孢子，呈香蕉形或雪茄形，前端尖后端圆。在肠道进行无性繁殖（分裂生殖）和有性繁殖（配子生殖），而孢子生殖则发生在宿主体外。引起骆驼球虫病的常见艾美耳球虫有以下5种：

（1）单峰驼艾美耳球虫 由单峰驼和双峰驼中分离到，呈全球性分布。卵囊大小为（23～33）μm×（20～25）μm，并有极帽。

（2）骆驼艾美耳球虫 由单峰驼和双峰驼中分离到，呈全球性分布。卵囊呈截断形状，大小为（81～100）μm×（63～94）μm。

（3）双峰驼艾美耳球虫 由阿拉伯单峰驼和俄罗斯双峰驼中分离到。卵囊呈球形至椭球型，大小为32μm×（25～27）μm，呈淡黄色至黄褐色。

（4）佩氏艾美耳球虫 由伦敦动物园的双峰驼中分离到。卵囊大小为23.3μm×12.6μm，在印度单峰驼中也有该球虫感染的报道。

（5）拉氏艾美耳球虫 由印度的阿拉伯单峰驼中分离到。卵囊呈椭球形，大小为（34～39）μm×（25～27）μm（图3-4和图3-5）。

2.临床症状 不是所有的艾美耳球虫对骆驼均有致病性。致病性艾美耳球虫引起的骆驼球虫病一般临床症状主要为食欲不振、体重下降、疝痛、便秘和腹泻、被毛粗乱不整、粪便不成形，后期体温升高、粪便中带血，病程较长的病驼粪便可变成柏油样黑便，骆驼全身衰弱，且主要侵害2～12月龄的幼驼。在球虫裂殖生殖孢子生殖阶段，患病骆驼肠黏膜上皮细胞遭到破坏，引起卡他性出血性肠炎。该病潜伏期长短不

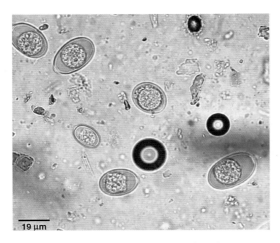

19 μm

图3-4　骆驼艾美耳球虫的卵囊
（资料来源：Anne M. Zajac）

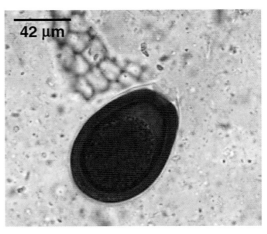

42 μm

图3-5　骆驼新鲜粪便中的球虫卵囊
（膜结构清楚可见）
（资料来源：Anne M. Zajac）

一，日龄越小潜伏期越短，若继发细菌感染病情可能会急剧加重引起死亡，被感染幼驼的死亡率可高达10%。对于受感染的成年骆驼来说，即使每克粪便中卵囊数（OPG值）很高，但引起腹泻的症状并不明显。但可通过其粪便散发卵囊而污染周围环境，对幼驼带来潜在危险。

3.病理变化　在空肠和回肠中可观察到病理变化，可见肠黏膜上皮细胞被大量破坏，局部溃疡出血（图3-6），黏膜出现水肿、增厚、脱落和发红，并伴有轻微凸起的白色结节病灶，派伊尔结节（Payer's patches）的直径达到4cm以上。食物在肠道内发酵可造成肠内容物恶臭。病驼可视黏膜苍白，尾根处常黏附带血的粪污，直肠增厚肿大，肠系膜淋巴结肿大、出血、被膜紧张。组织学检查主要的病理变化是黏膜遭到破坏、杂乱无序，并带有出血和炎性细胞（嗜酸性粒细胞和巨噬细胞）浸润。

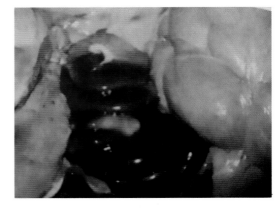

图3-6　球虫感染引起幼驼肠道出血
（资料来源：Ulrich Wernery 等）

4.诊断　临床特征提示可能为球虫病时，确诊的依据是利用漂浮法（饱和食盐水或饱和蔗糖溶液）可在排泄物中观察到球虫卵囊，或在肠黏膜涂片、尸体检查时在组织切片中发现处于不同发育阶段的球虫。

依据孢子化卵囊的形态学特征可将球虫鉴定到种。随粪便排到外界环境中的卵囊尚未发育成熟，是未孢子化卵囊，不具有感染性。它们必须在适宜的温度、湿度及有氧等条件下进行孢子生殖，最后才形成孢子化卵囊。亦可通过以下方法加速其孢子化，即用2.5%的重铬酸钾溶液，在25℃条件下持续处理约10d时间即可完成孢子化生殖。

5.治疗　在大规模的养殖业中，主要采取化学药物预防措施，即将抗球虫药作为饲料药物添加剂来防治家畜球虫病。目前，这些药物对骆驼球虫病的防治效果如何，仍无直接的试验依据。目前常用的抗球虫药只对球虫裂殖体和配子体有效，不能杀死已形成的卵囊。

托曲珠利是一种用于禽、猪和反刍动物中的很有潜力的抗球虫药。但在骆驼体内的药代动力学研究结果表明，血清药物浓度达到很高水平时仍无法阻断单峰驼艾美耳球虫的发育。另外，广泛用于控制禽类球虫病的离子载体类抗生素（如莫能菌素和拉沙里菌素）对骆驼有一定毒性，可引起骆驼骨骼肌的退行性变化，故而不可用于治疗骆驼球虫病。

一般使用磺胺类药物治疗骆驼球虫病，例如用磺胺二甲嘧啶以水悬浮液的形式治疗驼羔球虫病。甲醛磺胺噻唑也具有一定的治疗效果。

晚期球虫病的治疗主要采用支持疗法，当粪便中检出卵囊时，任何药物对宿主体内的卵囊均不能发挥较好的杀灭作用。因此，在面临被感染危险的幼驼应该预防性给药，目的是对其提供足够的保护，提前控制球虫的侵袭，使之不至于发病。药物可以减少虫体攻击的数量，从而防止疾病的发生，但并不能阻止感染。然而，不要过分期待化学药物的作用。如果环境中污染太多的卵囊，并更为重要的是，宿主受到太多的应激，即使用最好的药物也无法解决问题。

6.预防

（1）控制传染源　病驼和隐性感染的骆驼是驼羔球虫病的主要传染源，尤其无明显临床表现的病驼更危险。传染源大多为成年骆驼，而发生感染的多为驼羔。所以应将成年骆驼和幼驼分开饲养，最好细分为各个功能区来防止驼羔感染。

（2）切断传播途径　球虫排出后在外界适宜环境下可快速孢子化，转变为孢子化卵囊而具有感染力。可在地面上洒生石灰，保持地面干燥，减缓孢子化速度。另外，粪便污染的垫草、地面等在统一打扫清理后，全面喷洒消毒剂，死角用煮沸的2%火碱溶液冲洗，可将卵囊杀死。

（3）保护易感动物　易感动物主要为幼驼，因幼驼免疫功能低下，体质较弱，加上瘤胃微生态还未完全建立，很容易感染，且发病严重。所以对幼年骆驼要统一管理，从出生开始制定科学的饲养管理程序，有发病史的养殖场可在易感日龄期口服抗球虫药来预防感染。同时对幼驼需要保证充足的营养，避免频繁更换饲料，每一次的换料都要逐渐过渡，避免出现饲喂应激。

四、隐孢子虫病

隐孢子虫病是由隐孢子属球虫引起的一种寄生虫性的人畜共患病，能引起哺乳动物（特别是犊牛、羔羊和幼驼）的严重腹泻和禽类的剧烈呼吸道症状；也能引起人的严重疾病，因此本病是一个严重的公共卫生问题。该病呈全球性分布，所有的脊椎动物类宿主均可罹患此病。在放牧动物群中，是新生幼畜腹泻综合征的主要致病病原之一。感染骆驼和其他多数哺乳动物的均为小隐孢子虫（*Cryptosporidium parvum*）。

1.**病原** 隐孢子虫在分类上属原生动物界、顶复门、孢子虫纲、球虫亚纲、真球虫目、艾美耳亚目、隐孢子科（Cryptosporididae）、隐孢子属（*Cryptosporidium*）。隐孢子虫是胞内寄生虫，但其后的发育阶段位于细胞外，卵囊是体外发育的唯一阶段。隐孢子虫卵囊呈卵圆形，其大小在5.0μm×4.5μm（小隐孢子虫）到7.4μm×5.6μm[小鼠隐孢子（*C. muris*）和安氏隐孢子虫（*C. andersoni*）]之间，并含有4个裸露的子孢子和残留体（图3-7）。子孢子呈月牙形，残留体由颗粒状物和一些空泡组成。在改良抗酸染色标本中卵囊为玫瑰红色，背景为蓝绿色。囊内子孢子排列不规则、形态多样，残留体为暗黑（棕）色颗粒状。

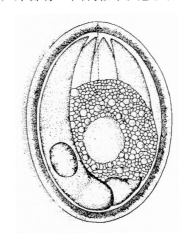

图3-7 隐孢子虫卵囊模式图
（资料来源：蒋金书）

卵囊被适宜的宿主吞食后，释放出4个能运动的子孢子，主要入侵胃肠道上皮细胞，通常能在上皮细胞的微绒毛表面找到其组织发育阶段。由于卵囊体积很小，几乎没有可用于鉴定种的形态学特征，因而其种的归属是依据基因和生物学的差异。到目前为止，文献所记载的不同毒力的隐孢子虫大约有20个种和超过40个基因型。

2.**流行病学** 隐孢子虫是1907年在实验小鼠胃腺的组织切片中首次发现，并命名为鼠隐孢子虫。1912年，在小鼠的小肠黏膜上皮细胞上发现了另外一种隐孢子虫，并定名为小隐孢子虫。此后，许多国家和地区相继证实了隐孢子虫可在牛、羊、骆驼、鹿、驹、猫、大鼠、小鼠、兔等动物的胃肠道内寄生和流行，在美国首次报道了隐孢子虫所致儿童的急性肠炎，揭示了本病系一种人畜共患病。

隐孢子虫病主要经口感染，骆驼吞食了被隐孢子虫卵囊污染的饲料和饮用水而遭受感染。大部分已知的隐孢子虫无宿主特异性，其中对骆驼科动物感染隐孢子虫病的情况知之甚少。据记载，美国动物园内的双峰驼曾患由小鼠隐孢子虫引起的隐孢子虫病。从表面上看，被感染的骆驼呈健康状态，但血清中胃蛋白酶原的含量呈现升高的趋势。

隐孢子虫病的季节性不明显，一年四季均有发生，但以温暖多雨季节发病率较高。天气阴冷潮湿、牧场卫生条件差和高密度饲养均是增加骆驼患隐孢子虫病风险的因素。隐孢子虫病的地域分布较广，已知除南极洲外各大洲均有。在存在先天性和获得性免疫缺陷、免疫抑制及免疫损伤的人和动物，隐孢子虫病常常具有致死性。

3.**临床症状** 临床症状的严重程度与病程长短，主要取决于宿主的免疫功能状况。在哺乳动物中，病原主要感染胃肠道上皮细胞引起急性水样腹泻。水样腹泻（通常粪便为黄色）是感染小隐孢子虫的幼年骆驼主要症状，可能出现的其他症状包括：食欲不振、脱水、发热、精神抑郁和体重减轻。骆驼主要在5～15日龄时罹患该病，腹泻持续4～6d，粪便呈黄色，水样并含有黏液，同时伴有腹痛、食欲不振、失重和脱水等。然而，严重的感染可能是致死性的，特别是免疫缺陷性驼羔的死亡率经常比较高，但腹泻一般在2周内自愈。

4.**病理变化** 隐孢子虫的致病机理尚未完全弄清，可能与多种因素有关。在病理剖检时小肠和大肠臌胀，回肠和空肠黏膜损伤，肠内有黏液样黄色内容物。在组织切片中可看到处于发育阶段的隐孢子虫在肠细胞表面下呈小圆点状分布。

小肠黏膜的广泛受损破坏了肠道吸收功能，尤其是脂肪、糖类物质的吸收功能发生障碍，导致患病骆驼的严重腹泻，使大量水和电解质从肠道丢失。此外，由于隐孢子虫的感染使肠黏膜表面积减小，多种黏膜酶明显减少（如乳糖酶），这也是引起患病骆驼腹泻的主要原因之一。

目前，除了两例在美国动物园内的双峰驼患慢性隐孢子虫病时出现腹泻、被毛粗乱、体重减小和慢性白细胞增多症的报道外，仍无其他有关双峰驼患病的详细报道。

5. 诊断

（1）病原学诊断　取患病骆驼的新鲜粪便（最好为水样或糊状粪便）直接涂片染色，检出卵囊即可确诊。有时呕吐物也可作为受检样本。主要方法有金胺 - 酚染色法和基因检测法。其中，金胺 - 酚染色法较为简便，适用于批量标本的过筛检查。而基因检测主要采用PCR和DNA探针技术相结合来检测隐孢子虫的特异DNA，具有特异性强、敏感性高的特点。

（2）动物试验诊断　取实验小鼠，经口接种所收集的病料。自接种后第3天起检查粪便中所排出的虫体，第6天解剖实验动物取相应的器官黏膜检查虫体。

（3）免疫学诊断　隐孢子虫病的免疫学诊断近年发展较快，具有弥补粪检不足的优点。主要包括乳胶凝结试验、单克隆抗体的直接免疫荧光技术、单克隆抗体或多克隆抗体的间接免疫荧光技术以及ELISA等。其中，粪便标本的免疫诊断需采用与卵囊具高亲和力的单克隆抗体，具有特异性高、敏感性好的特点，适用于对轻度感染的病畜的诊断和流行病学调查。此外，血清标本的免疫诊断采用IFAT、ELISA和酶联免疫印迹试验（ELIB），特异性、敏感性均较高，常用于隐孢子虫病的辅助诊断和流行病学调查。

6. 治疗与预防　隐孢子虫病的治疗是一个世界性难题，迄今为止在医学上共试用54种药物，兽医上试用过41种药物，包括所有抗生素、抗球虫药及磺胺类药物等，但没有一种药物对隐孢子虫病真正有效。

对于骆驼等放牧家畜的隐孢子虫病目前还没有特别的治疗方法。通常配合使用阿奇霉素和巴龙霉素或者阿奇霉素 - 巴龙霉素 - 硝唑尼特等联合用药，可以减少卵囊排放率、改善患病骆驼的临床症状。使用电解质溶液对骆驼进行对症治疗也是必需的，以避免病驼渐进性脱水。

鉴于目前尚缺乏治疗隐孢子虫病的有效药物，故该病的预防措施显得更为重要。然而，单一的药物防治和环境消毒均不能完全预防隐孢子虫病，综合临床治疗、患病骆驼的隔离和环境卫生管理、联合药物防治和消毒等是预防隐孢子虫病的有效措施。

（1）应防止病驼粪便污染饲料和饮水，注意粪便管理和舍内卫生。

（2）应将病驼隔离，避免免疫功能缺陷或低下的骆驼与其接触。

（3）隐孢子虫成熟卵囊对许多消毒药均有较强的抵抗力，但对氨气和10%福尔马林溶液敏感。

五、弓形虫病

弓形虫病（toxoplasmosis）是由刚地弓形虫（*Toxoplasma gondii*）引起的人畜共患病，该虫是一种呈世界性分布的寄生性原虫，可感染人和多种动物。骆驼科动物感染弓形虫后无明显临床症状，且目前尚无明显有效的预防措施。

1.病原 弓形虫属顶复门、孢子虫纲、真球虫目、肉孢子虫科、弓形虫属，是细胞内寄生性原虫。刚地弓形虫的生活史比较复杂，可出现卵囊、速殖子、包囊、裂殖体及裂殖子等多种不同的形态。在其中间宿主体内有速殖子和缓殖子两种形态，速殖子在细胞内快速繁殖，典型形态是半月形，大小为（4～7）μm×（2～4）μm（图3-8），但在宿主体外迅速死亡。家猫和其他猫科动物均为弓形虫的终末宿主，弓形虫的卵囊仅出现在这些终末宿主体内。动物和人可通过食入或饮入外界成熟的孢子化卵囊污染的食物和饮水而感染，或者经口、鼻、咽、呼吸道黏膜、眼结膜和皮肤等受到速殖子侵入而感染。

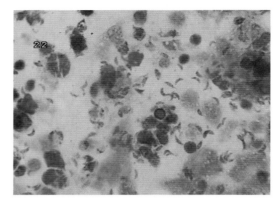

图3-8 腹水涂片中的弓形虫速殖子（1 000×）

骆驼除了食入含有弓形虫的卵囊后感染弓形虫外，患病的雌性骆驼也可通过哺乳将弓形虫传给驼羔。在自然条件下，弓形虫病的感染方式是中间宿主食入孢子化卵囊或组织包囊后，进一步发育为裂殖子，裂殖子进入肠系膜淋巴结、肝脏、肺脏和骨骼肌组织，在这些组织的有核细胞内以二分裂方式增殖。胞内生殖产生的速殖子进入宿主细胞，形成假包囊。当假包囊破裂，速殖子便释放出来，通过血液再入侵其他组织器官，在组织器官中以缓殖子的形式进行分裂增殖，最终形成包囊。当免疫力低的中间宿主或终末宿主在妊娠期间感染弓形虫后，可经母体胎盘传播给胎儿，使其后代发生先天性感染。

2.临床症状 骆驼科动物感染弓形虫病没有明显的临床症状，多呈隐性感染，偶尔可能出现腹泻症状。而显性感染病例的临床特征较为明显，通常表现为体温升高至40～41.5℃、呈稽留热，呼吸困难伴有气喘、流涎，导致中枢神经机能障碍使得四肢僵硬、步态不稳、共济失调，病情严重会出现后肢麻痹、卧地不起等现象。病情较轻的母驼虽能康复，但日后易发生流产。

弓形虫感染骆驼科动物的主要意义在于这些动物的肉质中含有组织包囊，如果人食用未煮熟的含有包囊的肉，可引起人的弓形虫病。

3.病理变化 剖检以实质器官的灶性坏死、间质性肺炎及脑膜脑炎为主要特征，表现为皮下血管怒张、颈部皮下水肿、结膜发绀；鼻腔、气管黏膜点状出血，阴道黏膜条状出血，皱胃、小肠黏膜出血，肺水肿、气肿、间质增宽，切面流出大量含泡沫的液体；肝脏肿大、质硬、土黄色、浊肿，表面有粟粒状坏死灶；体表淋巴结肿大、切面外翻、周边出血。

4.诊断

（1）病原学检查　取病驼腹股沟浅淋巴结，急性死亡病例可取肺、肝、淋巴结直接抹片、染色、镜检，发现10～60μm直径的圆形或椭圆形小体。

（2）小鼠接种试验　取组织病料1∶10生理盐水悬液0.5～1.0mL，接种于小鼠腹腔，接种后1～2周小鼠出现蜷缩、闭目、腹部膨胀、呼吸困难至死亡，取腹水抹片可发现滋养体。对小鼠不敏感的虫株，可以采取大剂量接种来获得虫体。

（3）血清学诊断　常检测中间宿主的抗体，可采用补体结合试验、间接血凝试验、改进的凝集试验、乳胶凝集试验和免疫印迹试验等，亦可将几种检测方法联合使用。间接血凝试验（IHA）：本方法具有快速、简易、实用及效果确实的优点，已广泛用于弓形虫病的诊断及流行病学调查。免疫荧光技术：取肺、淋巴结组织作触片，固定、染色、镜检。如各视野内有大量特异性荧光的虫体，其胞质发黄绿色荧光，胞核暗而不发荧光，形态为月牙形、枣核形，即可确诊。

5.治疗　治疗应及时，越早越好。临床上普遍采用磺胺类药物治疗，对本病有极好的疗效。例如，使用磺胺5-甲氧嘧啶（SMD）静脉注射，或者使用磺胺嘧啶（SD）、磺胺间甲氧嘧啶（SMM）并配合甲氧苄啶等抗菌增效剂（TMP）静脉注射效果更佳。

疫病一旦流行，首先应将病驼隔离并进行血清学检验，了解血清抗体水平，防止垂直感染。同时加强对因治疗。

6.治疗与预防

（1）已发生过弓形虫病的养驼场，应定期进行血清学检查。及时检出隐性感染骆驼并进行严格控制、隔离饲养。用磺胺类药物连续治疗，直到完全康复为止。

（2）坚持执行防疫制度，加强饲养管理，保持圈舍清洁卫生，粪便经常清除，堆积发酵后才能利用；控制或消灭鼠类，禁止养猫，防止猫及其排泄物污染饲料和饮水等。

第二节　吸虫病

一、片形吸虫病

片形吸虫病是由片形科（Fasciolidae）片形属（*Fasciola*）的吸虫引起的一种哺乳动物的重要疾病，主要寄生于牛、羊、骆驼等反刍动物肝脏胆管中。该病能引起肝炎、胆管炎，并伴有全身性中毒现象和营养障碍，尤其对幼龄动物危害严重，可以引起大批死亡。片形吸虫病病原包括：肝片形吸虫（*F. hepatica*），见于温带和气候凉爽地区，为一种常见的体型较大的肝吸虫；大片形吸虫（*F. gigantica*），常见于气候温暖地区，在热带地区则分布于纬度较高的地区；大拟片形吸虫（*F. magna*），自然疫源地分布于北美洲，输入性病例则见于中欧，对骆驼具有潜在的感染力。

1.病原形态　肝片形吸虫成虫背腹扁平，外观呈树叶状，新鲜虫体棕红色，固定后变为灰白色，其大小随发育程度不同差异明显，一般体长（21～41）mm×（9～14） mm。体表被有小的皮棘，虫体前端有一呈三角形的锥状突，锥底变宽，呈双肩样突出；口吸盘位于头部圆锥体顶端，腹吸盘稍大于口吸盘，位于躯体肩部膨大区（图3-9）。生殖孔位于口、腹吸盘之间。消化系统由口吸盘底部的口孔开始，下接咽、食道和分支状的盲肠。雄性生殖器官中有两个分支状的睾丸，前后排列于虫体中后部，雄茎囊内有贮精囊和射精管，雄茎可伸出生殖孔以外。雌性性生殖器官的卵巢呈鹿角状分支，位于腹吸盘后方右侧，卵膜周围有梅氏腺，位于睾丸前的虫体中央，卵黄腺由许多点状滤泡组成，分布于虫体两侧，两侧卵黄管汇合后通向卵模。大片形吸虫体形体较大，可达（25 ~ 75）mm×（5 ~ 12）mm，其形态与肝片形吸虫相似，虫体两侧缘较平行，肩部不明显，后端钝圆。肝片形吸虫和大片形吸虫的未胚化卵呈黄色，卵壳薄，有一不明显的卵盖，大小分别为（130 ~ 150）μm×（63 ~ 90）μm和（125 ~ 204）μm×（60 ~ 110）μm，内含一卵细胞，周围充满卵黄细胞（图3-10）。

图3-9　肝片形吸虫　　　　　　　　图3-10　肝片形吸虫虫卵

2.生活史　肝片形吸虫和大片形吸虫的发育均需要淡水螺作为中间宿主，成虫寄生于宿主肝脏的胆管，产生的卵随胆汁进入肠腔。虫卵随粪便排放到含淡水螺的水生或半水生环境中，进一步发育。在适宜的温度（25 ~ 26℃）、氧气和水分及光照条件下，孵出第1期幼虫（毛蚴），毛蚴侵入淡水螺进行无性繁殖，先移行至外套腔变为无肠管的胞蚴。胞蚴发育产生第一代雷蚴（母雷蚴），沿着螺的肠管进入肝脏、胰腺。母雷蚴产生子代雷蚴或尾蚴，然后尾蚴离开中间宿主。肝片形吸虫的无性生殖能力非常强，一个毛蚴进入螺体内可产生多达数百个尾蚴。尾蚴能够游动，附着于植物上，脱掉尾部后变为囊蚴。牛、羊、骆驼等吞食含囊蚴的水或植物而遭到感染，早期称为童虫，经胆汁激活后在终末宿主的十二指肠、空肠中离开囊蚴囊，穿透肠壁，经腹腔移行，穿过宿主内脏包膜最终进入肝脏。童虫在宿主体腔和肝实质内移行的时间可分别持续3周和5 ~ 8周。在感染后2 ~ 3个月，肝片形吸虫在肝脏的胆管中发育至成虫并开始产卵。

3.流行病学　片形吸虫病呈全球性分布，宿主范围广泛，对家畜危害严重，特别是绵羊、牛和骆驼等反刍动物，猪、马、兔及一些野生动物也可感染，人也有感染的报道。病畜和带虫者不断地向外界排出大量虫卵，污染环境，成为本病的感染源。片形吸虫感染途径是经口感染，多发生于潮湿的草地，当动物在污染感染性囊蚴的水草区域放牧时遭受感染，舍饲动物也可因食用从低洼、潮湿的牧地割来的牧草而受感染。在大片形吸虫感染病例中，宿主也可能因为饮用池塘中的水而遭受感染。童虫有时也可到达子宫，引起胎儿感染。温度、水和淡水螺是影响片形吸虫病流行的重要因素。虫卵的发育，毛蚴和尾蚴的游动以及淡水螺的存活与繁殖都与温度和水有直接的关系。因此，肝片吸虫病的发生和流行及其季节动态是与各地的地理气候条件密切相关的。虫卵对低温的抵抗力较强，但低于0℃很快死亡，所以虫卵在我国北方是不能越冬的。虫卵发育最适宜的温度是25～30℃，经8～12d即可孵出毛蚴。

4.临床症状和病理变化　轻度感染一般不表现明显的临床症状。感染数量多时症状明显，幼龄动物症状较成年动物症状明显。肝片形吸虫主要引起慢性疾病，造成体重减轻，增重减少，肉品检验中肝脏废弃，产奶量和产毛量减少，繁殖力下降。感染严重时，表现营养不良，被毛粗乱，食欲减退，吸虫引起的肝炎和胆管炎导致亚临床和慢性临床症状，其病程和严重程度受宿主种类、年龄和感染强度等因素的影响。绵羊最敏感，最常发生，死亡率高；牛和骆驼多呈慢性经过，幼龄动物症状明显。骆驼与羊和牛等肝片吸虫敏感宿主共用草场时，容易通过啃食牧草遭受感染。短时间内吞食大量囊蚴后，发病较急，表现食欲不振、身体虚弱、黏膜苍白、呼吸困难和久卧不起等症状，有的还表现程度不同的嗜睡和食欲废绝，腹泻，贫血，水肿，如不及时治疗，可因恶病质而死亡。片形吸虫病后期，患病动物通常症状减轻或无症状。

病理变化主要在肝脏，在急性移行期，呈急性肝炎和贫血，感染动物因肝实质大范围遭受破坏和血管破裂，导致宿主腹腔出血。肝脏肿大，易碎，包膜有纤维素沉积，有大量2～5mm长的暗红色虫道，虫道内有凝固的血液和小的童虫。腹腔中有血色液体，有腹膜炎病变。病程后期或慢性病例，主要表现慢性增生性肝炎，在被破坏的肝组织形成瘢痕性的淡灰色条索、肝实质萎缩、褪色、变硬、边缘钝圆。主要的病变见于宿主胆管内及其周围，因虫体皮棘刺激和分泌/排泄产物毒性作用引起胆管炎、胆管周炎，出现重度胆管畸变，胆管壁增厚，胆管内可见虫体，肝实质有时萎缩，呈淡棕褐色，质地坚实，含有小的、隆起、白色至黄色、部分矿物化的圆形结节。

5.诊断　片形吸虫病应根据临床症状、流行病学、粪便虫卵检查发现虫卵和死后剖检发现虫体等进行综合判断。仅有少量虫卵而无症状出现，只能视为"带虫现象"。生前诊断主要利用粪沉淀法检查虫卵，发现淡黄色、长卵圆形虫卵来判断。推荐的方法是在粪样沉淀物上滴加几滴甲基蓝，食物残渣着色而虫卵不着色。血清学检测的对象是肝片形吸虫抗原的抗体，可用于人和骆驼。死后剖检查找虫体可用于片形吸虫病的诊断，急性片形吸虫病的诊断应以解剖检查为主（童虫致病、不产卵）。

6.治疗与预防　水杨酰苯胺、苯并咪唑等药物可用于片形吸虫病防治。治疗慢性肝片形吸虫病也可选用碘醚柳胺、氯氰碘硫胺、羟氯硫胺、硝氯酚、阿苯达唑。双酰胺氧醚对肝片吸虫童虫有高效，但对成虫只有70%以下的杀灭作用。三氯苯达唑对各种发育阶段的肝片吸虫均有明显杀灭作用，是治疗肝片形吸虫病的首选药物。

预防片形吸虫病可以通过定期驱虫、消灭中间宿主和加强饲养管理来降低动物感染。在草原上，应在潮湿和有水的地方设置篱笆，结合农田水利建设、草场改良、填平无用的低洼水坑来减少淡水螺滋生环境。在干燥地面上构筑固定的饮水池，以切断片形吸虫的传播链。在易感染季节用干燥的干草作为安全的食物来源。

二、歧腔吸虫病

歧腔吸虫病是由歧腔科（Dicrocoeliidae）、歧腔属（Dicrocoelium）的矛形歧腔吸虫（Dicrocoelium lanceatum）、中华歧腔吸虫（D. chinensis）和牛歧腔吸虫（D. hospes），寄生于牛、羊、骆驼和鹿等反刍动物肝脏胆管和胆囊内引起的寄生虫病，其他哺乳动物包括人类也可感染。矛形歧腔吸虫分布于欧洲、亚洲和北美洲；中华歧腔吸虫分布于中国和日本，输入性病例已见于奥地利和意大利；牛歧腔吸虫分布于西非、中非和东非。

1.病原形态　歧腔吸虫的成虫呈柳叶状，背腹扁平，体长取决于寄生虫的种类。矛形歧腔吸虫虫体狭长，前端较尖锐，后半部稍宽，呈棕红色，半透明，可见内部器官。虫体大小为（6.67 ~ 8.34）mm ×（1.61 ~ 2.14）mm，体表光滑。躯体前部分布有两个吸盘和生殖器官，呈淡粉红色；而躯体后部呈黑色，分布有子宫，子宫内充满棕色虫卵。白色卵黄腺分布于身体两侧。两睾丸斜列于腹吸盘后方。中华歧腔吸虫与矛形歧腔吸虫外形相似，虫体较宽扁，腹吸盘前方部分呈头锥状，其后两侧呈肩样突起，虫体大小为（3.54 ~ 8.96）mm ×（2.03 ~ 3.09）mm。两个睾丸呈圆形，略分叶，左右并列于腹吸盘后方（图3-11）。牛歧腔吸虫虫体较窄，两个睾丸前后排列。歧腔吸虫胚化卵呈黄色或咖啡色，大小为（38 ~ 51）μm ×（22 ~ 33）μm（图3-12）。通过肉眼从卵壳可以观察到虫卵内含一发育完全的毛蚴，拥有两个生殖球，一端有稍倾斜的卵盖。

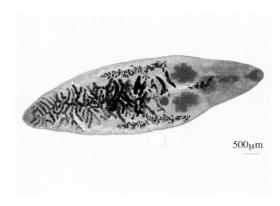

图3-11　中华歧腔吸虫

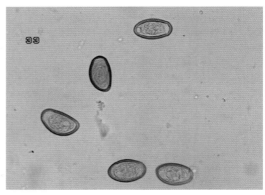

图3-12　中华歧腔吸虫虫卵

2.中间宿主　歧腔吸虫的发育需要2个中间宿主，第一中间宿主为陆地螺（蜗牛）（图3-13），第二中间宿主为隶属于蚁属（Formica）的15种蚂蚁。已报道的第一中间宿主有懒果螺科（Cochlicopidae）、粒蛹螺科（Chrondrinidae）、艾纳螺科（Enidae）、琥珀蜗牛科（Zonitidae）、烟管螺科（Clausiliidae）、巴蜗牛科（Bradibaenidae）和厚壳大蜗牛科（Helicidae）的50多种不同蜗牛。

3.流行病学　该病是反刍动物常见寄生虫病，呈世界性分布，但多呈地方性流行，在我国主要分布于东北、华北、西北和西南地区，尤以西北地区和内蒙古地区较为严

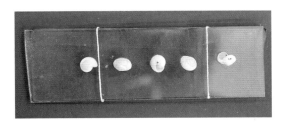
图3-13 蜗牛

重。宿主范围广泛，现已记录的哺乳动物达70余种，除牛、羊、骆驼等家畜外，许多野生动物也可感染，人也有感染的报道。歧腔吸虫感染途径是通过食物经口感染。

单峰驼和双峰驼均可作为歧腔吸虫的终末宿主。矛形歧腔吸虫引起的歧腔吸虫病见于土库曼斯坦和土耳其的单峰驼，以及哈萨克斯坦、乌兹别克斯坦和塔吉克斯坦的双峰驼。中华歧腔吸虫见于我国内蒙古地区的双峰驼。牛歧腔吸虫存在于西非、中非和东非等地区的单峰驼种群。

动物随年龄的增长，感染率和感染强度也逐渐增加。虫卵对外界不良环境具有较强的抵抗力，在土壤中可存活数月，特别是对低温具有强抵抗力。虫卵及在第一中间宿主、第二中间宿主体内的幼虫均可越冬，且不丧失感染性。

4.临床症状和病理变化　由于幼龄期的吸虫不能穿透肠道和肝脏被膜，所以临床症状通常不明显。感染动物在荷虫量大时可能出现贫血、水肿、消瘦、黄疸、腹泻，甚至导致死亡。歧腔吸虫在胆管中移行引起动物烦躁不安，导致分泌性细胞增殖，黏液增加。在病程后期，病理变化以慢性、非化脓性胆管炎为主，呈现肝脏肿大，肝被膜肥厚。骆驼在荷虫量大时会出现胆管纤维化、肝硬化等病变。

5.诊断　根据流行病学、临床症状及粪便虫卵检查或尸体剖检查找虫体进行综合诊断。利用粪沉淀法检查粪样中的歧腔吸虫卵是常见的生前诊断方法。在尸体剖检中，如出现胆管扩张则应重视歧腔吸虫的检查，小的柳叶状吸虫可以通过肉眼看到，常见于肝脏切面上。

6.治疗与预防　歧腔吸虫的治疗药物有吡喹酮、阿苯达唑、三氯苯哌嗪、六氯对二甲苯（血防846）。

预防本病的主要措施包括：在每年的秋后和冬季定期驱虫，以防虫卵污染草场，在同一草场上放牧的其他家畜要同时驱虫。驱虫后的粪便进行生物热发酵，以杀死虫卵。消灭中间宿主。夏季尽量不到低洼潮湿的牧地放牧，以减少感染机会。

第三节　绦虫病

一、裸头绦虫病

裸头绦虫病是由裸头科（Anoplocephalidae）绦虫寄生于宿主小肠而引起的一种寄生虫病，其中可以感染骆驼的有4个代表属，即莫尼茨属（*Moniezia*）、无卵黄腺属（*Avitellina*）、曲子宫属（*Thysanieza*）和斯泰勒属（*Stilesia*），几种病原有时呈混合感染。该病分布于世界各地，我国各地均有报道，在北方牧区普遍存在，多呈地方性流行，主要危害幼龄动物，影响动物发育，感染严重时会导致动物死亡。

1.病原形态　裸头科绦虫的特征是头节有4个吸盘，无顶突和小钩。莫尼茨绦虫在我国有两个种：扩展莫尼茨绦虫（*M. expansa*）和贝氏莫尼茨绦虫（*M. benedeni*），它们在外观上相似，体长可达数米，雌雄同体；头节小，近似球形，上有4个吸盘；体节宽而短，每一成熟节片内有两套雌雄生殖器官，每侧一套，生殖孔开口于节片的两侧。卵巢和卵黄腺在节片两侧构成花环状，数百个睾丸分布于节片内卵巢之间。扩展莫尼茨绦虫长可达10m，宽1.6cm，呈乳白色，节间腺为一列小圆囊状物，沿节片后缘分布；虫卵近三角形，内有梨形器和六钩蚴，直径为56～67μm（图3-14至图3-16）；贝氏莫尼茨绦虫长可达4m，宽2.6cm，呈乳白色，节间腺呈带状，位于节片后缘中央，虫卵呈四角形（图3-17和图3-18）。

图3-15　扩展莫尼茨绦虫成熟节片

图3-14　扩展莫尼茨绦虫成虫

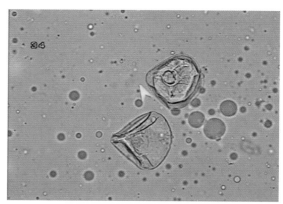

图3-16　扩展莫尼茨绦虫虫卵

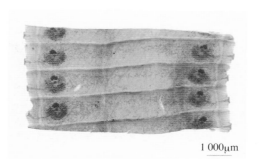

图3-17　贝氏莫尼茨绦虫成熟节片

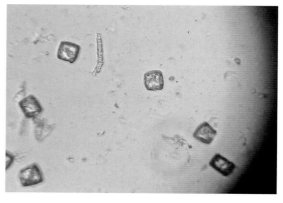

图3-18　贝氏莫尼茨绦虫虫卵

常见的无卵黄腺绦虫为中点无卵黄腺绦虫（A. centripunctata），虫体窄长，长2～3m或更长，宽2～3mm，节片极短，分节不明显，在体节中线上可见各节片中央子宫相连形成的纵带和两侧粗大的排泄管。每一成熟节片有一套雌雄生殖器官，生殖孔左右不规则分布于节片两侧。睾丸有20～38个，分布于纵排泄管的两侧。孕节中有副子宫器，内含40～50枚虫卵。虫卵内无梨形器，直径为21～38μm（图3-19至图3-22）。

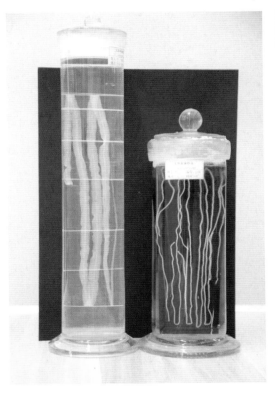

图3-19　中点无卵黄腺绦虫成虫

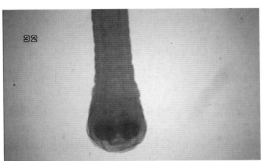

图3-20　中点无卵黄腺绦虫头节

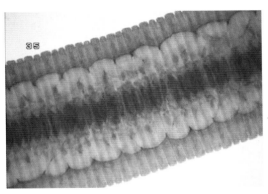

图3-21　中点无卵黄腺绦虫成节

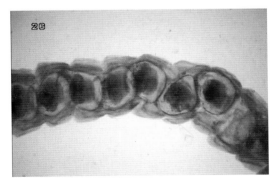

图3-22　中点无卵黄腺绦虫孕节

曲子宫绦虫常见虫种为盖氏曲子宫绦虫（T. giardi），虫体乳白色，可长达4.3m，宽8.7mm，外观似莫尼茨绦虫（图3-23）。每一节片有一套雌雄生殖器官，生殖孔呈不规则地交替分布，110～150个睾丸分布于纵排泄管外侧，横向排列于节片两侧，雄茎囊较莫尼茨绦虫大，雄茎常伸出生殖孔以外，虫体边缘不整齐。卵巢和卵黄腺通过细孔相连，位于节片内。子宫初期呈管状，横向分布，发育后期被300多个子宫旁器所替代。虫卵呈椭圆形，直径为18～27μm，每5～15个虫卵包被在一个副子宫器内（图3-24和图3-25）。

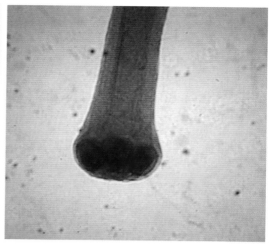

图3-23　盖氏曲子宫绦虫成虫及其头节

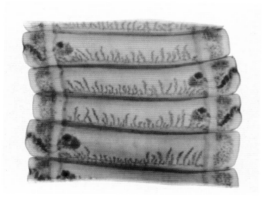

图3-24　盖氏曲子宫绦虫成节

1 000μm

图3-25　盖氏曲子宫绦虫孕节

球点状斯泰勒绦虫（*S. globipunctata*）和条状斯泰勒绦虫（*S. vittata*）的虫体长达60cm，但体宽仅有2mm。每一节片中只含一套雌雄生殖器官，卵巢位于背、腹排泄管之间，但是稍微地偏向细孔一侧，生殖孔不规则分布。两组睾丸分布于虫体两侧至排泄管之间，球点状斯泰勒绦虫每一侧含睾丸4～7个，而条状斯泰勒绦虫每簇的睾丸数目为5～10个。孕节含有2个子宫旁器，内充满子宫。

2.生活史　裸头科绦虫发育需要两个不同的宿主，哺乳动物作为终末宿主，甲螨（又称地螨）类为中间宿主（图3-26），常见的有肋甲螨（*Scheloribates*）和腹翼甲螨（*Galumna*）。扩展莫尼茨绦虫和贝氏莫

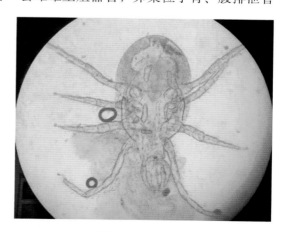

图3-26　地　螨

尼茨绦虫的生活史研究的最为清楚。经过5～7周的潜伏期，莫尼茨绦虫的孕节开始逐渐从虫体末端脱落，虫卵和孕节与宿主小肠内容物混合，随粪便排出体外。虫卵被中间宿主吞食后，六钩蚴穿过消化道壁，进入体腔，发育至具有感染性的似囊尾蚴。当终末宿主在受污染的草原或者土壤上放牧时，吞食了含有似囊尾蚴的甲螨而感染。扩展莫尼茨绦虫经37～40d，贝氏莫尼茨绦虫经42～50d发育为成虫。莫尼茨绦虫在动物体内寿命为2～6个月，后自动排出体外。中点无卵黄腺绦虫和盖氏曲子宫绦虫生活史尚未完全清楚。

3.流行病学 裸头科绦虫病为世界性分布，在我国东北、西北和内蒙古的牧区流行广泛，主要危害幼龄动物。感染骆驼的裸头科绦虫没有宿主特异性。羊、牛和骆驼等反刍动物为主要宿主，野生反刍动物为保藏宿主，主要是由于吞食了含有似囊尾蚴的甲螨而感染。甲螨种类繁多，现已查明有20余种可作为莫尼茨绦虫的中间宿主，其中以肋甲螨和腹翼甲螨受感染率较高。这些螨类能够使莫尼茨绦虫卵的外层或者其他裸头科的绦虫的子宫旁器破裂。在自然条件下，甲螨感染似囊尾蚴的比例不足1%，但是这些甲螨携带似囊尾蚴的数目较多，从而给终末宿主造成感染的威胁巨大。

甲螨在牧地上可存活15～19个月，加之莫尼茨绦虫卵在5～8℃和潮湿的地方可存活7个月，所以草场污染后长达2年时间内仍具有感染性。甲螨体内的似囊尾蚴可随甲螨越冬，所以动物在初春放牧一开始即可遭受感染。由于受中间宿主活动规律和虫种的影响，裸头绦虫感染和发病的时间与当地的气候条件密切相关。肠道内寄生的斯泰勒绦虫分布于非洲和亚洲的单峰驼。中点无卵黄腺绦虫只发现于苏丹的单峰驼。盖氏曲子宫绦虫分布范围广泛，在全世界数种反刍动物中均有分布，但是在单峰驼中的感染仅见于一篇文献报道。

4.临床症状和病理变化 裸头科绦虫病的危害程度取决于荷虫量和宿主的年龄结构。虫体主要通过对小肠的机械性损伤、夺取营养和毒素作用对宿主造成危害。由于肠道内寄生的绦虫会从肠道食糜中消耗机体的必要营养成分、维生素和微量元素，导致宿主体重减轻、生长发育受阻。绦虫为了在小肠内生存，必须具备改变食糜pH的能力。这会导致酶浓度或者酶活性的下降，大肠内繁殖的细菌如厌氧菌在小肠滋生，这些细菌产生毒素，而产维生素的微生物生长则会受到抑制。幼龄动物特别是在第一个放牧季节容易受到感染。当宿主荷虫量大时，会导致宿主小肠内食糜停滞，直至便秘。剖检时，感染动物荷虫量大时，小肠肿胀，通过肠壁可观察到淡黄色的绦虫虫体。莫尼茨绦虫、无卵黄腺绦虫和曲子宫绦虫通常位于空肠，而斯泰勒绦虫则寄生于十二指肠。大量虫体寄生时，聚集成团，造成肠腔狭窄，甚至发生肠阻塞、套叠或扭转，最后因肠破裂引起腹膜炎而死亡。成年动物一般无临床症状，幼龄动物表现精神不振、消瘦、离群、粪便变软，或发展为腹泻，粪中含黏液和节片。进一步发展为衰弱、贫血，有时有明显的神经症状，如无目的的运动，步样蹒跚，有时震颤。

5.诊断 在莫尼茨绦虫和曲子宫绦虫感染的病例中，特别是潜伏期的开始阶段，当孕节随宿主粪便排出时，可以在粪便表面观察到绦虫节片。只有莫尼茨绦虫感染时粪便漂浮法检查虫卵可能呈阳性结果，因其他绦虫感染时卵被包裹在副子宫器中。扩展莫尼茨绦虫虫卵呈三角形，而贝氏莫尼茨绦虫虫卵呈立方形，均有梨形器。

6.治疗与预防 常用于该病的驱虫药有吡喹酮，其他可选药物还有氯硝柳胺等。

在绦虫与胃肠道线虫或者肺丝虫混合感染的病例中，建议使用苯并咪唑类药物，如芬苯达唑和阿苯达唑。

二、棘球蚴病

棘球蚴病又称包虫病，是棘球绦虫的中绦期幼虫寄生于牛、羊、骆驼、猪等多种动物和人的一种重要的人畜共患病。主要的寄生部位为宿主的肝脏和肺脏，有时也可以寄生于脾、子宫、肾脏、心脏和腹腔，偶尔见于肌肉、骨骼或眼睛。棘球蚴体积大，生长力强，不仅压迫周围组织造成组织萎缩和功能障碍，还会引起继发感染。如果囊体破裂，可引起过敏甚至死亡，对人畜危害严重。

棘球属（*Echinococcus*）绦虫包括：细粒棘球绦虫（*E. gramulosus*）、多房棘球绦虫（*E. multilocularis*）、福氏棘球绦虫（*E. vogeli*）、少节棘球绦虫（*E. oligarthra*）、石渠棘球绦虫（*E. shiquicus*）、狮猫棘球绦虫（*E. felidis*）、马棘球绦虫（*E. equinus*）、奥氏棘球绦虫（*E. ortleppi*）、加拿大棘球绦虫（*E. canadensis*）等。在我国有2种棘球绦虫，即细粒棘球绦虫和多房棘球绦虫，其中以细粒棘球绦虫多见。

1.形态学 细粒棘球绦虫成虫很小，体长仅2～7mm，由头节和3～4个节片组成。头节直径为0.25～0.35mm，其上分布4个吸盘和1个顶突，顶突上分布有2圈交替排列的36～40个小钩。成熟节片长大于宽，每一节片含有一套雌雄生殖器官，睾丸35～55个，生殖孔位于节片侧缘后半部。最后一个节片为孕卵节片，长度约占整个虫体全长的一半，子宫内充满虫卵，由主干分出12～15对袋形侧支。虫卵大小为（32～36）μm×（25～30）μm，被覆着一层辐射状条纹的胚膜，内含六钩蚴（图3-27和图3-28）。

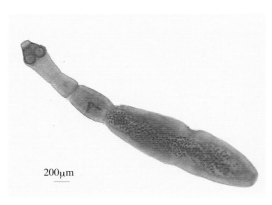

图3-27 细粒棘球绦虫成虫

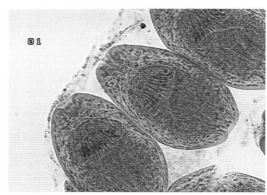

图3-28 细粒棘球蚴包囊中的原头蚴

细粒棘球蚴为单房棘球蚴，囊内充满液体。棘球蚴包囊，形状不一，常因寄生部位不同差异明显，体形小至豌豆大至椰子，一般近球形，直径5～10cm。由双层膜组成，外层为致密的角质层，内膜为生发层（又称胚层）。包囊外围被宿主结缔组织包裹，角质层由黏蛋白组成，富含半乳糖，它的功能是刺激宿主免疫系统产生非炎性反应（图3-29）。在生发层上可长出生发囊，在生发囊内壁上又可长出数量不等的原头蚴（*Protoscloex*）。在囊壁的生发层上还可生长出第二代包囊，称为子囊。子囊又分内

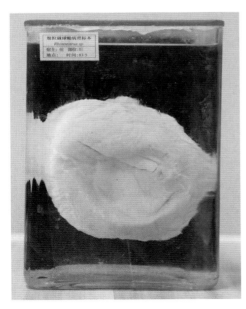

图3-29 细粒棘球绦虫包囊

生性子囊和外生性子囊，子囊内的生发层还可长出孙囊。子囊和孙囊具有和母囊相同的构造，在它们的生发层上均可长出囊和头节（即原头蚴）。根据宿主不同，棘球蚴又分为人型棘球蚴（有子囊和原头蚴）、兽型棘球蚴（无子囊，有原头蚴）和无头型棘球蚴（无子囊和原头蚴）。

2. 生活史 棘球属绦虫发育过程中需要更换宿主。成虫寄生于终末宿主——驯养和野生犬科动物（家犬、狼、貉、郊狼、豺、狐狸和狮子）的小肠中，中间宿主主要是草食动物和杂食动物。孕节随终末宿主粪便排出体外，节片破裂，虫卵逸出，污染饲草、饲料和饮水，牛、羊和骆驼等中间宿主吞食虫卵后感染。虫卵进入十二指肠后，虫卵外壳被宿主消化液中的蛋白水解酶消化，胆汁刺激六钩蚴孵化。然后幼虫穿过小肠黏膜，进入血管，随血液循环移行至肝、肺和其他内脏器官，经6～12个月生长为具感染性的棘球蚴，其生长可持续数年。当犬科动物食入含包囊的动物脏器后被感染，原头蚴在胆汁的刺激下头节外翻，然后利用吸盘和顶突上的小钩吸附在小肠黏膜上，长出体节发育为成虫，完成其整个生活史。

3. 流行病学 棘球蚴病的感染途径为经口感染，当中间宿主在虫卵污染的草原上放牧时即易经口感染。有文献报道称，单峰驼有时可经子宫内感染。

棘球蚴病呈全球性分布，以牧区最多。在我国的新疆、青海、宁夏、甘肃、内蒙古、四川等省（自治区）危害严重，是一种重要的人畜共患寄生虫病。加拿大棘球绦虫主要危害骆驼和山羊。在肯尼亚、毛里塔利亚、利比亚、阿根廷、智利、中国、尼泊尔和伊朗等国家的骆驼、牛、绵羊、山羊和猪均有感染的报道。而且骆驼也常常感染广为分布的普通绵羊株（G1）。据文献记载，秘鲁羊驼的棘球蚴感染率为19%。对智利的大羊驼剖检表明，棘球蚴的感染率为12%。

终末宿主犬在该病流行上有重要意义，家畜之间的循环流行最普遍，终末宿主主要是通过在屠宰场摄食含有棘球蚴包囊的废弃内脏器官或者腐肉时遭受感染。野生动物之间的循环流行主要是在野生肉食动物和野生反刍动物之间。棘球绦虫在终末宿主体内的潜伏期为5～8周。部分子宫内的虫卵在虫体末段裂解时与宿主肠内容物混合。节片具有一定的爬行或者蠕动能力，这会帮助节片从粪便中排出体外。在爬行过程中，节片肌肉收缩，导致子宫和虫卵在环境中不断散布。由于棘球绦虫虫卵外壳厚，具有较强的抵抗力，在外界环境中可保持感染性长达数天、数周，甚至数月之久。在犬体内，成虫生存期约为6个月，也有报道成虫存活期长达2年。

4. 临床症状和病理变化 棘球蚴对动物的危害严重程度取决于其大小、数量和寄生部位。棘球蚴病并不引起中间宿主的特异性临床症状，随着囊体的不断增大，机械性压迫使周围组织发生萎缩和功能障碍。代谢产物被吸收后可以引起组织炎症和全身过敏反应。患畜表现消瘦、被毛逆立、脱毛、黄疸、腹水、咳嗽、倒地不起，终因恶病质或窒息而死亡。在骆驼，肺是棘球蚴最适宜寄生的器官。与肺包囊相比，肝棘球蚴包囊囊壁较厚。肺作为棘球蚴包囊寄生的主要部位，导致骆驼体能下降。肝棘球蚴可导致腹水和黄疸。当棘球蚴包囊偶尔寄生于心脏、肾、子宫、脑或眼部时也可出现其他各种临床症状。包囊破裂时，会导致动物过敏性休克，进而引起动物死亡。囊体和原头蚴释放到腹腔或者胸腔后，可继续发育，形成大的、游离而漂浮的外囊。非活动性包囊和陈旧性包囊会引起干酪化和钙化。

5.诊断　骆驼棘球蚴病生前诊断比较困难，可在剖检时发现包囊而做出诊断。棘球蚴为单房型包囊，淡黄色，大小差异很大，囊内充满囊液和棘球蚴砂。从内膜刮取样品进行显微镜检发现原头蚴可做出诊断。棘球蚴包囊并不总是位于薄壁组织器官的表面，为了排除假阴性结果，在检验时需对肺脏进行触诊检查。诊断过程中要注意与细颈囊尾蚴病、肺和肝细菌性脓肿相区别。

终末宿主棘球绦虫成虫感染可通过粪检法来进行诊断。但是，棘球属绦虫虫卵与其他带科绦虫如泡状带绦虫（*Taenia hydatigena*）、羊带绦虫（*T. ovis*）的卵很相似，不易区分。也可应用槟榔碱泻下法进行治疗性驱虫来辅助诊断。近年来，也有应用特异性粪抗原检测法或者PCR进行诊断的报道。

6.治疗与预防　骆驼棘球蚴病目前没有好的治疗方法，主要应用药物进行保守治疗，可用阿苯达唑、吡喹酮，对原头蚴的杀虫效果比较理想。

预防棘球蚴病应从切断传播循环链入手。在流行区，流浪犬可能成为潜在传染源，应该禁止给犬喂食带棘球蚴包囊的废弃内脏，死亡动物的尸体应焚烧或者深埋。对家犬进行有效的驱虫，驱虫药可选择吡喹酮。驱虫后特别应注意犬粪的无害化处理，深埋或烧毁，防止病原扩散。

三、囊尾蚴病

囊尾蚴病是因一类绦虫的幼虫寄生于宿主肌肉组织中引起的寄生虫病。可寄生于骆驼的囊尾蚴有单峰驼囊尾蚴、克罗卡特囊尾蚴、牛囊尾蚴、细颈囊尾蚴和羊囊尾蚴。

1.病原形态　囊尾蚴（*Cysticercus*）是一包囊，内含有一凹陷的原头蚴（图3-30）。单峰驼囊尾蚴（*C. dromedarii*）包囊呈圆形或卵圆形，直径达1cm。球状原头蚴直径为0.5 ～ 1mm，有4个大吸盘。每个吸盘直径为280 ～ 350μm。顶突上有两圈钩，钩的数目为34 ～ 44个。较大的钩长度为187 ～ 212μm，较小的钩长度为112 ～ 137μm。当定居在肌肉、舌和心脏时，囊尾蚴周围包裹一致密结构的囊（图3-31）；当寄生于肝脏时，薄的囊尾蚴能够轻易地从结缔组织囊上脱落下来；而寄生于脑部时缺乏外层的囊。单峰驼囊尾蚴的成虫是鬣狗绦虫（*Taenia hyaenae*）。

牛囊尾蚴（*C. bovis*）头节上无顶突和小钩。其成虫牛带绦虫（*Taenia bovis*）为乳白色，带状，节片长而肥厚，全虫长5 ～ 10m，最长可达25m以上。头节上有4个吸盘，但无顶突和小钩，因此也叫无钩绦虫。头节后为短细的颈节，颈部下为链体，成节近似方形，每节内有一套雌雄生殖器官。睾丸数为800～1 200个。卵巢分两叶，生殖孔位于体侧缘，不规则地左右交替开口。孕节窄而长，内有发达的子宫，其侧支为15～30对。每个孕节内约含10万个虫卵。

图3-30　囊尾蚴

图3-31　囊尾蚴病理标本

　　羊囊尾蚴（*C. ovis*）的成虫羊带绦虫（*T. ovis*）虫体呈乳白色，体长45～100cm。头节上有吸盘、顶突和24～36个小钩。生殖孔位于节片边缘的中央，孕节子宫每侧有20～25对侧支。

　　细颈囊尾蚴（*C. tenuicollis*）呈乳白色，囊泡状，囊内充满透明液体，俗称水铃铛，大小如鸡蛋或更大，直径约有8cm，囊壁薄，在其一端的延伸处有一白结，即其头节所在。头节上有两行小钩，颈细而长。在脏器中的囊体，体外还有一层由宿主组织反应产生的厚膜包围。其成虫泡状带绦虫（*T. hydatigena*）呈乳白色或稍带黄色，体长可达5m，头节上有顶突和26～46个小钩。孕节全被虫卵充满，子宫侧支为5～16对（图3-32至图3-34）。

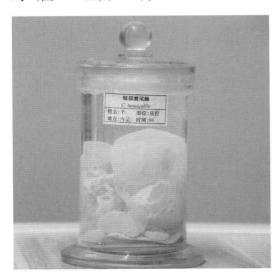

图3-32　细颈囊尾蚴

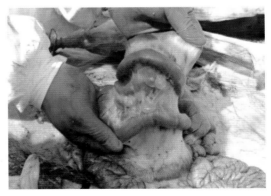

图3-33　寄生于肠系膜的细颈囊尾蚴

2.**生活史** 牛囊尾蚴成虫寄生于人的小肠，孕卵节片脱离虫体随粪便排出。孕节破裂后散布的虫卵会污染饲料、饮水及牧场，被牛、骆驼吞食后，六钩蚴由卵内逸出并钻入肠黏膜的血管中，随血液循环到达心肌、舌肌、咬肌等各部位肌肉中。人食入了未煮熟或生的含有囊尾蚴的牛肉、驼肉后，经2～3个月就会在其体内发育成为成虫。成虫寿命可达20～30年或更长。

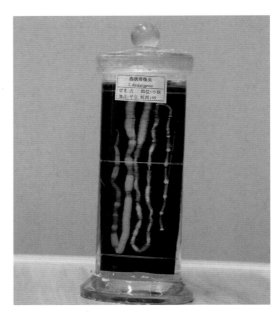

图3-34 泡状带绦虫

羊囊尾蚴成虫寄生于犬、狼等小肠，孕节随粪排出，卵被中间宿主吞食后，六钩蚴于小肠经血流到达肌肉及其他器官中，需2.5～3个月的发育变为羊囊尾蚴。羊囊尾蚴被犬、狼等动物吞食后，在其小肠内约经7周发育为成虫。

细颈囊尾蚴成虫寄生于犬、狼和狐狸等动物的小肠内，孕节随粪排至体外，孕节破裂，虫卵逸出，污染牧草、饲料及饮水。虫卵被羊、牛、猪、骆驼等吞食后，六钩蚴钻入肠壁血管，随血流到达肝脏，并逐渐移行至肝脏表面，进入腹腔内发育。感染后蚴体到达腹腔需经18d到4周时间。在腹腔内再经34～52d的发育变为成熟的细颈囊尾蚴，多寄生于肠系膜和网膜上，也见于胸腔和肺部。犬、狼等吞食含有细颈囊尾蚴的脏器而受感染。

3.**流行病学** 有文献报道，在亚洲、欧洲和非洲的骆驼中存在囊尾蚴感染。其中单峰驼囊尾蚴分布于厄立特里亚、埃及、索马里、苏丹和乍得。

Fahmy（1964）在埃及单峰驼体内检测到牛囊尾蚴样包囊。绵羊囊尾蚴主要寄生于绵羊、山羊，也可寄生于骆驼。

细颈囊尾蚴呈全球性分布，主要寄生于小型反刍动物和猪，也有在单峰驼发现细颈囊尾蚴感染的报道。

4.**临床症状** 中间宿主感染囊尾蚴后一般不出现临床症状。感染初期，有时可见体温升高，虚弱，腹泻，食欲不振，呼吸困难和心跳加速等，有时可引起动物死亡。但在肌肉内定居并发育成熟后则几乎不显致病作用。

细颈囊尾蚴对幼龄动物危害较严重，在肝脏中移行的幼虫，有时数量很多，破坏肝实质和微血管，穿成孔道，导致出血性肝炎。此时患畜表现不安、流涎、不食、腹泻和腹痛等症状，可能以死亡告终。慢性型的多发生在幼虫自肝脏出来之后，一般无临床表现，有时患畜表现精神沉郁、不食、消瘦、发育受阻等症状。幼虫到达胸、腹腔后有时引起腹膜炎和胸膜炎。

5.**诊断** 生前诊断较困难，可采用血清学方法，尸体剖检时发现囊尾蚴便可确诊。

囊尾蚴在牛、骆驼中最常寄生部位为咬肌、舌肌、心肌、肩胛肌（三头肌）、颈肌及臀肌，此外亦可寄生在肺、肝、肾及脂肪等处。一般感染强度较低，囊虫数目少，且多在肌肉深层寄生。细颈囊尾蚴主要黏附于肝脏实质、肠系膜和大网膜。

6.治疗与预防　囊尾蚴病的治疗可试用吡喹酮，疗效良好。预防该病要对犬进行定期驱虫，防止虫卵污染牧地和饮水，勿用患病动物的内脏及肌肉喂犬。

四、脑多头蚴病

脑多头蚴病（coenurus cerebralis）又称脑包虫病、转圈病或者蹒跚病，是由多头带绦虫的中绦期幼虫（多头蚴）寄生在羊、牛和骆驼等草食动物的脑组织内引起的，人也能偶然感染。多头带绦虫寄生在犬、狼、狐等肉食动物的小肠内。多头蚴病是危害严重的寄生虫病。

1.病原形态　脑多头蚴呈囊泡状，囊体由豌豆大到鸡蛋大不等，囊内充满透明液体。囊壁分两层，外层为角皮层，内层为生发层，内层上有许多原头蚴，直径为2～3mm，一般为100～250个（图3-35）。成虫体长40～100cm，由200～250个节片组成，头节有4个吸盘，顶突上有两圈交错排列的小钩。成熟节片呈方形，孕节通常长大于宽（图3-36）。卵为圆形，直径在20～37μm之间，内含六钩蚴。

2.生活史　成虫寄生于犬、狼、狐狸等终末宿主的小肠内，孕卵节片脱落后，随粪便排出体外，被牛、羊、骆驼等中间宿主吞食后，六钩蚴在小肠内逸出，借助小钩

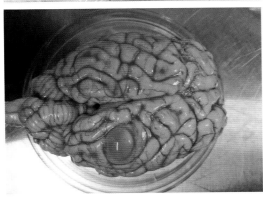

图3-35　脑多头蚴

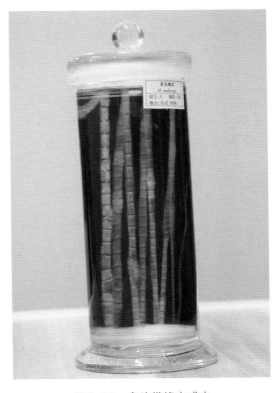

图3-36　多头带绦虫成虫

钻入肠壁血管内，经血液循环到达脑组织内，经2～3个月发育为多头蚴。六钩蚴在幼龄动物体内发育较快，经8～13周，直径可达到3.5cm左右，并发育为成熟的原头蚴；寄生7～8个月，包囊直径可达5cm。犬、狼、狐等肉食动物吞食了含有多头蚴的脑组织，逸出的原头蚴即可附着在小肠壁上发育，经41～73d的发育就可成熟并排出孕节。

3.流行病学 本病为世界性分布，在我国多见于内蒙古、宁夏、甘肃、青海和新疆的牧区。本病的传播来源主要是牧羊犬。牛、羊、驼等食入被犬粪或多头带绦虫卵污染的草料而被感染。多头带绦虫可在犬的体内寄生多年，虫卵对外界环境的抵抗力很强，在自然界中可长时间保持生命力，所以动物一年四季都有可能感染本病。

4.临床症状和病理变化 脑多头蚴的感染初期，由于六钩蚴的移行，对宿主脑膜和脑实质造成了机械性刺激和损伤，引起脑炎和脑膜炎。随着虫体的发育，体积逐渐增大，压迫脑或脊髓，引起脑或脊髓局部组织贫血、萎缩，眼底充血，嗜酸性粒细胞增多，脑脊髓液黏度增高，蛋白质含量增加。脑多头蚴不断发育增大，对脑髓的压迫也随之增强，结果导致中枢神经功能障碍。最终宿主严重贫血，常因恶病质而死亡。

动物感染后1～3周，呈现体温升高及类似脑炎或脑膜炎症状。重度感染的动物常在此间死亡。感染后2～7个月开始出现典型的症状，运动和姿势异常。临床症状主要取决于虫体寄生的部位：寄生于大脑额骨区时，头下垂，向前直线奔跑或呆立不动，常把头抵在墙或物体上；寄生于大脑颞骨区时，常向患侧作转圈运动，多数病例对侧视力减弱或全部消失；寄生于枕骨区时，头高举，可能倒地不起，颈部肌肉强直性痉挛或角弓反张，对侧眼失明；寄生于小脑时，表现知觉过敏，悸恐，行走时出现急促步样或步样蹒跚；寄生于腰部脊髓时，引起渐进性后躯及盆腔脏器麻痹，最后死于高度消瘦或因重要的神经中枢受损而死亡。如果有多个虫体寄生，而又寄生于不同部位时，则出现综合性症状。

5.诊断 在流行地区，可根据其特殊的临床症状（转圈动物、运动异常、视力障碍等）、病史做出初步判断。寄生在大脑表层时，头部触诊可以判定虫体所在部位，寄生于深部脑组织的病例在剖检时可找到脑多头蚴包囊。

6.治疗与预防 在头部前方脑髓表层寄生的虫体可施行外科手术将囊体摘除，在脑深部和后部寄生的病例手术较困难。药物治疗可用吡喹酮和阿苯达唑，有较好的治疗效果。

预防本病应注意将因多头蚴病死的动物头颅进行深埋或烧毁，以避免被犬、狼等终末宿主吃到。同时要加强对牧羊犬的管理，做好定期驱虫。

第四节 线 虫 病

线虫病是线形动物门中的多种线虫寄生于动物引起的一类疾病，是各种动物和人最为常见的寄生虫病，分布广泛。几乎没有一头家畜或野生动物没有线虫寄生，也几乎没有一种脏器和组织不受线虫寄生。骆驼体内寄生的线虫种类繁多，根据寄生部位不同，可分为4种不同类型：寄生于胃肠道的线虫，包括毛圆线虫科（Trichostrongylidae）、摩林线虫科

（Molinidae）、钩口线虫科（Ancylostomidae）、夏伯特线虫科（Chabetriidae）、毛首线虫科（Trichuridae）、类圆线虫科（Strongyloididae）和胃线虫科（Habronematidae）；寄生于肺脏的线虫，主要包括网尾线虫科（Dictyocaulidae）和原圆线虫科（Protostrongylidae）；寄生于组织的线虫，主要是盘尾丝虫科（Onchocercidae）；寄生于眼睑的线虫，代表性科为吸吮线虫科（Thelazidae）。

骆驼的线虫大多数为多宿主寄生，呈全球性分布，多与在同一生存环境的反刍动物相互感染。常见的骆驼线虫有捻转血矛线虫（*Haemonchus contortus*）、斯氏副柔线虫（*Parabronema skrjabini*）、阴茎骆驼圆线虫（*Camelostrongylus mentulatus*），以及奥斯特属（*Ostertagia*）、古柏属（*Cooperia*）、细颈属（*Nematodirus*）、结节属（*Oesophagostomum*）、夏伯特属（*Chabertia*）和毛首属（*Trichuris*）的许多代表种。也有一些特异性寄生于骆驼的线虫，例如羊驼纵纹线虫（*Graphinema auchenia*）、秘鲁刺翼线虫（*Spiculopteragia peruvianus*）和查氏无峰驼线虫（*Lamanema chavesi*），这些线虫在南美洲骆驼中都有发现；而毛里塔尼亚细颈线虫（*Nematodirus mauritanicus*）、嗜驼细颈线虫（*N. dromedari*）、骆驼似细颈线虫（*Nematodirella cameli*）、扁盘尾丝虫（*Onchocerca fasciata*）和伊氏德拉伊丝虫（*Deraiophoronema evansi*）等，是欧洲、亚洲和非洲地区骆驼的特异性线虫。寄生于其他宿主的一些线虫，如薄副鹿圆线虫（*Parelaphostrongylus tenuis*）、原线虫（*Protostrongylus* spp.）、贺氏细颈线虫（*Nematodirus helvetianus*）、马氏马歇尔线虫（*Mashallagia marshalli*）和加利福尼亚吸吮线虫（*Thelazia californiensis*），在美洲自然分布区以外骆驼的体内也有发现。除上述线虫外，骆驼有时也会感染一些机会性线虫，如蛔虫（*Ascaris* spp.）和广圆线虫（*Angyostrongylus cantonensis*）曾发现于约旦的单峰驼，蝇柔线虫（*Habronema muscae*）发现于美国的单峰驼。

一、胃肠道线虫病

胃肠道线虫是骆驼线虫中种类最多的一类，兽医临床上最为常见，发病多，危害大。骆驼的一些胃肠道炎症的发生与皱胃和肠道中寄生的线虫有关。在骆驼胃肠道圆线虫中，隶属于血矛线虫属（*Haemonchus*）的捻转血矛线虫（*H. contortus*）致病性最强，其分布于亚洲、欧洲、非洲及美洲，但是主要寄生于单峰驼。其他皱胃线虫包括隶属于奥斯特科复合群（*Ostertaginae complex*）的奥斯特属（*Ostertagia*）、马歇尔属（*Marshallagia*）、背带线虫属（*Teladorsagia*）、短角鹿原线虫属（*Mazamastrongylus*）（又名*Spiculoptergia*，刺翼线虫属）和骆驼原线虫属（*Camelostrongylulus*），毛圆科（Trichostrongylinae）的羊驼纵纹线虫（*Graphinema auchniae*）、艾氏毛圆线虫（*Trichostrongylus axei*）和长刺毛圆线虫（*T. longispicularis*）。斯氏副柔线虫（*Parabronema skrjabini*）和骆驼膨首线虫（*Physocephalus dromedarii*）也能够在亚洲、欧洲和非洲的骆驼皱胃中见到。寄生于小肠内的线虫种类包括古柏线虫属（*Cooperia*）、细颈线虫属（*Nematodirus*）、无峰驼线虫属（*Lamanema*）、无囊线虫属（*Impalaia*）、仰口线虫属（*Bunostomum*）、毛细线虫属（*Capillaria*）和类圆线虫属（*Strongyloides*）。

寄生于大肠的寄生性线虫也有许多，如绵羊夏伯特线虫（*Chabertia ovina*）、食道口线虫（*Oesophagostomum* spp.）和毛尾线虫（*Trichuris* spp.），在感染严重时可引起动物结肠炎。绵羊斯克里亚宾线虫（*Skrjabinema ovis*）寄生于直肠。

1.病原形态　线虫呈细长的圆柱形或纺锤形，有的呈线状或毛发状。通常前端钝圆，后端较细。整个虫体可分为头端、尾端、腹面、背面和侧面。天然孔有口孔、排泄孔、肛门和生殖孔。雄虫的肛门和生殖孔合为泄殖孔。活体通常为乳白色或淡黄色，吸血的虫体常呈淡红色。虫体大小随种类不同差别很大。动物寄生线虫均为雌雄异体。雄虫一般较小，后端不同程度地弯曲，有一些与生殖有关的辅助构造，与雌虫有显著区别。雌虫稍粗大，尾部较直。有交合伞的线虫，雄虫有一个辅助交配器称为交合伞。类圆线虫属比较特殊，寄生代中的雌虫营孤雌生殖。常见的可寄生于骆驼的线虫形态如下。

（1）捻转血矛线虫　虫体呈毛发状，淡红色，头端尖细，口囊小，含有一个角质的背矛。虫体表皮上有横纹和纵嵴，颈乳突显著，朝向虫体后侧方。雄虫长15～19mm，交合伞侧叶发达，背叶不对称，偏于一侧，背肋呈倒Y形，有两根等长的交合刺。雌虫长27～30mm，由于白色子宫与红色肠管扭转相绕，外观呈麻花状，俗称"麻花虫"；阴门位于虫体后半部，有一显著的瓣状阴门盖。卵壳薄，光滑，稍带黄色，大小为（75～95）μm×（40～50）μm，新鲜虫卵含16～32个胚细胞（图3-37至图3-41）。

图3-37　寄生于皱胃的捻转血矛线虫

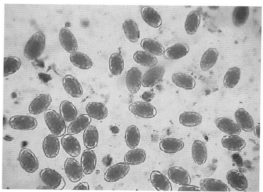

图3-38　捻转血矛线虫虫卵

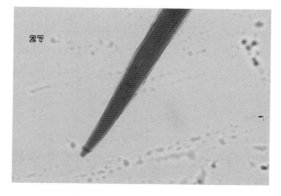

图3-39　捻转血矛线虫头端

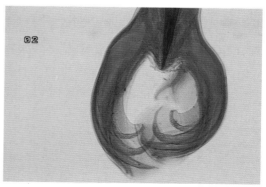

图3-40　捻转血矛线虫雄虫交合伞

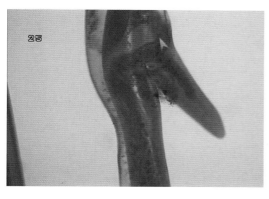

图3-41　捻转血矛线虫雌虫阴门盖

长柄血矛线虫（*H. longistipes*）与捻转血矛线虫体长相近，两个种的丝网状交合刺长度方面有差别，捻转血矛线虫的交合刺长为488～544μm，而长柄血矛线虫的交合刺长为600～666μm。长柄血矛线虫的虫卵直径为60～70μm。

（2）奥斯特属线虫　又称棕色胃虫，寄生于牛、羊、骆驼及其他反刍动物的皱胃和小肠。该属虫体中等大，长10～12mm。口囊小，交合伞由两个侧叶和一个小的背叶组成，腹肋基本上是并行的，中间分开，末端又相互靠近，背肋远端分两支，每支又分出1或2个副支。有副伞膜。交合刺较粗短。雌虫阴门在体后部，有些种有阴门盖，其形状不一。主要种有环纹奥斯特线虫（*Ostertagia circumcincta*）和三叉奥斯特线虫（*O. trifurcata*）。

（3）毛圆线虫属线虫　虫体细小，长一般不超过7mm，呈淡红或褐色，无口囊和颈乳突。排泄孔位于靠近虫体前端的一个明显的腹侧凹迹内。雄虫交合伞的侧叶大，背叶极不明显，腹肋特别细小，常与侧腹肋成直角，交合刺短而粗，常有弯曲。雌虫阴门位于虫体的后半部内，子宫一向前，一向后，无阴门盖，尾端钝。虫卵呈椭圆形，壳薄。

（4）古柏属和无囊线虫属线虫　典型特征是具有一头囊，无颈乳突和前交合伞乳突以及副引器和引器，交合刺短粗。无囊线虫属的特征是更细长一些，有等长的交合刺和一个大的交合伞。

（5）细颈线虫属线虫　外观和捻转血矛线虫相似，是骆驼肠道内体形最长的毛圆线虫。雄虫和雌虫体长分别达15mm和20mm。雌虫和雄虫都有头囊，无颈乳突。雄虫的交合伞有两个发育完善的侧翼组成，但是其上只分布有一个小的背叶，由两个独立的背肋支撑着。单峰驼细颈线虫（*N. dromedirus*）的交合刺特别长，可达5.5mm，这些刺在远端联合，以柳叶形或小铲形结束。细颈线虫虫卵容易识别，虫卵较大，椭圆形，内含8个卵裂球（图3-42）。

（6）夏伯特属和食道口属线虫　均寄生于骆驼大肠。虫体呈白色，体形大小相似，雄虫长15mm，雌虫长20mm。夏伯特线虫为常见种，头泡不明显，有口囊，口囊内无齿，口缘周围有叶冠（图3-43至图3-45）。雄虫交合刺等长，较细；雌虫阴门靠近肛门。食道口线虫又称结节虫，口囊小，口缘周围有叶冠，颈乳突位于颈沟后方两侧，有或没有侧翼。雄虫交合伞发达，有1对等

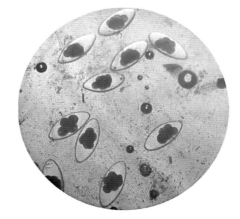

图3-42　细颈线虫虫卵

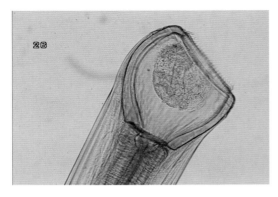

图 3-43　夏伯特线虫头部

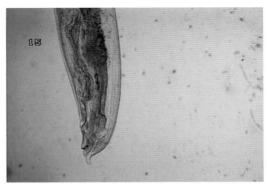

图 3-44　夏伯特线虫雌虫末端

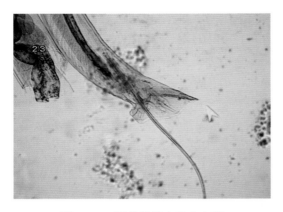

图 3-45　夏伯特线虫雄虫末端

长的交合刺。雌虫阴门位于肛门前方附近，排卵器发达，呈肾形。

（7）毛尾属线虫　又称鞭虫，寄生于宿主的大肠。虫体呈乳白色，长达8cm。前部为食道部，细长，内含由一连串单细胞围绕着的食道；后部为体部，短粗，内有肠和生殖器官。雄虫后部弯曲，泄殖腔在尾端，有一根交合刺，包埋在有刺的鞘中。雌虫后端钝圆，阴门位于粗细交界处。卵呈棕黄色，腰鼓形，卵壳厚，两端有塞（图3-46至图3-50）。

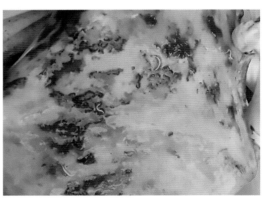

图 3-46　寄生于大肠的毛首线虫

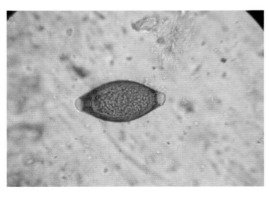

图 3-47　毛尾线虫虫卵

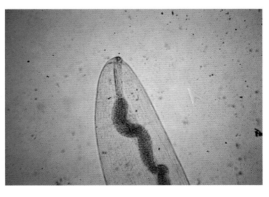

图 3-48　毛尾线虫雌虫末端

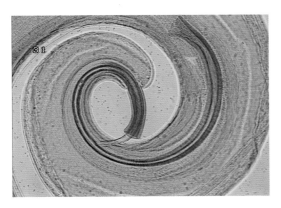

图3-49 毛尾线虫雄虫尾部

图3-50 毛尾线虫成虫

（8）副柔线虫属线虫 是骆驼皱胃中最常见的寄生虫，常见种为斯氏副柔线虫（*Parabronema skrjabini*）。线虫的头部有6个耳状悬垂物，两个在亚腹侧，两个在亚背侧，两侧各1个。角皮厚，有横纹，无侧翼。口孔由两个侧唇围绕；咽长而狭细（图3-51和图3-52）。雄虫长9.5～10.5mm，尾部呈螺旋状卷曲；肛前乳突4对，有细长的蒂；肛后乳突2对，蒂短而粗；交合刺不等长，有引器（图3-53）。雌虫长21～34mm，尾端向背面弯曲，阴门位于体前部（图3-54）。卵呈卵圆形，大小为（39～48）μm×（9～11）μm，内含幼虫。斯氏副柔线虫第3期幼虫可见于传播媒介——吸血蝇的体内（在我国主要为角蝇）（图3-55和图3-56）。

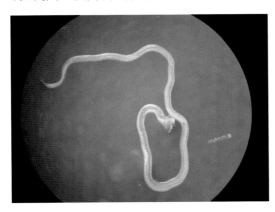

图3-51 斯氏副柔线虫成虫

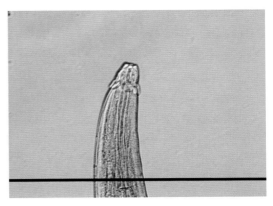

图3-52 斯氏副柔线虫头端

（9）骆驼膨首线虫（*Physocephalus dromedarii*） 呈红色，虫体较小，有一直的咽和螺旋状增厚层为其特征。

2.生活史 骆驼的胃肠道线虫多为直接发育型，但是斯氏副柔线虫和骆驼膨首线虫两种拟旋尾线虫是例外。前者是柔线科（Habronematidae）代表种，为生物源性蠕虫，以蝇科的蝇为中间宿主；而骆驼膨首线虫是尾旋科（Spirocercidae）的成员，甲虫为其中间宿主。包裹在囊中的幼虫也存在于两栖类、爬行类、鸟类和蝙蝠。

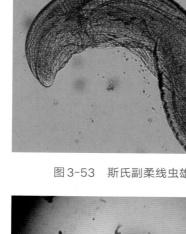

图3-53　斯氏副柔线虫雄虫尾部

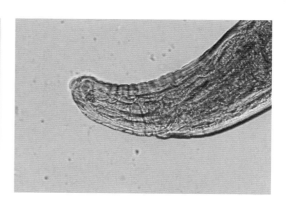

图3-54　斯氏副柔线虫雌虫尾部

图3-55　角蝇（传播媒介）

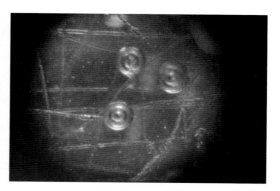

图3-56　角蝇体内的第3期幼虫

　　在温暖和潮湿条件下，毛圆线虫和圆线虫在虫卵内的第1期幼虫发育很快。第1期幼虫离开卵壳，经过两次脱皮，变为感染性第3期幼虫。在夏季的适宜环境中，发育过程持续5d，但是在较冷的环境中，它们的发育会延缓，如温度低于0℃，则会死亡。有一些种类的线虫对寒冷有较强的抵抗力，感染性幼虫可在粪便中移行，在潮湿的环境中，可以在植被上观察到。

　　细颈线虫属线虫全部外生性幼虫的发育在卵壳内完成。幼虫随着新鲜牧草被宿主吞食后失去卵壳，蜕皮两次，然后发育至成虫。潜伏期3～4周。

　　毛首线虫属和毛细线虫属线虫的虫卵随宿主粪便排出体外，新鲜虫卵内只含有一个卵细胞，发育到第1期幼虫阶段时即具有感染性。终末宿主经口感染后，第1期幼虫在宿主肠道内孵化，钻入肠绒毛间发育，感染12周后发育成成虫。

　　仰口线虫属线虫又称为钩虫。成虫产卵，随宿主粪便排到外界发育，第3期幼虫具有感染性。仰口线虫可以经口和皮肤两种途径感染。第3期幼虫具备穿透宿主皮肤、通过血流移行至肺的能力。在肺部，幼虫蜕皮变为第4期幼虫，然后重新进入消化道。经口摄入的幼虫可不经过在体内的移行即可发育。

　　副柔线虫属线虫的发育过程需要吸血蝇类作为传播媒介。某些吸血蝇在反刍动物粪便上产卵，继而孵化为幼虫，后者吞食了副柔线虫的卵时，副柔线虫的幼虫即在它们体内发育。在蝇蛆体内可以发现第1期幼虫，在蛹体内可以发现第2期幼虫，在成蝇体内可以发现感染性幼虫。骆驼经口感染，感染性幼虫进入宿主皱胃后，钻入黏膜内继续发育，直至次年4～5月间始发育成熟。

乳突类圆线虫（*Strongyloides papillosus*）具有寄生和营自由生活的双重能力。寄生生活的种群中全部为雌性虫体，通过孤雌生殖产生含有胚胎的虫卵。孵化后，幼虫可发育为营自由生活的雄虫和雌虫。第3期幼虫被宿主吞食或者直接穿过宿主皮肤，通过静脉系统、肺和气管最终到小肠内寄生。骆驼幼仔在出生后吸食含有幼虫的初乳即可遭受感染，其他动物可出现胎盘感染。

3.流行病学 线虫感染途径最常见的是经口感染。而仰口线虫和乳头类圆线虫可通过皮肤侵入宿主。当终末宿主在放牧时食入感染性幼虫而遭受感染。寄生虫性胃肠炎是由许多线虫感染引起的一种复合疾病。血矛线虫感染终末宿主的范围广泛，危害最大，可以引起动物大批死亡。绵羊和单峰驼是捻转血矛线虫和长柄血矛线虫的主要宿主。在北非国家、印度和巴基斯坦，血矛线虫是单峰驼胃肠道蠕虫混合感染中的优势虫种。长柄血矛线虫是一种已对环境适应性非常强的线虫，在干燥季节幼虫呈胁迫性发育，而在雨季虫体呈潜伏期感染状态。单峰驼具有食粪癖，毛细线虫和毛首线虫会因宿主的这种行为而感染，感染性幼虫并不离开虫卵即可被宿主吞食。

在南美洲，骆驼的血矛线虫病危害相对较小，主要是由于骆驼通常在高纬度区域放牧，这些地区气候寒冷，不适宜于这类寄生虫的体外发育。在其他地区，骆驼与其他小型反刍动物一起放牧时，由于交叉感染，血矛线虫病会变得更严重。在一些地区，线虫病具有明显季节差异性。如秘鲁地区，在雨季里，许多外界环境适合感染性幼虫的发育、生存和传播，流行程度明显加重。

细颈线虫属、无峰驼线虫属、毛首线虫属和毛细线虫属的外源性发育阶段对外界环境的抵抗力强，这是由于整个幼虫的发育是在卵壳内完成的。无峰驼线虫的幼虫在0℃以下时仍能存活，在草场污染后长达2年的时间里仍然能够找到幼虫。查氏无峰驼线虫（*L.chavezi*）以啮齿动物作为贮藏宿主，增加了家畜和其他野生动物感染的概率。在我国，双峰驼主产区的骆驼体内常见的胃肠道线虫有毛圆线虫、细颈线虫、副柔线虫和毛首线虫，特别是斯氏副柔线虫在我国一些地区双峰驼感染率达80%以上，甚至达到100%，而且感染强度很大，给养驼业造成了极大的危害。

4.临床症状和病理变化 胃肠道线虫感染骆驼后，通过夺取宿主营养、吸取宿主血液、机械性损伤和毒素作用等方式对宿主造成危害。宿主通常表现为营养不良、黏膜苍白、消瘦、下颌间和下腹部水肿；身体逐渐衰弱，被毛粗乱，腹泻等。血矛线虫、副柔线虫是嗜血性寄生虫，为了获得血液，这类寄生虫用位于口腔中的小叶结构刺穿宿主黏膜血管。血液检查时有嗜酸性粒细胞数量增加，红细胞比容和血红蛋白含量降低。每条线虫每天能够消耗多达0.05mL的血液，宿主贫血的程度取决于荷虫量。宿主只能通过代偿性红细胞生成补偿进入胃肠道的铁和蛋白质损失。急性血矛线虫病在骆驼并不常见。有些线虫的幼虫进入胃腺，破坏产生盐酸的胃壁细胞，由于胃蛋白酶原活性下降导致宿主胃蛋白的消化功能紊乱。秘鲁刺翼线虫的人工感染试验表明，感染羊驼食欲降低、体重下降、出现腹泻。病死骆驼尸体消瘦，黏膜苍白，主要病变发生在皱胃。在寄生部位，可见数千条线虫的存在，在黏膜表面分布许多小的出血点。皱胃内容物呈棕黑色，这是因为有变质血液进入胃内。在食道口线虫感染病例的剖检过程中可发现肠壁上形成的结节病变。结节的存在影响肠蠕动、食物消化和吸收，结节向肠腹膜面破溃时，可引起腹膜炎和泛发性粘连；向肠腔内破溃时，引起溃疡性和化脓性结肠炎。在小肠中导致肠炎的病变主要由毛细线虫、仰口线虫、无峰驼线虫、无囊线虫和古柏线虫引起。查氏无峰驼线虫是比较独特的一种线虫，其第3期和第4期幼虫进行肠肝移行，对肠绒毛的严重损坏和肠黏膜的侵蚀导致绒毛萎缩，这些病变与幼虫在肠黏膜的寄生阶段相一致，幼虫移行引起卡他性和出血性肠炎以及黏膜区域性坏死，还会导致肝脏出血和坏死。毛尾线虫寄生于骆驼的大肠中，致病力较弱，只有在荷虫量大的情况下才会引起宿主的结肠炎，幼虫穿过盲肠黏膜，引起机械性刺激和损伤，进而导致卡他性炎症。

5.诊断 由胃肠道线虫引起的骆驼胃肠炎无特异性临床症状，可出现营养不良、厌食、体重减轻、虚弱和贫血等，但是这些症状在其他疾病有时也会出现。生前诊断主要依据粪样虫卵检查，检测的粪样应尽可能处于新鲜状态，根据不同虫卵在大小、颜色、发育程度等方面存在的差异来鉴定。常见骆驼线虫虫卵大致可分为以下5种类型。

（1）虫卵中等大小，卵壳薄，椭圆形到卵圆形虫卵，内含16个卵裂球。毛圆线虫的虫卵属于此类，如仰口线虫、古柏线虫和结节线虫。但细颈线虫属和无峰驼线虫属线虫除外。

（2）虫卵体型大，卵壳薄，椭圆形虫卵，内含8个卵裂球，如细颈线虫和无峰驼线虫。

（3）虫卵中等大小，卵壳薄，椭圆形虫卵，内含盘曲的幼虫，如圆线虫。

（4）虫卵中等大小，卵壳厚，拥有两个极帽，如毛首线虫和毛细线虫。

（5）虫卵中等大小，扁平不对称虫卵，如斯氏副柔线虫。

形态相似的虫卵，难以鉴别，可通过人工培养，使虫卵发育到第3期幼虫，然后根据幼虫特定大小、肠细胞的数目、长度和特征性结构等进行准确鉴定。

病死骆驼线虫诊断可通过剖检，在特定寄生部位查找虫体，根据虫体特征进行虫种鉴定，特别是线虫成熟雄虫的辅助性生殖器官的特异性形态学特征可用于种水平的鉴定。

6.治疗与预防 有许多抗蠕虫药可用于寄生虫性胃肠炎的控制。大环内酯类驱虫药，如阿维菌素、伊维菌素、多拉菌素、埃普利诺菌素、莫西菌素等具有较好的驱虫效果，可直接作用于线虫和节肢动物。苯并咪唑类药物，如阿苯达唑、芬苯达唑、甲苯达唑等也是常见的杀线虫药。咪唑并噻唑类药物，如左旋咪唑；四氢嘧啶类药物，如甲噻嘧啶（莫仑太尔）等，均可用于线虫病的防治。近年来，抗蠕虫药的大量使用也导致了抗药性虫株的出现，特别是耐药捻转血矛线虫虫株，使得该类疾病在防治过程中出现了许多不确定性。在药物剂型上，苯并咪唑以粉剂和颗粒剂型可供选择，它们可与浓缩饲料混合使用。其他抗蠕虫药以片剂、注射剂或浇泼剂形式可供选择。埃普利诺菌素透皮剂在单峰驼抗长柄血矛线虫感染试验中已经获得成功。

二、盘尾丝虫病

盘尾丝虫病是由盘尾丝虫科（Onchocercidae）、盘尾丝虫属（Onchocerca）的线虫寄生于宿主体内所导致的一类疾病。骆驼盘尾丝虫寄生于皮下组织、肌腱及韧带等部位，其成虫最终在寄生部位形成纤维组织结节，给动物造成明显危害。该病呈世界性分布，在我国养驼地区广泛分布。

1. 病原形态　可寄生于骆驼的盘尾丝虫有福斯盘尾丝虫（Onchocerca fasciata）、吉氏盘尾丝虫（O. gibsoni）、网状盘尾丝虫（O. reticulata）、喉瘤盘尾丝虫（O. gutturosa）和圈形盘尾丝虫（O. armillata）。其中，福斯盘尾丝虫和扁盘尾丝虫主要寄生于骆驼，在我国主要是福斯盘尾丝虫。

福斯盘尾丝虫整个虫体细长，呈丝线状，前端细，后端粗，口孔位于虫体前端顶面，口囊浅，食道分肌质部和腺体部，虫体尾部稍弯曲或卷曲。雄虫长81～88mm，头部两侧有多个乳突，不对称分布，尾部呈螺旋状弯曲，交合刺一对，不等长。雌虫较长，可达971.2mm，口孔两侧有两个大的乳突，另有几个较小的乳突，不对称分布在口孔周围，阴门横缝状，位于虫体食道前部，尾部向腹面弯曲，近末端处有两个大的乳突，尾端钝圆。微丝蚴自然弯曲无鞘，虫体长215～249μm，虫体头端钝圆，后端尖细（图3-57至图3-62）。

图3-57　项韧带的盘尾丝虫结节
（资料来源：杨晓野）

图3-58　盘尾丝虫结节
（资料来源：杨晓野）

图3-59　盘尾丝虫结节断面
（资料来源：杨晓野）

图3-60　盘尾丝虫雄虫尾部
（资料来源：杨晓野）

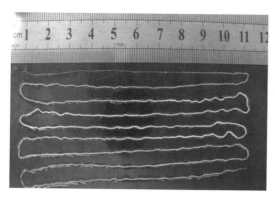

图3-62　盘尾丝虫雄虫

（资料来源：杨晓野）

图3-61　盘尾丝虫雌虫

（资料来源：杨晓野）

2.生活史　盘尾丝虫在宿主的结缔组织中形成结节。雌虫是胎生性的，雌虫与雄虫交配后，产生大量的第1期幼虫，即微丝蚴（*Microfilariae*），喉瘤盘尾丝虫和圈形盘尾丝虫会侵害皮肤，而福斯盘尾丝虫的微丝蚴被释放到寄生部位周围的皮下组织，进入血液中。吸血昆虫为传播媒介。埃氏双瓣丝虫通过伊蚊传播。当吸血昆虫叮咬宿主时，微丝蚴随血液进入昆虫体内，首先由中肠移行至昆虫的胸部，再经两次蜕皮发育为感染性幼虫，并从胸部移行到昆虫的吻部，当昆虫再次叮咬终末宿主时进入其体内，完成传播过程。

3.流行病学　盘尾丝虫病是一种虫媒疾病，在世界上很多国家和地区均有报道，广泛流行于亚洲和非洲等养驼地区，单峰驼和双峰驼均可感染。据报道，沙特阿拉伯和伊朗骆驼的感染率达34%～59%。福斯盘尾丝虫在沙特阿拉伯、苏丹和索马里的骆驼中感染普遍。苏丹的骆驼也感染圈形盘尾丝虫和喉瘤盘尾丝虫。在澳大利亚、埃及、印度、巴基斯坦、伊朗、土库曼斯坦和科威特等养驼国家都有感染不同盘尾丝虫病的报道。

我国内蒙古的荒漠化和半荒漠化地区，双峰驼盘尾丝虫病仍然是一种严重的寄生虫病，主要在阿拉善和巴彦淖尔地区流行，感染率为60%～92%，部分地区达100%，主要病原为福斯盘尾丝虫。

4.临床症状和病理变化　临床症状一般不明显。盘尾丝虫在肩部、颈部、肋部及后肢皮下往往形成硬结，虫体周围有大量细胞浸润。浸润细胞以嗜酸性粒细胞为主，伴有巨噬细胞、浆细胞和淋巴细胞等。喉瘤盘尾丝虫可引起寄生部位的皮炎，间或皮肤增厚，形成橡皮病。圈形盘尾丝虫造成动脉管内膜粗糙、增厚，管壁内有充满胶冻样或干酪样物的结节。感染骆驼出现虚弱，黏膜苍白，食欲不振，体温升高，阴囊和睾丸肿胀等。

5.诊断　盘尾丝虫病通常无明显症状，在病变部位检出虫体，或者是取病变部位以及周围的皮肤浸泡在生理盐水中，37℃放置4～6h，然后离心观察到沉淀中的微丝蚴即可确诊。也可以利用分子生物学技术来辅助诊断。

6.治疗与预防　目前没有治疗丝虫成虫的有效药物，伊维菌素可杀灭循环系统中的微丝蚴，另外可试用乙胺嗪、苏拉明等。预防本病主要是在吸血昆虫活跃季节，对其进行药物防治；避免动物受到昆虫叮咬。

三、肺线虫病

骆驼肺线虫病危害相对较小，病原分属于网尾科（Dictyocaulidae）的网尾属（*Dictyocaulus*）、原圆科（Protostrongylidae）的缪勒属（*Muellerius*）、原圆属（*Protostrongylus*）、歧尾属（*Bicaulus*）、囊尾属（*Cystocaulus*）和刺尾属（*Spiculocaulus*）等。网尾科线虫较大，又称大型肺线虫；原圆科线虫较小，又称小型肺线虫。在我国，反刍动物肺线虫病分布较广，能造成动物发育障碍，畜产品质量降低，甚至引起死亡。多见于潮湿地区，常呈地方性流行。

1.病原形态 网尾属线虫呈丝线状，白色，口囊小，口缘有4个小唇片。雄虫体长3～8cm，具有一小的交合伞，交合伞的前侧肋独立；中侧肋和后侧肋合二为一，仅末端分开；外背肋为两个独立的支，每支末段分为2个或3个小杈；交合刺等长，暗褐色，短粗，呈靴形，有引器。雌虫体长5～10cm，阴门位于虫体中部。胎生网尾线虫（*D. viviparous*）和丝状网尾线虫（*D. filaria*）为常见种，均寄生于牛、羊、骆驼等反刍动物的气管和支气管。胎生网尾线虫雄虫交合刺长200～285μm，呈黄褐色，为多孔性构造，引器呈椭圆形多泡性结构。雌虫阴门位于虫体中央，表面略突起呈唇瓣状。虫卵椭圆形，大小约为85μm×51μm，内含第1期幼虫。丝状网尾线虫虫体乳白色，肠管似一条黑线穿行体内。雄虫交合刺长400～600μm，黄褐色，为多孔性结构。雌虫阴门位于虫体中部附近。虫卵椭圆形，大小为（120～130）μm×（80～90）μm，卵内含有第1期幼虫。骆驼网尾线虫（*D. cameli*）呈线状，乳白色。雄虫长32～55mm，交合伞的中、后两侧肋完全融合，仅末端稍膨大；外背肋短，背肋1对，粗大，末端有呈梯级的3个分支；交合刺构造与胎生网尾线虫相似。雌虫长46～68mm。寄生于单峰驼、双峰驼的气管和支气管。

原圆科线虫呈棕色，除带鞘囊尾线虫（*Cystocaulus ocreatus*）外，原圆线虫属、缪勒线虫属和新圆线虫属的线虫体形较小，寄生于肺组织小支气管或者小结节中。雄虫交合伞不发达，背肋不分支或仅末端分叉，或有其他形态变化。雌虫阴门靠近体后端，卵胎生。

2.生活史 网尾线虫是土源性线虫。成虫寄生于宿主肺支气管系统，产卵于支气管和气管，为卵胎生，当宿主咳嗽时，卵随黏液进入口腔，在消化道孵化出第1期幼虫，随粪便排到体外。在体外经两次蜕皮后，遇适宜的环境中在5d内发育为有感染性的第3期幼虫。被宿主摄食后，第3期幼虫穿过肠黏膜，到达肠系膜淋巴结，并在此进行一次蜕皮，第4期幼虫通过淋巴结和血流到达肺部发育为成虫（图3-63）。

原圆线虫是生物源性线虫，需要陆地螺或蛞

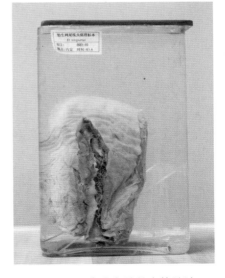

图3-63　寄生有肺丝虫的肺脏

蝓作为中间宿主。虫卵产出后在细支气管中发育为第1期幼虫，幼虫沿细支气管上行至咽，转入肠道，随着粪便排出体外。幼虫通过接触感染后穿过螺或蛞蝓的足，在2～4周内发育为第3期幼虫。终末宿主通过摄食受感染的软体动物而遭受感染。幼虫利用与网尾线虫幼虫相类似的淋巴血管路径到达肺部发育为成虫。

3.流行病学　肺线虫需要温和湿润的气候条件以及利于体外发育的永久性草场。丝状网尾线虫是非洲和亚洲单峰驼和双峰驼的稀有寄生虫，在伊朗中部的屠宰场调查中发现单峰驼的丝状网尾线虫感染率为10%。

丝状尾网线虫幼虫发育期间所要求的温度比其他圆线虫幼虫所要求的温度偏低，4～5℃时幼虫就可以发育，并且可以保持活力达100d之久。被雪覆盖的粪便在−40～−20℃气温下，其中的感染性幼虫仍不死亡。丝状网尾线虫也见于南美洲和德国的骆驼。骆驼感染原圆线虫的情况相对较少。

4.临床症状和病理变化　肺线虫病是一种严重的肺部疾病，其症状有咳嗽、呼吸困难和流鼻液，一般发生在感染后16～32d。咳嗽次数逐渐频繁，有的发生气喘和阵发性咳嗽。流淡黄色黏液性鼻液。听诊有湿啰音。线虫的存在及其代谢产物可刺激杯状细胞的增加，纤毛细胞数量减少。这会使得黏膜纤毛自动摆动功能丧失，呼吸道上皮细胞不能清除黏液，导致气管黏液增加。结果肺脏黏液滞留，阻塞深部气路，同时为厌氧菌的生长繁殖创造了条件。但是，目前人们对于骆驼肺线虫病的发病过程尚未进行过研究。

5.诊断　肺线虫病的诊断要依据流行病学和临床症状，并通过对新鲜粪便的检查来确诊。肺线虫的隐性感染可以通过贝尔曼-韦策尔技术（Berman-Wetzel technique）作出诊断，其依据是线虫的幼虫具有从新鲜粪堆中逃逸的趋势。网尾线虫第1期幼虫长度300～550μm，虫体肠段前1/3处肠细胞上有黑色颗粒，后端呈圆形。原圆线虫的幼虫稍小，透明，无黑色颗粒，有特征性的种特异性后端。

在剖检尸体时，呼吸道也可出现其他病变。网尾线虫病可在较大的支气管中检查到虫体，而原圆线虫病则见肺实质中有淡黄色至粉红色结节。贮藏宿主在感染薄副鹿圆线虫后会呈现症状，而不是隐性感染，其最终的诊断结果要依据剖检结果做出。利用感染性薄副鹿圆线虫幼虫排泄分泌抗原，开发出了针对鹿科动物的血清学诊断方法。

6.治疗和预防　治疗肺线虫感染的药物除噻嘧啶和甲噻嘧啶（莫仑太尔）外，还可选用左旋咪唑、阿苯达唑或伊维菌素等。预防肺线虫病应保持牧场清洁干燥，注意饮水清洁，避免到低洼、潮湿地段放牧，减少与陆地软体动物接触的机会。

第五节　节肢动物病

一、蜱病

蜱是一类重要的专性吸血性外寄生虫，主要寄生于牛、马、骆驼、羊、猫、犬和鼠等陆地哺乳动物体表，亦可寄生于人类。由于蜱类只在吸血时与宿主短暂接触，所以属于暂时性体外寄生虫。蜱类不仅吸食大量血液，刺激叮咬部位发炎，而且在吸血的同时会分泌毒素，传播各种病原体，导致宿主发生蜱瘫痪症或各种疾病，包括森林脑炎、Q热、莱姆病、人粒细胞无形体病、发热伴血小板减少综合征、蜱媒斑疹热和出血热等。因此，蜱类也是许多其他病原体的重要传播媒介和保虫宿主。蜱类经常更换宿主，体内长期保存病原体，甚至可以传代保存，使病原体更加容易传播，严重威胁动物和人类健康。

1.病原　蜱类属于蛛形纲（Arachnida）、蜱螨亚纲（Acari）、蜱螨目（Acarina）、蜱亚目（Ixodida）、蜱总科（Ixodoidea），下分硬蜱科（Ixodidae）（有702种）、软蜱科（Argasidae）（有193种）及纳蜱科（Nuttalliellidae）（仅有1种），其中最常见、危害最大的为硬蜱科，其次为软蜱科，纳蜱科仅在非洲南部发现。蜱具有以下特定器官：哈氏器（Haller's organ），是一种用来定位宿主的感觉器官；吉氏器（Gene's organ），是一种雌性生殖系统的附腺，可以分泌一种防水的蜡状物质覆盖到卵上，防止其脱水；口器上具有口下板。但与其他家畜相比，蜱在骆驼疾病的媒介作用显得不是很重要，尚未开展系统研究。

硬蜱呈红褐色，虫体呈卵圆形，未吸血时背腹扁平，背面稍隆起，分为假头和躯体（图3-64）。假头由须肢、螯肢、口下板和假头基部组成。假头基部的形状因种属的不同而异，呈矩形、六角形、三角形或梯形。雌蜱假头基部背面有1对椭圆形或圆形凹下的多孔区，由无数小凹点聚集组成，有感觉功能。躯体由盾板、眼、缘垛、足、生殖孔、气孔板、肛沟、腹板

图3-64　采集自骆驼身上的硬蜱

组成。盾板在虫体背面，雄虫盾板覆盖整个背部，而雌虫盾板只覆盖前1/3。雌蜱后部具有弹性，能够摄取大量血液。成虫体长为2～10mm，但有些种类饱食后体重可增加至原来的100多倍，体长可达到30mm。大多数蜱类盾板颜色呈单一的灰色、黑色、褐色或红色，但花蜱属、革蜱属及扇头蜱具有华丽的盾板。硬蜱的成虫和若虫腹面有4对分节的足，幼虫有3对足。生殖孔位于腹面第2、3对足之间的中线上。肛门位于腹面中后部，并围有肛门沟。有的蜱腹面有角质的腹板，根据位置分别称为生殖前板、中板、肛板、肛侧板和侧板等。硬蜱一般寄生于皮肤较薄、无毛覆盖的部位。在骆驼身体上主要分布在肛门周围、四肢内侧、颈部及外耳、面部等处。蜱足紧附在骆驼的皮肤上，常数十只聚集在一起，共同叮咬一个创口，吸食骆驼的血液。寄生于骆驼身上的硬蜱主要是璃眼蜱属和革蜱属的蜱种。

软蜱呈扁平，卵圆形或长圆形，体前段较窄，有的种类腹面前段突出称为顶突；未吸血时呈黄色，吸血后成为灰黑色。饥饿时其大小、形态略似臭虫，吸血后体积增大不如硬蜱明显。雌雄蜱形态极为相似，雄蜱较雌蜱小，雄性生殖孔为半月形，雌性为横沟状。软蜱的假头和口器仅从腹面可见。软蜱在所有发育阶段均无盾板，并且性

别很难区分。软蜱的若蜱在形态上跟成蜱非常相似，并且末期若蜱很难与刚蜕皮未吸血的成蜱区分。只有通过腹面的生殖孔来确定这些蜱是否处于成熟阶段。

2.生活史 蜱的发育过程分为卵、幼蜱、若蜱、成蜱4个时期。除卵外，其余3个时期均需吸血寄生。蜱的雌雄成虫在宿主身体上交配并吸饱血后，雌虫落在圈舍、墙角、草根等处爬行（图3-65），然后在表层缝隙处产卵（图3-66），产卵后雌虫即干死。雄虫一生可交配数次。卵在适宜的环境下经2～3周孵化成为具3对足的幼虫，幼虫再爬到宿主身上吸血，经2～7d吸饱血后又落到地上，蜕皮成为若虫。饥饿的若虫再到宿主身体上吸取血液再落到地上，经数天到数十天蜕化为性成熟的成蜱。多数蜱类叮咬宿主时，宿主一般缺失或只产生不明显的疼痛反应，有助于其成功叮咬吸附。雌蜱一生只产卵1次，但一次产卵可达千余至数千个，甚至达1万个以上。蜱完成一代生活史所需时间为2个月至3年。

图3-65　吸饱血后落在圈舍角落的雌蜱

图3-66　产卵的蜱

硬蜱的生活史又可根据其发育过程中寄生宿主的数目分为一宿主型、二宿主型或三宿主型。寄生于骆驼体表的大多数硬蜱均具有眼睛，如璃眼蜱主要靠其眼睛和哈氏器在距离约10m处即可识别骆驼，主动爬到骆驼身上吸食血液（图3-67）。另外，草原革蜱也是侵害骆驼的主要蜱种之一，但其生存环境与璃眼蜱完全不一样，成蜱吸食骆驼血液，并在0℃左右的春季

图3-67　吸饱血后的骆驼璃眼蜱

活动频繁。经过5～17d吸饱血，但产卵要持续3个月。其幼蜱和若蜱寄生在啮齿类动物、野兔和喜鹊身上，若蜱期可以存活6～7个月。在不同温度下，饱血草原革蜱的若蜱蜕化为成蜱需要11～73d。

3.临床症状 蜱病引起的临床症状与蜱的寄生数量和寄生部位有关（图3-68）。一般寄生数量比较少的时候，骆驼往往不表现明显的临床症状。严重感染时骆驼会出现痛痒、烦躁不安，经常以摩擦、蹭痒和舐咬来企图摆脱蜱虫，常导致局部皮肤出血、水肿、发炎、结痂和角质增生。蜱虫大量寄生时可引起贫血症状，可视黏膜苍白、精神不振、体瘦毛焦和产奶量下降等。如蜱寄生于趾间，即使是轻度感染，也会出现跛

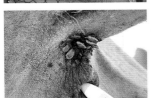

图3-68　寄生在骆驼不同部位的蜱

行等症状。有些蜱叮咬宿主后还会引起"蜱瘫痪症"，表现为食欲减退、运动失调、肌无力、流涎、瞳孔散大或瘫痪等，感染严重的可导致死亡。

4.病理变化　血液清稀、色淡，凝固慢而不全。全身淋巴结不同程度肿胀、充血、出血；肝、脾、肺肿大，肺泡淤血严重，表面有大小不等的出血点，肾脏黄褐色，有点状出血；红细胞数量减少，呈不规则形状。

5.诊断　硬蜱可吸食宿主大量血液，幼虫期和若虫期吸血时间一般较短，而成虫期较长，尤其是雌蜱吸血后膨胀很大，在骆驼身体上肉眼发现硬蜱或软蜱即可确诊。寄生数量多时可引起骆驼贫血消瘦、发育不良、皮毛质量降低等。由于蜱的叮咬可使宿主皮肤发生水肿、出血，蜱的唾液腺能分泌毒素，使骆驼产生厌食、体重减轻、肌萎缩性麻痹和代谢障碍。

6.治疗

（1）喷洒2%敌百虫、0.2%马拉硫磷或0.2%辛硫磷。

（2）用溴氰菊酯（倍特）、二嗪农（螨净）或巴胺磷（赛福丁）喷洒、涂擦或药浴。

（3）用0.1%马拉硫磷、0.1%辛硫磷或0.05%氯吡硫磷药浴。

（4）皮下注射伊维菌素。

7.预防

（1）在每天刷拭、放牧、使役归来时检查骆驼体表，发现蜱时将其摘掉，集中杀灭；经常注意骆驼群中有无发痒、脱毛现象，及时检出可疑患病骆驼及时隔离治疗。

（2）消灭畜舍内的蜱；堵塞畜舍内所有缝隙和小洞，或在圈舍内喷洒杀虫剂等防止舍外的蜱进入。对引进或输出的骆驼均要检查和进行灭蜱处理，防止外来骆驼带进蜱或有蜱寄生的骆驼带出蜱。

二、疥螨病

　　疥螨病是由疥螨科（Sarcoptidae）、疥螨属（*Sarcoptes*）的疥螨寄生于骆驼体表或皮内而引起的慢性接触性皮炎病。病驼以剧烈瘙痒、皮肤增厚、脱毛和消瘦为主要特征。严重感染时，常导致骆驼生产性能降低，甚至发生死亡，给养驼业带来较严重的损失。

1.病原 寄生于骆驼的螨虫主要是疥螨，虫体呈圆形或者龟形，浅黄色，背面突起，腹面扁平（图3-69）。雌虫大小为（0.33～0.45）mm×（0.25～0.35）mm，雄虫为（0.20～0.23）mm×（0.14～0.19）mm。腹面有4对短粗的足，每对足上均有角质化的支条，第一对足上的后支条在虫体中央并成一条长杆，第3、4对足上的后支条，在雄虫是相互连接的。每个足的末端有2个爪和1个钟形吸盘。后2对足较小，除有爪外，在雄虫第3对足的末端为刚毛，雌虫的末端只有长刚毛。雄虫的生殖孔在第4对足之间，围在一个角质化的倒V形的结构中，雌虫的生殖孔位于第1对足后支条合并的长杆后面。肛门为一个圆孔，位于体端，在雌螨则位于阴道的背侧。卵呈椭圆形，平均大小为150μm×100μm。

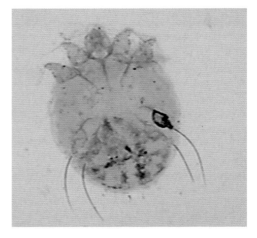

图3-69 光学显微镜下的疥螨

2.生活史 疥螨是永久性寄生虫，它们栖息在骆驼皮内，以血液、淋巴液、皮肤碎屑或脂肪分泌物为食，全部发育过程均在骆驼身体上度过，包括卵、幼虫、若虫、成虫4个阶段，其中雄螨为1个若虫期，雌螨为2个若虫期。

疥螨的口器为咀嚼式，在宿主表皮内挖掘隧道，以角质层组织和渗透的淋巴液为食，并在隧道内发育和繁殖。雌螨在隧道内产卵，一生可产40～50个卵，卵经3～8d孵化出幼虫，蜕化为若虫。若虫的雄虫经一次蜕化、雌虫经二次蜕化变为成虫。雌、雄虫交配后不久，雄虫即死亡，雌虫的寿命为4～5周。疥螨的整个发育过程为8～22d，平均为15d。

3.临床症状 首先发生于皮肤薄、被毛短而稀的部位（颈、腹、体侧等处），以后病灶逐渐扩大，然后蔓延全身。初期痒感不明显，以后形成粗厚的痂、裂缝和溃烂，此时患病骆驼表现为奇痒、脱毛、骚扰不安，影响采食和休息，进而消瘦，冬春时期如脱毛过多可能被冻死（图3-70）。

4.病理变化 剧痒使骆驼到处用力擦痒或用嘴啃咬患处，不仅使局部损伤、发炎，形成水疱或结节，并且伴有局部皮肤增厚和脱毛，向周围环境散播大量病原。局部擦破、溃烂，感染化脓、结痂。结痂被擦破后，创面有大量液体渗出及毛细血管出血，又重新结痂。

5.诊断 用外科刀刃蘸上石蜡或50%甘油水溶液，用刀刮取病变处，将粘在刀刃上的带血皮屑，置载玻片上镜检观察虫体。

6.治疗

（1）在患部涂擦3%的敌百虫溶液。

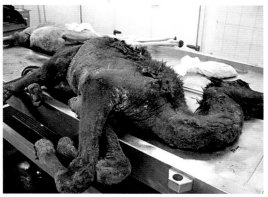

图3-70　被疥螨寄生的骆驼

（资料来源：Ulrich Wernery）

（2）二嗪农（螨净）或溴氰菊酯喷淋或者药浴。

（3）巴胺磷或辛硫磷药浴。

（4）伊维菌素、阿维菌素或多拉菌素皮下注射。

7.预防

（1）定期进行驼群检查和灭螨处理。

（2）畜舍要经常保持干燥清洁，通风透光，畜舍及饲养管理用具要定期消毒。

（3）在引进骆驼时应该事先了解有无疥螨病存在，引进后应隔离一段时间，详细观察，并做好螨病检查，必要时进行灭螨处理后再合群。

（4）经常注意驼群中有无发痒、脱毛现象，及时检出可疑患驼，并及时隔离治疗。同时，对未发病的其他骆驼进行灭螨处理，对畜舍进行彻底消毒，同时也要防止饲养人员或用具散播病原。

三、蝇蛆病

（一）阴道蝇蛆病

长期以来，阴道蝇蛆病在双峰驼养殖地区广泛流行和蔓延，已成为双峰驼危害性较大的疾病之一。该病主要引起母驼外生殖器官（主要是阴道）的疾病，患驼的生长发育和生产性能受到严重影响。此外，此病还可造成双峰驼繁殖率下降，食欲不振，肉、奶和绒产量下降等，给养驼业带来极大的经济损失。

1.病原　目前发现的能够引起动物及人类蝇蛆病的蝇类主要有三类，即狂蝇科、丽蝇科及麻蝇科，其中狂蝇类有高度的种属特异性，丽蝇类和麻蝇类则能对多种动物造成损害。引起双峰驼阴道蝇蛆病的病原为麻蝇科的黑须污蝇（*Wohlfahrtia magnifica*），也被称为食肉蝇，属于昆虫纲、双翅目、麻蝇科、污蝇属，是一种专性引起蝇蛆病的蝇种，有发达的口腔钩刺。其幼虫长 8 ~ 14mm，呈灰白色，当其逐渐长大时，一些黑色的点会在其背部融合，在其周围也有一些相对更小的黑点（图3-71）。

黑须污蝇生活史：雌性黑须污蝇成虫在双峰驼阴道口附近产下幼虫，逐渐发育成1期幼虫、2期幼虫、3期幼虫（从1期幼虫到3期幼虫需6～7d）之后，3期幼虫落地成蛹（1～3d）。1、2、3期幼虫必须在阴道内寄生，在此阶段引起双峰驼阴道疾病。

2.流行病学　一般来讲，多雨的年份双峰驼阴道蝇蛆病的发生率相对较高。生活在湖泊地区的双峰驼其阴道蝇蛆病的发生率更高，其次是生活在戈壁地区的双峰驼，而生活在干旱沙漠地带的双峰驼一般不得阴道蝇蛆病。该病一般在4月底至5月初开始出现，9月底至10月初消失。其中，6—8月为该病流行的高峰期，7月份为最高峰，但与骆驼分布区域的气候条件有关。研究还发现黑须污蝇除了感染双峰驼外，还可感染山羊、马、鹅等动物，但其多数只寄生在活的动物组织内。

3.致病机理　当黑须污蝇在双峰驼的阴道口产下幼虫后，幼虫找到伤口或者自己在较薄弱处造成伤口并钻入组织内，通常会有数十个甚至上百个蝇蛆以头在里尾在外的形式在阴道口或者阴道内壁处形成蝇蛆孔道。幼虫的采食行为造成宿主严重的组

图3-71　黑须污蝇成虫（背部的黑点清楚可见）

（资料来源：额尔敦木图）

织损伤，致使阴道口肿胀、紧闭。蝇蛆破坏内部血管组织使患处出血，如不及时治疗防护，创口会继续扩大，从而会导致更多的黑须污蝇蜂拥而来，产下更多的幼虫，使伤口不能愈合，造成长久病程，且越来越严重。大量的蝇蛆会破坏阴道口的正常组织形态，即使治疗后也会有瘢痕，甚至失去原先的组织形态。此外，阴道处的组织损伤、毒性、二次感染及病变伴有的疼痛还可引起双峰驼脾气暴躁、剧烈活动，甚至导致怀孕母驼流产。

4.症状　感染初期病驼表现阴唇肿胀、紧闭，常有血水流出，在股内侧、臀部、尾根部及阴门处形成蝇蛆孔道，流出带有血液的液体。在阴道内见有多个大小不同的蝇蛆，皮肤等部位被血迹污染（图3-72）。到感染中后期，阴道高度肿胀，创面上可见一簇簇头里尾外的蝇蛆在组织深处蠕动。用手或钳子拔出蝇蛆后，可见局部组织完全被破坏，且创面凹凸不平。如果不及时治疗，创口会越来越大，最终可导致患病双峰驼死亡。

5.防治　双峰驼阴道蝇蛆病病程较短，一般为7d，但易反复感染。目前并没有完全有效的防治措施，可使用各种体外杀虫药物杀死幼虫，在感染部位和伤口处进行局部治疗，但这些药物都不能长期有效的防止黑须污蝇再次产下幼虫。并且这些杀虫剂会延缓伤口的愈合，开放的伤口更容易引发其他感染。

（1）用手或钳子拔出蝇蛆后在患处涂抹和喷洒敌百虫、二嗪农等有机磷类杀虫药。使用此方法当时可收到较好的治疗效果，但经3～5d后又可能重新感染。

骆驼疾病与治疗学

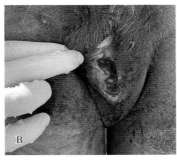

图 3-72 阿拉善双峰驼阴道蝇蛆病

A.患病母驼外阴周围被血迹污染 B.轻度感染病灶 C.严重感染病灶

（2）为防止黑须污蝇的袭击，给双峰驼阴门部带上防蝇蛆罩，遮住阴门，可起到较好的预防作用。

（3）将有机磷杀虫药配成溶液后通过小型喷雾器喷洒在患病母驼或健康母驼的阴道处，可起到一定的防治效果。

（4）多拉菌素对各类蝇蛆有特效，推测对骆驼阴道蝇蛆病亦能发挥积极的治疗作用，可尝试皮下注射进行治疗。

（二）皮肤蝇蛆病

皮肤蝇蛆病是骆驼常见的寄生虫病，主要是由麻蝇科（黑须污蝇、努比亚污蝇、酱亚麻蝇）和丽蝇科（蛆症金蝇、螺旋锥蝇、铜绿蝇）的多种幼虫寄生于骆驼背部皮下为特征的一种慢性寄生虫病。当幼虫钻入皮下时引起疼痛、瘙痒，导致病驼产奶量减少、体重减轻及其他潜在性危害。该病在全世界分布，不管是双峰驼还是单峰驼均可感染，在我国骆驼养殖地区广泛流行，尤其是骆驼养殖数量最多的阿拉善盟，给骆驼养殖业带来不可估量的经济损失。

1.病原 麻蝇科的黑须污蝇、努比亚污蝇和酱亚麻蝇是引起皮肤蝇蛆病主要病原之一。黑须污蝇的形态特征见阴道蝇蛆病。雌性黑须污蝇成虫一次可携带 120～170 个幼虫，蛹的最适生长温度是 18～22.5℃。努比亚污蝇和黑须污蝇很相似，其主要的不同在于成蝇的大小和背部黑色斑点的形状；幼虫到成蝇大约需要 35d，其蛹最适生长温度是 28℃。酱亚麻蝇成蝇长 7～12mm，在其背部有三条黑色条带及一些黑色标记（图 3-73），这些特征是其他蝇没有的，可以用来鉴别；其最适生长温度是 20～28℃。

此外，丽蝇科的蛆症金蝇、螺旋锥蝇、铜绿蝇也可以导致骆驼的皮肤蝇蛆病。蛆症金蝇成虫长 8～12mm，身体呈金属绿色或者蓝色，腿呈黑灰色。螺旋锥蝇成虫长 8～10mm，身体呈蓝绿

图 3-73 酱亚麻蝇背部 3 条黑色的条纹

色，眼睛呈灰色，其最适生长温度是20℃。铜绿蝇成虫长6～8mm，身体呈绿色（图3-74）。

2.致病机理 雌蝇产卵后幼虫初期钻入皮肤，引起皮肤痛痒、精神不安。幼虫在体内移行，造成移行部位组织损伤。幼虫寄生在食道时可引起浆膜发炎；寄生在背部皮下时，引起局部结缔组织增生和皮下组织炎症，有时继发细菌感染可化脓并形成瘘管。严重感染时，幼畜发育受阻甚至死亡。偶尔也可见因幼虫引起变态反应，其原因是幼虫尸体或体液作为致敏原，引发过敏反应，表现为麻疹，伴有眼睑、结膜、阴唇、乳房的肿胀，流泪，呼吸加快等症状。

图3-74 铜绿蝇成蝇
（资料来源：Ulrich Wernery 等）

3.症状 成虫飞到骆驼背上产卵时，常常引起骆驼不安，影响休息和采食。幼虫移行至皮下，使骆驼疼痛、发痒、烦躁不安；幼虫寄生在骆驼背部形成结节，局部增大成小的瘤肿，突起于皮肤表面，仔细观察，在隆起的顶部可以看到有个小孔（图3-75），从中可挤出幼虫，大小如花生米或指头。幼虫从皮下钻出后会留下空洞，如继发细菌感染，可形成脓肿。大量皮蝇蛆寄生时，骆驼背部出现无数的突起，严重者引起贫血、消瘦和产奶量下降。感染严重时1峰骆驼的背部皮肤上可有50～100个包块，对骆驼危害非常大。

4.防治 预防的关键是消灭成虫，防止其在骆驼身上产卵。此外，还应保持骆驼体表卫生，经常检查驼背，发现皮下有成熟的蝇蛆感染创口时，用针刺死其内的幼虫，或用手指挤出幼虫，随即踩死，伤口涂以碘酊。也可使用精制敌百虫、皮蝇磷和蝇毒磷等有机磷酸酯类处理感染的创口，杀死其内的蝇蛆。

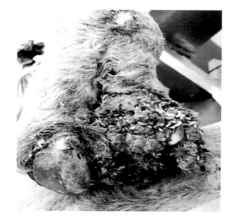

图3-75 骆驼感染蛆症金蝇蛆造成的
皮肤损伤
（资料来源：Ulrich Wernery 等）

此外，还应依据各地具体情况和以往流行病学的调查情况，在最佳的驱虫时间里，选择适合的驱虫药物和驱虫方案。

（三）喉蝇蛆病

骆驼喉蝇蛆病在世界各养驼国家均有发生，双峰驼的易感性比单峰驼高3倍。主要是由狂蝇科、喉蝇属的骆驼喉蝇幼虫寄生于骆驼的鼻腔、鼻窦、额窦及咽喉等部位，引发病变，导致患病骆驼渐进性消瘦、体力衰退、使役能力降低，严重者最后死亡。在我国阿拉善盟，发病率达20%，如果不及时采取治疗措施，死亡率可达50%左右。因此该病是严重危害我国双峰驼养殖业的一种慢性寄生虫疾病。

1.**病原** 病原为双翅目、狂蝇科、喉蝇属（*Cephalopsis*）的骆驼喉蝇（*C. titillator*）的各期幼虫。该蝇只侵袭骆驼，以骆驼作为唯一宿主，不侵扰其他家畜。该蝇的成虫和羊鼻蝇相似，头大，呈黄色，胸部背面黄褐色，有黑色斑点。腹部略似卵形，呈随光而变的银灰色斑块。翅透明，翅基近旁呈深褐色。体长8～11mm（图3-76）。第3期幼虫几乎呈白色，略带黄色，腹面稍平。将要离开鼻腔的幼虫，体长达30～32mm，虫体前端较齐，后部逐渐变细（图3-77）。在第一节（很小的头节）上，有一对大而强有力的、锐利的镰刀状弯曲口钩，口钩向前，稍偏于两旁，朝下弯曲。在两钩之间的稍下方有一个口孔。体表有歪斜朝后的刺，从第3～10节上长着一些大的角质突起，其顶端向后。最后一节很短，后端有一个很深的、半椭圆的腔，内有两个褐色的、肾脏形的气门。幼虫前端两旁，在第2和第3节之间，还有一对很小的长约0.5mm的气门。

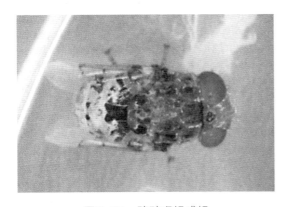

图3-76　骆驼喉蝇成蝇

（资料来源：Ulrich Wernery 等）

图3-77　骆驼喉蝇第3期幼虫

（资料来源：Ulrich Wernery 等）

2.**致病机理** 骆驼喉蝇的成虫出现在5—6月间，直到9—10月仍在飞行。成虫不采食，在干燥晴朗的天气非常活跃，在阴湿阴沉、寒冷多风的天气，则选择幽静阴暗的地方停止不动。无论雌蝇还是雄蝇都喜接近骆驼，常栖止在骆驼的被毛上。侵袭时，迅速飞向骆驼的鼻孔，并产入一部分幼虫，每只雌蝇产800～900个幼虫。幼虫沿着鼻孔向深处潜入，在宿主体内寄生长达10个月以上。幼虫移行过程中，由于虫体蠕动及体表小钩的刺激作用，引起寄生部位黏膜充血、出血、发炎、化脓，继发慢性鼻炎及咽喉炎，鼻液呈浆液性或黏液性。严重时因鼻腔及咽喉部被虫体堵塞而导致呼吸困难、颜面部水肿、抬头障碍等，重者衰竭或窒息而死亡。幼虫停留在鼻窦或额窦中时，引其结缔组织增生、化脓，甚至坏死。直到翌年春季变成第3期幼虫，向鼻孔移动，并用起钩固着于下鼻孔的前面1/3处，随骆驼打喷嚏，被喷到地上。幼虫常在5～15min内，钻入土中，入土后经5～6h就停止活动，其外膜就开始硬化而成蛹。蛹经3～4周后羽化为成蝇。成蝇的寿命为4～15d，平均为10d左右。

3.**症状** 在成蝇活动季节里，骆驼由于害怕成蝇的侵袭，常将头高举，骚扰不安，影响采食。少量寄生时，营养良好的骆驼症状不明显，对鼻腔黏膜没有显著破坏，但

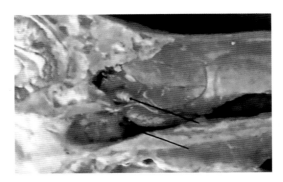

图3-78　寄生在喉部的骆驼喉蝇第3期幼虫

（资料来源：Ulrich Wernery 等）

有时鼻孔会流出浆液性或黏液脓性鼻液，并混有血液（图3-78）。严重感染时，有时感染数可达万条以上。由于引起慢性鼻炎和咽喉炎，使患病骆驼精神不安，呼吸困难，流眼泪，头部肿胀，摇头打喷嚏，吞咽时疼痛或吞咽困难，使其消瘦、体力衰退、使役能力降低，躺卧在地上，头不能抬起，最后仰卧而死亡。

黏膜和黏膜层的主要病理变化是脱皮、水肿和增生的黏膜上皮，有局灶性或弥漫性的浆细胞、巨噬细胞、淋巴细胞、成纤维细胞和嗜酸性粒细胞浸润。也可见到充血的鼻咽血管壁杯状细胞增生和囊性扩张的黏膜腺体分泌。

4.防治　预防措施主要是切断喉蝇蛆生活史，根据喉蝇幼虫寄生规律，在成蝇产幼虫的高峰期实施防治措施。由于夏季中午是雌蝇产卵活动频繁时刻，所以尽量避免中午放牧；春季是第2期幼虫形成期，在骆驼收场时给其喂食葱、蒜诱使其打喷嚏，提前喷出第2期幼虫。也可对骆驼进行春秋季（2月和9月）驱虫，主要药物为阿维菌素类制剂。对疑似喉蝇蛆患病骆驼，用1%敌百虫溶液、3%来苏儿溶液喷入鼻腔，可杀死喉蝇蛆。

第四章

CHAPTER 4

骆驼常见营养代谢病与防治

骆驼营养代谢病是营养性疾病和代谢障碍性疾病的总称，包括糖、脂肪和蛋白质代谢紊乱，维生素和矿物质缺乏或过多等几类。其中，营养性疾病主要是动物体内缺乏某种或多种营养物质引起的疾病。代谢病是指由于先天遗传或环境等因素影响引起的机体代谢过程异常的疾病。这些疾病不仅会影响驼羔生长发育，降低骆驼生产性能，影响饲料转化率，还使骆驼免疫机能低下，诱发其他疾病。

不科学的饲养管理会导致骆驼营养缺乏病。然而，骆驼是干旱半干旱荒漠草原的特有家畜，在长期进化过程中适应了缺乏食物和水的高温艰苦环境，很少出现代谢紊乱和营养缺乏病。但是随着骆驼产业的快速发展，骆驼养殖方式由原来天然草场的散养方式向集中养殖和人工饲养转变，骆驼营养缺乏病有明显上升趋势。

第一节 矿物质缺乏症

骆驼每日需要的矿物质数量尚未系统研究过。除氯化钠外，骆驼对多数矿物质的需求量与其他反刍家畜相似。已肯定的是，骆驼需要比其他反刍家畜多6～8倍的氯化钠。

一、钙和磷缺乏症

钙、磷及维生素D是参与骨代谢的重要物质，并且机体对这些营养物质的需要程度取决于各自的浓度。体内99%的钙位于骨骼中，当饲料中的钙供应不足或需要量增加时，由甲状旁腺激素、1,25-二羟维生素D和降钙素进行调节，以保证血浆钙离子浓度。骆驼对钙和磷的吸收高于其他反刍动物：钙和磷的实际吸收系数（true absorption coefficients, TAC）分别为40%和65%。健康骆驼血清中的正常钙浓度为8.5～14.8mg/dL，平均值为9.2mg/dL。但在参加竞赛后或脱水状态下，骆驼血清钙浓度显著升高；但在血清分离时间过长或患有锥虫病时，血清钙浓度反而降低。每100g驼奶含钙40～94mg，但在脱水状态下驼奶钙浓度显著下降。骆驼体内80%的磷分布在骨骼中。正常血清磷浓度为4～4.4mg/dL。驼羔血浆磷浓度较高，且摄入谷物类饲料和溶血时血浆磷浓度增加。

与磷缺乏相比，骆驼钙缺乏症较少见，只有当草场含钙量低于0.2%时才会发生。而骆驼磷缺乏症较为常见，尤其是在许多热带国家，土壤中大量的铁、钙和铝通过形成不溶性磷酸盐络合物而加剧了磷缺乏，从而会引起一系列相关疾病。

（一）骨软症

骨软症是成年骆驼由于饲料中钙或磷缺乏，钙、磷比例失调，从而导致骨组织进行性脱钙，骨质疏松，被钙化不全的骨基质或纤维组织代替的一种骨营养不良，属于慢性疾病。

1.病因 日粮磷含量绝对或相对缺乏是发生骨软症的主要原因，钙磷比例不当也是病因之一。当磷太少时，高钙日粮可加重缺磷性骨软症的发生。维生素D缺乏可促进骨软症的发生。此外，日粮有机物（蛋白质、脂类）缺乏或过剩，其他矿物质（如锌、铜、铁、镁、氟）缺乏或过剩，常可产生间接影响。影响钙磷吸收利用的因素还有许多，如年龄、妊娠、哺乳、无机钙源的生物效价等。

2.症状 发病比较缓慢。病初，食欲减退，反刍减弱，瘤胃蠕动无力。进而表现慢性胃肠卡他，便秘与腹泻交替发生，多数为便秘。严重者运动障碍和骨骼变形。随着病情的发展，病畜喜卧，不愿站立，强迫站立时，拱背，前肢交叉，或四肢叉开，两后肢频频交替负重，后肢颤抖。行走时步态紧张，四肢强拘，后躯摇摆，四肢轮换跛行，四肢关节有时肿胀疼痛。

3.诊断 根据临床症状、检测血清钙磷浓度可进行诊断。

典型病例具有慢性胃肠卡他、运动障碍和骨骼变形等表现容易判断。早期诊断比较困难，可根据喜卧、不明原因的跛行、容易出汗等症状，结合额骨穿刺法（即用一般腕力能将穿刺针刺入额骨并能固定者为阳性）可进行诊断。有条件时可对土壤和饲料中钙、磷水平进行测定。尾椎骨密度测定具有早期诊断价值。临床上注意与风湿症、氟中毒和外伤引起的跛行加以区别。

4.防治 合理调配日粮，使钙、磷充足，比例得当，适当补充维生素D。应特别重视饲料中矿物质的平衡。加强护理，将病畜移至宽敞、干燥而通风的空间，最好放牧于干燥的牧场，保证给予足够的日光照射和运动，促使其皮肤合成维生素D。药物治疗可以注射维生素AD注射液。

（二）佝偻病

佝偻病是驼羔钙磷代谢障碍引起的骨组织发育不良，多数是由于缺乏维生素D和钙所引起，主要以生长骨的钙化作用不足，并伴有持久性软骨肥大与成骨不全等为特征。临床表现为驼羔生长发育迟缓、消化紊乱、异食癖、软骨钙化不全、跛行及骨骼变形。

1.病因 长期饲喂单一饲料，饲料中钙、磷含量不足或比例不当以及机体磷代谢障碍，是发生本病的主要原因。此外，断奶过早或罹患胃肠疾病时，会影响钙、磷和维生素D的吸收和利用；患有肝、肾疾病时，维生素D的转化和重吸收会发生障碍，导致体内维生素D不足；维生素缺乏，运动不足，阳光照射少以及甲状旁腺功能亢进，均可导致本病的发生。日粮中蛋白质或脂肪性饲料过多，在体内代谢过程中产生大量酸类，与钙形成不溶性钙盐进而大量排出体外，导致机体缺钙。总之，佝偻病主要是由于体内维生素D供应不足，导致机体对钙和磷的吸收不足而发生。另外，驼羔体内维生素D供应不充足，或母乳和饲料中钙磷比例失衡，也可诱发此病。

2.症状 病初消化机能紊乱，异嗜，精神不振，反应迟钝，喜卧，伏卧时常变换体位，拱背或脊柱塌陷，步行不灵活，易疲劳、出汗，驼羔生长迟缓。随着病情发展，病畜日渐消瘦，关节肿胀，跛行，贫血，四肢负重困难，头部肿大，下颌骨肿大增厚使口腔闭合困难，鼻骨、额骨肥大，四肢呈内弧或外弧姿势，触摸肋骨与肋软骨交界处呈串珠状结节，牙齿松动，易于折断或脱落，骨骼肿胀，骨质脆弱易折断，呼吸和心跳加快。

3.诊断 根据发病前后饲养管理、发病年龄、病程、生长停滞、异食癖、骨骼变形等情况，一般可以做出诊断，也可以通过检测血液进行诊断，血清钙磷浓度以及碱性磷酸酶（AKP）活性的变化有参考意义。检测血清AKP同工酶，若是骨性AKP同工酶的活性升高，可判定为佝偻病。必要时也可进行X光检查来帮助确诊。另外，诊断时应与白肌病、传染性关节炎、蹄叶炎、软骨病及弓形腿病相区别。

4.防治

（1）加强饲料管理，调整日粮中钙、磷比例，保证维生素A、维生素 D_3 的供应。

（2）适当补充氯化钙、葡萄糖酸钙等钙制剂或维生素D，促进机体对钙、磷的有效吸收。

（3）调理胃肠机能。

（4）适度运动，保证足够的光照时间。

（三）尿结石

尿结石是应溶解于尿中的碳酸钙、磷酸盐类无机盐没有及时溶解，在肾盂、输尿管、膀胱、尿道中形成结石，阻塞尿路，使排尿困难，引起泌尿器官发生炎症，甚至导致膀胱破裂的一种疾病，可分为肾结石、膀胱结石和尿道结石。尿道结石较为多见，其临床特征为排尿障碍，肾区疼痛。

1.病因 过多地饲喂精饲料导致体内钙、磷比例失调（高磷低钙），尿液pH上升促进结石的形成。同时增加了尿细管上皮的黏蛋白分泌，使尿中的胶体物质增加，促使阳离子（钙、镁）溶解性降低，促进结石的形成。肾炎、膀胱炎、尿道炎也可引起本病。尿路炎症引起尿潴留或尿闭，或应用大量的磺胺类药物可促使结石形成。另外，供水不足及维生素A的缺乏也可诱发本病。

2.症状 初期尿频，尿不成线，在阴毛及尿道口上附着微小的灰白色的结石颗粒。尿道结石表现为病畜排尿努责，叫声痛苦，尿中混有血液，严重时可致膀胱破裂。有的肾盂结石病例不表现临床症状，在死后剖检时，才被发现有大量的结石；若肾盂内大量较小的结石进入输尿管，使之扩张，即可使骆驼发生可见症状。

膀胱结石在不影响排尿时，不表现任何临床症状。当尿道不完全阻塞时，骆驼排尿困难，频繁做排尿姿势，叉腿，拱背，强烈努责，排尿时间延长，呈线状或滴状流出混有脓汁和血凝块的红色尿液。当尿道完全阻塞时，骆驼频繁做排尿动作但无尿排出，尿道外触摸病畜有疼痛感，直肠内触诊时，膀胱内充满尿液，体积变大。

3.诊断 尿结石常因发生的部位不同而表现出不同的症状。尿道结石，因结石完全或不完全阻塞尿道，引起尿闭、尿痛、尿频时才被人们发现。该病可借助尿液镜检或B超加以确诊，对尿液减少或尿闭，有肾炎、膀胱炎、尿道炎病史的骆驼，应加以注意。

4.防治

（1）饲喂的精饲料钙、磷比例要保持均衡，一般钙磷的比例为2∶1或1.5∶1。镁的含量少于0.2%，可降低磷和镁在肠道的吸收，从而更多的磷、镁随粪排出，而不是随尿排出体外。

（2）谷物是高磷低钙饲料，如果要饲喂则要添加钙制剂。

（3）发现尿道口有灰白色颗粒，用白醋清洗。

（4）在饲料里添加氯化钠（食盐）。按平时给盐量的2～3倍量，连用3d，促进饮水而排石。

（5）加强饲养管理，增加饮水量，不能缺水，特别是冬天一定要饮温水。

（6）注意对骆驼尿道、膀胱、肾脏炎症的及时治疗。

（7）调整尿的pH，结石性物质在酸性尿中的溶解度要比在碱性尿中的溶解度高很多，因而使用酸化剂有利于结石溶解。

（8）补充维生素A可以减少膀胱上皮细胞的脱落，而上皮细胞正是形成尿结石的前体物质。

（9）药物治疗适用于症状较轻的骆驼，服用抗菌消炎药及利尿药（链霉素、青霉素、乌洛托品等），并且饲喂液体饲料和大量饮水。

（10）作为药物治疗的辅助治疗，有时可用膀胱穿刺法。手术治疗用于对药物治疗效果不明显或完全阻塞尿道的病驼。

二、钠和氯缺乏症

骆驼日常生活中需要摄取大量盐。在骆驼适应荒漠草原的过程中可能已经形成了高盐的饮食需求，在那里经常可以找到咸水和含盐量高的盐生植物。骆驼更喜欢含盐量高的盐湖和草场，因为在这些地方可以摄取足够的盐。骆驼每日从盐生植物和微咸水中获得的盐为60～120g。在长途旅行中必须为骆驼供应额外的盐。当骆驼没有得到足够的盐时，它们会日渐消瘦，会变得很脆弱，驼峰会缩小到原来的1/3，不再能够长距离运输重物。

（一）异食癖

异食癖是由于骆驼代谢紊乱、味觉异常等多种疾病引起的综合征。临床特征表现为病驼到处舔舐、啃咬通常认为无营养价值且不应采食的异物。

1.病因　钠、钴、钙、锰等矿物质元素不足，尤其是钠盐不足而引起盐类代谢紊乱；常年在偏酸性土壤的牧场上放牧易患本病。B族维生素缺乏或某些蛋白质和氨基酸缺乏亦会导致本病的发生。还有可能继发于某些寄生虫病、胃肠疾病、骨软病等。

2.症状　异食癖病程缓慢。病初多为食欲减退，消化不良，有胃肠炎的则便秘或腹泻；随后表现喜食垫草、舔舐墙壁、食槽，啃咬栏柱、泥土、砖瓦等各种异物和碱性物质，对外界刺激的敏感性增高而易受惊；后期反应迟钝，被毛粗乱、无光泽，皮肤干燥，亦有拱背、磨牙、渐进性消瘦等症状。

3.诊断　可根据患病骆驼特征性的临床症状做出诊断。

4.防治

（1）改善饲养环境，针对病因，加强管理。补充盐类，圈舍内放置舔砖，饲喂全价日粮。

（2）发生异食癖时，立即将病驼隔离饲养，饲料中添加石膏粉、含硫氨基酸等。

（二）氯化钠缺乏症

钠是盐中的必需营养素，比较常见的急性氯化钠缺乏症为低渗性脱水，此种脱水的本质是失盐多于失水，故又名缺盐性脱水。

1. 病因　当盐水不足时，骆驼经常会出现氯化钠缺乏症。由于驼奶中存在较多的钠离子，因此骆驼在哺乳期间发生该病的概率较大。汗液中也伴有大量的水和钠流失，此外在原本钠含量较低的草场上过度放牧会更加影响牧草的钠含量，最终成为钠缺乏的直接诱因。

2. 症状　病驼最初表现笨拙，毛发粗糙打结。后期母驼受孕率下降，食物摄入量减少，食欲不振，消化障碍，体重减轻，产奶量下降，并出现异食癖的迹象。若盐与水分同时丢失，还会导致骆驼出现呕吐、出汗增多、严重腹泻等症状。还有报道指出骆驼患氯化钠缺乏症会引发传染性坏死性皮炎和关节炎。

3. 诊断　唾液是检测骆驼氯化钠状态的最佳样品。骆驼在患有氯化钠缺乏症时，唾液钠含量下降同时钾含量上升，钠、钾比例下降。正常的钠钾比例为17：1～25：1。而患有氯化钠缺乏症时，钠钾比例下降至10：1～15：1。在健康状态下，唾液钠离子浓度约为152mEq/L，氯离子浓度约为16mEq/L，血浆渗透压约为283mosmol/L。

驼奶含有丰富的钠和氯，也可作为诊断样品。驼奶含有0.001%～0.158%的氯。在脱水期间，驼奶产量减少，钠和氯浓度升高。骆驼尿中，钠离子的正常浓度为150～8127mEq/L，脱水时尿液中的钠离子浓度显著增加。在脱水期间，血液渗透压增加，肾小球滤过率和尿量减少。

4. 防治

（1）由于病情急剧，因此采取口服法补给食盐不能立即产生效果，必须采取静脉注射输入生理盐水方能生效。同时，还必须采取综合措施治疗其原发病。

（2）科学设计饲料配方，按照饲料原料的营养成分准确计算出基础原料中钠和氯的含量，再根据不同种类、不同年龄的骆驼对钠和氯的需要量计算出添加量，保证饲料中氯化钠的含量达到标准要求。

骆驼对盐的需求量为其他动物的6～8倍。日粮中氯化钠的含量达45～60g/d时方可满足其实际需求量。但有人建议，成年骆驼的氯化钠需求量为120g～140g/d，尤其是竞赛骆驼。然而，当骆驼放牧草场上有丰富的盐生植物，则在饲料中添加的氯化钠应相应减少。

三、铜缺乏症

铜是骆驼正常生长发育所必需的微量元素。骆驼血浆中的正常铜浓度为70～120mg/dL，驼奶中为1.03mg/kg，在肝脏为每千克干物质155mg（范围30～286mg），在脾脏中为每千克干物质29.6mg，在软骨和骨骼中为每千克干物质5.9mg和1.5mg。

骆驼铜缺乏症包括原发性铜缺乏症和继发性铜缺乏症两种。原发性缺铜症，是驼羔先天性营养性缺铜症，曾有人认为是遗传性缺铜。在骆驼体内，许多矿物质元素之间存在着相互拮抗的关系。土壤和日粮中虽有足量的铜，但骆驼对铜的吸收受到干扰，并且体内与铜有拮抗作用的元素含量过多时，使机体组织细胞对铜的利用发生障碍，引起继发性铜缺乏症。对铜吸收有拮抗作用的元素有钼、硫、锌、钙、铁和铅等。

1.病因

（1）当骆驼日粮中钼、铜比值较低或钼摄入量较高时，钼与硫在瘤胃中形成硫钼酸盐，并与铜形成复合物，使铜在肠道的吸收减少，最终导致体内铜含量减少。当饲料钼含量超过3mg/kg且铜含量低于5mg/kg时，通常会造成铜缺乏。

（2）当日粮中钼、铜比值较高或钼摄入量明显过盛时，胃中大量生成硫钼酸并吸收入血，干扰铜的系统代谢，呈全身性作用，表现为血浆铜含量升高。

（3）若饲料中含硫过多，包括含硫氨基酸和无机硫盐类，在骆驼瘤胃中经微生物作用转化为硫化物，进而与钼、铜结合形成不易溶解的铜硫钼酸盐复合物，降低铜的利用率，引起继发性铜缺乏症。

（4）锌与铜也有拮抗作用，当肠腔中有大量的锌存在时，可引起铜的吸收障碍。

（5）铝过多可抑制硫化物氧化酶的活性，使硫化物在组织中异常聚集，产生硫化铜沉淀。此时肝铜可能正常，但不能被利用，从而导致铜缺乏。

（6）地理因素，骆驼主要分布在低铜地区，土壤、农作物、牧草和饮水中的铜含量低，铜摄入量不足，可引起铜缺乏。

（7）慢性疾病因素，当骆驼患有胃肠或其他腹腔器官疾病时，由于营养不良或吸收不良，可造成铜缺乏。如骆驼患肠胃炎症时，铜摄入量不足、排泄量增加，即可造成铜缺乏。

2.症状　患病骆驼出现生殖障碍，发情期后延或抑制；驼羔出生后即死或出现死胎，流产率增加。骆驼被毛发育不良、灰暗、凌乱、脱落，毛质下降，被毛卷曲减少甚至失去弹性。驼羔不能站立，不能吃乳，运动不协调，或运动时后躯摇晃（又称为摇背症）。另外，患病骆驼常出现地方性运动失调，主要是运动不稳，尤其是驱赶时后躯倒地，易骨折，骨严重畸形和骨质疏松，四肢僵硬，关节肿大。少数病例可表现为腹泻，消瘦，血铜浓度低和铜蓝蛋白活性低下，小红细胞性低色素性贫血。卧地不起，毛发代谢异常，心力衰竭等。钼中毒引起铜缺乏症的特有症状是腹泻。成年骆驼患病后体重会明显减轻。

3.诊断　对骆驼饲料、饮水和草场土壤进行铜含量检测。对骆驼血液、肝脏、被毛中的铜含量等进行检测或检测骆驼机体内铜蓝蛋白活性，并观察其是否有明显的临床症状等来确定是否患有铜缺乏症。当骆驼血清铜含量低于60mg/dL或肝铜含量低于每千克干物质25mg，以及赛驼血清铜水平低于20.4 ~ 60mg/dL，即可确定为患有铜缺乏症。

4.防治 加强饲养管理，为骆驼补喂适量的精饲料，饲料中添加复合微量元素、多种维生素及含有硫酸铜的矿物质添加剂，在饮水中添加维生素C。给发病骆驼每日口服硫酸铜溶液，治疗病情较轻的骆驼时在饲料中添加精料补充料。用药之前对骆驼铜缺乏程度进行科学评估，避免硫酸铜补充过量而导致中毒。既要做好治疗工作，又要重视预防工作。控制钼的摄入量，用EDTA钙铜、氨基乙酸铜或甘氨酸铜与无菌水溶剂和油剂混合，注射给药，可保护青年骆驼4个月、成年骆驼6个月不发病。加强繁殖母驼，特别是妊娠后期及生产期的饲养管理，合理安排各种类型的牧场进行轮牧，或将高钼饲草晒干后再利用。对一些病情较严重的成年骆驼、妊娠母驼，可灌服硫酸铜溶液进行药物预防。

四、铁缺乏症

铁是骆驼体内重要的微量元素，不仅是血红蛋白的重要组成部分，又是与氧转运有关的重要酶的组成成分。每100g驼奶含铁约为0.5mg，比绵羊、山羊和牛的乳铁含量高。

骆驼铁缺乏症包括原发性铁缺乏症和继发性铁缺乏症两种。前者以新生驼羔多见，主要是因为新生驼羔对铁的需要量大，体内贮铁量低或外源供应不足时发生。后者主要来自集约化养驼场骆驼的铁摄入不足，或者是因为血管内溶血、铁吸收和代谢缺陷、慢性感染和胃肠道寄生虫病引起的慢性出血。如感染嗜血杆菌的骆驼，可能因吸血和出血而导致缺铁。寄生在骆驼体内的疥螨在吸食淋巴液的过程需要较多的铁，因此感染螨虫伴有低蛋白血症的骆驼血清铁含量可降至41mg/dL。蜱寄生严重的骆驼亦有类似情况。

1.病因

（1）新生驼羔只以母乳或其他代乳品作为其食物来源，且挤奶后的部分母乳不能满足新生驼羔生长发育需要，在肝脏中贮铁量又少时即可造成铁的供需矛盾，极易发生缺铁性贫血。

（2）饲料中铁、钴、铜、蛋白质、叶酸、维生素B_{12}缺乏时易引起缺铁性贫血。

（3）饲料中磷酸盐、钴、镉、铜、锰、锌等含量高及严重铜和镍缺乏时也会使铁的吸收受阻。

（4）游离态的二价铁易于被吸收，当其含量少时会阻碍铁的吸收和利用。

（5）大量感染肠道寄生虫和某些急慢性传染病等，可引起缺铁性贫血。加之集约化养殖场地面为水泥或石板，骆驼不能从土壤中获得额外的铁，也可造成缺铁。

（6）胃酸缺乏、慢性腹泻等导致肠道吸收铁的功能减损，骆驼易引发铁缺乏症。

（7）当慢性失血使体内贮铁耗竭，或急性大出血恢复期，或铁作为造血原料需要量增加时，也可引发骆驼铁缺乏。

2.临床症状 缺铁时，驼羔表现为生长缓慢、昏睡、可视黏膜苍白、呼吸频率加快、抗病力减弱等。成年患病骆驼主要表现为瘦弱，精神沉郁，可视黏膜苍白；被毛粗糙，缺乏光泽；重症病例可见皮肤干燥，被毛粗糙易脱落，体质衰弱，个别病例出现腹泻；心跳速度加快，呼吸急促，渐进性消瘦，贫血症状随时间延长而逐渐加重，后期变得极度虚弱。

3.诊断　铁缺乏会导致驼羔小红细胞低色素性贫血，血清中铁含量、铁饱和度、转铁蛋白饱和度等均降低，血清铁结合力增强。血红蛋白含量降低，肝、脾、肾中几乎无血铁黄素蛋白。

母驼血清铁含量约为91.4mg/dL，且不受年龄影响。但在妊娠期间血清铁含量显著下降至68mg/dL左右。根据骆驼血清铁含量低（低于50mg/dL）、转铁蛋白饱和度低（临界值为13%～15%）和小红细胞性贫血等可诊断为骆驼铁缺乏症。铁传递蛋白的饱和度为诊断缺铁性贫血的重要依据之一。根据骆驼血清铁及血清铁蛋白浓度低于正常、血清总铁结合能力高于正常、铁传递蛋白饱和度下降等，则可判断为铁缺乏症。

4.防治

（1）治疗原则是补铁，增加机体铁的贮备，并适当补充B族维生素和维生素C。

（2）加强饲养管理，给予骆驼富含蛋白质、矿物质和维生素的全价饲料，以供给充足的铁。应及早给母驼补铁，以便提高驼奶中的铁含量。

（3）饲料中补充铁制剂时应适当增加硫酸铜含量。铁制剂以硫酸亚铁最经济、最有效，配成饲料添加剂或内服可起到较好的预防效果，或者将硫酸亚铁用生理盐水溶解稀释后灌服，同时给予葡萄糖效果更佳。

（4）硫酸亚铁、硫酸铜、氯化钴等配成溶液，让骆驼自由饮用，可起到较好的预防作用。

（5）向饲料中添加硫酸亚铁、枸橼酸铁铵等，均可发挥良好的预防和治疗效果。

（6）右旋糖酐铁深部肌内注射并配合应用叶酸、维生素B_{12}、复合B族维生素等的补铁效果良好。

五、锌缺乏症

锌元素广泛分布于骆驼各组织器官内，在肝脏、骨骼、肾脏、肌肉、皮肤、被毛等器官组织中含量较高。血液中的锌主要存在于血浆、红细胞、白细胞内。锌主要通过小肠吸收，并与血浆蛋白结合后运送至各组织器官。经胰液和胆汁排出的锌同肠道未吸收的锌一同随粪便排出。锌在细胞膜及线粒体膜上起到维持结构完整性的作用。锌在所有微量元素中参与机体的生理功能最多，作用最广，是骆驼生命活动中不可缺少的必需微量元素。

当锌缺乏时，会导致骆驼生长发育迟缓，繁殖机能下降，皮肤角化不全和脱毛等病理变化。缺锌使骆驼雄性性腺发育成熟延迟，睾丸间质细胞数量减少，导致成年骆驼发生性腺萎缩及纤维化，睾丸类固醇激素的合成亦依赖于睾丸中的锌。缺锌时，公驼前列腺锌含量下降，曲细精管上皮细胞结构发生异常，使精子生成受阻，精液品质降低。然而，在自然放牧状态下，骆驼很少发生锌缺乏症。

1.病因

（1）饲料钙和植酸盐含量过高时，可与锌形成不溶性化合物而降低锌的吸收。乙二胺四乙酸（EDTA）同植酸竞争性地与锌结合，形成容易吸收的化合物，促进锌的吸收。

（2）饲料磷、镁、铁、维生素D含量过多，以及不饱和脂肪酸缺乏可影响锌的代谢，降低锌的吸收和利用。

（3）一般土壤生长的作物锌含量在30～100mg/kg，基本能满足骆驼的需要。但是某些地区的土壤，由于地理、气候等因素的影响，造成含锌量低，所产饲料的含锌量也较低，会导致骆驼对锌的吸收减少。

（4）日粮中的纤维素、植酸、铜、汞、镉、铅等因素可抑制锌的吸收。

（5）在驼羔快速生长期及骆驼营养不良恢复期、妊娠和哺乳期，对锌的需要量明显增加，若不能充分补充锌，即可发生锌缺乏症。

（6）当骆驼处于反复失血、溶血、外伤、高锌血症（肝脏病、肾脏病）、长期多汗和药物影响，如长期应用金属螯合剂（如青霉胺等）、反复滴注谷氨酸盐，都会导致骆驼体内的锌元素大量丢失，会出现锌缺乏症。

2.症状

（1）全身状况的变化　生长缓慢，成骨过程受阻，体重不能正常增长，厌食，消化不良，味觉、嗅觉迟钝或异常，机体免疫力下降，细胞免疫缺陷。缺锌还可诱发肠胃炎，出现腹泻。

（2）皮肤、被毛的变化　皮肤不完全角质化症是锌缺乏症的典型表现。上皮细胞增厚和角化，以大腿内侧皮肤开始皱缩粗糙，逐渐延伸至全身，伴有痂状硬结，眼、口周围，颈、耳及阴囊皮肤角化、脱落，易引发病原微生物感染。严重缺锌时，蹄壳脱落、开裂。

（3）骨骼的变化　软骨细胞增生，骨密度下降，骨骼异常，关节僵硬，踝关节肿大。股骨变小，强度减弱，出现腿骨粗短症。产生僵硬的步态和弓形的后肢。由于关节囊滑膜有渗出液使跗关节、膝关节和球关节肿大。成年骆驼可见肢蹄炎性病变。泌乳母驼由于严重缺锌使后肢皮肤和骨骼发生炎性损害。

（4）生殖机能的变化　母驼发情周期紊乱，发情期延长或不发情。受胎率降低，胚胎发育不良，易发生早产、流产、死胎、畸胎等。母驼缺锌导致卵巢萎缩，公驼则睾丸萎缩。低锌日粮会增加分娩时的应激强度，产程延长。

（5）创口愈合不良　缺锌影响成纤维细胞的增生及胶原的合成以及上皮细胞的增生，从而影响疤痕的紧张度。

（6）眼部组织变化　锌是维生素A代谢的重要金属分子，参与维持眼组织的正常形态及视觉功能。锌缺乏时，骆驼眼睛的适应能力降低，产生视力障碍。

3.诊断　依据临床症状和血清锌浓度降低可以做出判断。骆驼平均血清锌浓度为37～46mg/100mL时可确定为锌缺乏症。

对临床上表现皮肤角化不全的病驼，应注意与疥螨性皮肤病、渗出性表皮炎、烟酸缺乏、湿疹、泛酸缺乏、维生素A缺乏及必需脂肪酸缺乏等引起的皮肤病进行区别。

4.防治

（1）饲料中可适当添加含锌添加剂，如硫酸锌、氧化锌、碳酸锌等无机锌，或者葡萄糖酸锌、蛋氨酸锌等有机锌，以增加骆驼对锌的吸收。

（2）日粮中保证含有足够的锌，同时要将钙含量限制在0.5%～0.62%。对在锌缺乏地带饲养和放牧的骆驼，应将饲料钙含量严格控制在0.6%以内。

（3）在地区性缺锌饲料基地可施用锌肥，或拌在有机肥内施用，此法对防治植物缺锌具有良好的预防效果。

六、硒-维生素E缺乏症

硒是骆驼必需微量元素之一，是谷胱甘肽过氧化物酶的重要组成成分，又称谷胱甘肽过氧化物酶的辅助因子。它在抗肿瘤活性、繁殖、抗氧化损伤、延缓衰老、预防肌营养不良等方面的作用被普遍认可。谷胱甘肽过氧化物酶能够分解机体内由于生物氧化产生的活性氧，保护细胞及亚细胞结构的脂质膜免受破坏。硒在骆驼体内参与一系列的生理生化过程。而且，硒与维生素E密切相关，在任何情况下这两种营养素均不可缺少，但维生素E可代替硒，硒也可代替维生素E。硒缺乏或维生素E缺乏均可引起骆驼，尤其驼羔的急性或慢性白肌病。

1.病因

（1）与当地土壤的土质有关。如果土壤中硒元素含量缺少，那么当地牧草硒含量也就不足，骆驼经常采食这种牧草就容易发生硒缺乏症。

（2）由于驼羔新陈代谢快，生长发育迅速，对营养要求高，因而对营养元素的缺乏更敏感。因此，硒缺乏症在幼龄驼羔发病较多，但成年骆驼代谢均衡且体内均有硒元素的储备，发病较少。驼羔硒缺乏症多呈地方性流行。

（3）长期饲喂自混合饲料，使驼羔营养不均衡，造成硒元素缺乏。另外，如果饲养场的青贮饲料不新鲜或贮存时间过长则会导致一些微量元素，特别是硒元素的含量不断下降；大量饲喂含有不饱和脂肪酸的饲料，同时饲喂豆粕、鱼粉和亚麻籽油的驼羔会因体内氧化反应加剧，从而诱发硒缺乏症。高温高湿环境下储存的饲料其微量元素含量也会大幅度下降。

（4）与气候、雨量、地形有关。原不缺硒地区，由于地势起伏等，常年受雨水冲刷，造成水土流失，使土层表面30～90cm处可溶性硒被雨水冲走或向地下渗透，使植物不能吸收。因此，缺硒症多发生于山区或河流近旁的沙质土壤地带，或暴雨较多的年份。

（5）各种植物、作物对硒的吸收能力不同，使饲料含硒量高低不同。菊科植物和豆科植物及一般蔬菜的含硒量较为丰富。鱼粉是含硒量最高的辅助饲料。小麦含硒量较高，大麦和玉米含硒量则很低。

2.症状

（1）运动功能障碍：行走、站立姿势明显有别于正常骆驼，后肢摇摆，步样僵直，行走困难，出现全身麻痹症状。

（2）精神抑郁、嗜睡、食量减退、经常腹泻、久治不愈、生长发育迟缓，被毛粗糙且失去光泽。

（3）心脏变性甚至心肌组织坏死。患病骆驼心率高于正常骆驼，且伴有心律不齐，心跳加快。剧烈运动后死亡率可高达30%。

（4）神经系统受到损害，经常兴奋，时而抽搐或昏迷，呼吸困难，呼吸通常以腹式呼吸为主。血液循环发生障碍，有时骨骼肌表现痉挛，严重病例可出现脑组织软化。

（5）成年骆驼缺硒其繁殖机能降低，流产，早产。公驼精液质量低下。泌乳期母驼产奶量明显下降，其驼羔需要其他母驼代乳。

（6）患病骆驼可见有血尿，可视黏膜黄染。腹部膨大，有时能触及肿大的肝脏。病程更长者生长停滞、消瘦、皮肤增厚，形成小丘疹或结节。

（7）四肢、胸腹部、颈部和睾丸中度或重度水肿。

3.诊断　根据患病骆驼的发病原因、流行特征、临床症状等进行初步诊断，确诊需要进一步进行实验室诊断。采集患病骆驼血液，检测血液谷氨酸过氧化物酶活性和血清硒含量，若均低于正常范围即可诊断为硒缺乏症。亦可结合死亡骆驼的病理变化进行诊断，即骨骼肌苍白，肺脏、肝脏、脾脏和肾脏未见明显异常；心肌有条纹状坏死，切开后可见白色细条纹；胃壁易破，胃内容物为乳白色，各肠段不同程度充气，肠壁变薄。

为了进一步确诊，应对饲料和当地土壤的硒含量加以分析测定。

4.防治　为有效防止骆驼硒缺乏症，在其饲养管理全程中要定期、定量补给硒元素。在生产中常以亚硒酸钠、硒酸钠、硒化钠、硒酸铜、亚硒酸钾和亚硒酸钡等形式补充硒元素。亚硒酸钠和硒酸钠在治疗上具有同等效果，是最常用的治疗剂和饲料添加剂形式，尤其是亚硒酸钠生理盐水溶液易配制，常水中也易溶解，且保存一年之久仍有治疗效果，因而被广泛采用。

（1）增加青饲料和硒及维生素E含量丰富的饲料，并保证比例，搭配均匀。同时，应防止饲喂发霉饲料和变质的油脂饲料，因这类饲料中含有不饱和脂肪酸和氧化产物，且其所含维生素E被破坏，这些因素可诱发硒缺乏症或使病情加剧。

（2）患病早期，肌内或皮下注射亚硒酸钠维生素E注射液。

（3）对于硒缺乏区域的驼羔应补充适量的硒，以防止发生硒缺乏症。对于妊娠母驼在分娩前补充适量的亚硒酸钠可促进胎儿器官和肌肉的发育，预防幼驼发生硒缺乏症。

（4）妊娠母驼饲料应多样化，如夏季供应绿色饲料，冬季供应青贮饲料、胡萝卜等。

（5）驼羔的生活环境应干净、卫生、阳光充足，避免阴湿，夏季通风良好，冬季注意保暖。

（6）成年骆驼每日需要保证600mg维生素E的摄入量及饲料蛋白质含量应达到20%。

第二节　维生素缺乏症

维生素在饲料中的含量较少，但对机体的作用非常大，参与机体的调节、能量转化以及组织新陈代谢等。维生素可分为脂溶性维生素和水溶性维生素，前者包括维生素A、维生素D、维生素E、维生素K，后者包括B族维生素和维生素C。与其他家畜一样，维生素在骆驼体内的许多功能活动中均发挥着至关重要的作用，尤其是当骆驼处于免疫应激和代谢应激时维生素的需要量明显增加。骆驼缺乏维生素时会引发许多疾病，如出现维生素A缺乏时会出现干眼症、生长发育受阻、繁殖能力下降、食欲减退等；缺乏维生素D，则会表现为钙磷代谢紊乱，出现佝偻病等。有些维生素可以在骆驼体内合成，但有些维生素则不能合成，需要在日粮中额外补充。因此，在骆驼养殖过程中需要饲喂多汁的青绿饲料，甚至有必要还可补充维生素类添加剂。

一、维生素A缺乏症

维生素A缺乏症主要是由于饲料中维生素A的供给不足，加上维生素A的稳定性差，在饲料加工过程中大量损失，或饲料长期暴晒及发霉变质导致维生素A被破坏，或饲料中蛋白质和脂肪含量低而影响维生素A的消化吸收等原因而发生。体内约90%的维生素A在肝脏中，其余的在肾、肺、肾上腺和血液中，有极少部分在其他组织和器官中。

骆驼维生素A缺乏症是以代谢紊乱为主要症状，进一步导致生长发育停止、体重减轻、皮肤上皮角化和变性、眼睛干燥、角膜软化的一种非传染性疾病。该病的发生与流行具有一定的季节性，常发生于每年深冬至早春季节。虽然维生素A缺乏症造成的死亡率较低，但会严重影响骆驼的正常生长发育。

1.病因

（1）植物中不含维生素A，而其前体物质胡萝卜素存在于多种植物，其可在机体肠壁细胞内的特异性酶的作用下转化成维生素A，通过空肠黏膜吸收，满足动物需要。因此，在饲料调制过程中若维生素A或胡萝卜素不足时，会导致脂肪酸变质，进而加速维生素A的氧化分解，导致骆驼体内维生素A吸收不充分。此外，如果骆驼缺乏蛋白质，也会影响维生素A在肠道内的溶解和吸收，发生功能性的维生素A缺乏症。

（2）长期饲喂不含维生素A的饲料，且未及时补充青绿饲料，经常引起骆驼产后维生素A缺乏症。

（3）维生素A是脂溶性物质，它的消化吸收必须在胆汁酸的参与下完成。因此，长期腹泻或患有肝胆疾病时，可造成对维生素A的吸收不充分，进入体内的维生素A随粪便排出体外，导致该病的发生。

2.症状
如果骆驼长期缺乏维生素A，其生长停滞，甚至死亡。维生素A对维持机体正常上皮细胞亦是必需的，而上皮细胞在机体许多器官组织外形成一种保护层。因此，维生素A缺乏就可导致这种保护层的上皮细胞结构发生改变，失去真正的保护作用。

患病骆驼主要表现为视力下降，对外界刺激反应不敏感，体温升高到40℃左右，食欲下降，被毛杂乱，生长发育缓慢，身体逐渐消瘦，发育不良，并出现持续性水样稀便。眼睑水肿明显，眼球向外突出，强光刺激后不能回缩。行动迟缓，在弱光条件下看不清障碍物，经常撞到墙壁或其他障碍物，走路时十分小心谨慎。继发干眼症，角膜干燥，流泪等。

3.诊断

（1）骆驼血浆中维生素A正常浓度一般为（460±49.3）μg/L，若低于此范围，则认为已存在维生素A缺乏症，当含量降至100μg/L时，标志着肝脏中贮存的维生素A已降到临界点。再结合畜主所提供的病史及临床症状可诊断为维生素A缺乏症。

（2）固定患病骆驼头部，将1%的硫酸阿托品间隔15min点眼2次，借助手持式眼底照相机，进行眼底观察并拍照，认真观察角膜是否变厚、有无云雾状等病变情况。

4.防治

（1）加强饲养管理，供给全价饲料。平时经常性地观察驼群，发现有夜盲症的骆驼，应马上更换饲料，多喂含胡萝卜素多的饲料，如胡萝卜、黄玉米、青草、甘薯等。

（2）病情较严重时，肌内注射维生素A注射液，同时为预防并发感染，可配合使用抗生素或磺胺类药物。

（3）驼羔对维生素A缺乏比较敏感，刚开始发病，表现为夜盲症，进而流泪，角膜上皮组织增厚或呈云雾状层叠，甚至失明。对发病驼羔，可肌内注射维生素AD数日；或用苍术、松针和侧柏叶等，研末拌料服用，每天1次，连用10d。在病驼饲料中加入青绿饲料，可迅速缓解维生素A缺乏症的症状。

二、B族维生素缺乏症

B族维生素包括维生素B_1（硫胺素）、维生素B_2（核黄素）、维生素B_3（烟酸）、维生素B_6（吡哆醇）、泛酸、生物素、叶酸和维生素B_{12}等8种维生素。一般来说家畜对B族维生素的需要量非常少，但它们在骆驼的生长发育、新陈代谢方面发挥着至关重要的作用。B族维生素是一组水溶性维生素，广泛存在于青绿饲料、酵母、麸皮、米糠及发芽的种子中。骆驼B族维生素缺乏症是临床上由B族维生素缺乏引起的营养代谢病的总称。其中，维生素B_1、维生素B_2缺乏症多发生于驼羔，维生素B_6和维生素B_{12}缺乏多发生于母驼和幼驼。

1.病因

（1）B族维生素供给不足，如饲料中缺乏B族维生素，或饲料加工、贮存不当，存放时间过长，导致饲料发霉变质而损失B族维生素。

（2）骆驼对B族维生素的需要量增加，如骆驼处于快速生长发育期、妊娠期和高泌乳期，对B族维生素的需要量增加。另外，长期慢性消耗性疾病、疾病恢复期、感染、中毒、发热以及注射疫苗、运输或其他应激状态时，骆驼对于B族维生素的需要量也增加。

（3）长期或不合理使用抗生素，使胃肠道正常菌群受到抑制和破坏，合成B族维生素的数量减少。

（4）由于骆驼患其他疾病，造成B族维生素的吸收和利用减少，如消化不良、长期腹泻、贫血等。

2.症状

（1）维生素 B_1（硫胺素）缺乏　主要是由于瘤胃微生物群受到影响而发生。病驼以神经症状为主要特征，突然失明、头顶撞固体物、肌肉震颤、咬牙、口吐白沫、眼球上翻、步态异常等，严重时可出现全身性肌肉痉挛、倒地、角弓反张。病程较长者，多在 $7 \sim 10d$ 以上，临床表现为易疲劳、食欲减退、尿少色黄、生长缓慢或停止、呼吸困难、黏膜发绀等。

（2）维生素 B_2（核黄素）缺乏　病驼以发育不良、皮炎和皮肤溃疡为特征，主要表现为口舌溃疡、眼结膜发炎、厌食、腹泻、生长缓慢、被毛粗乱无光泽、全身或局部脱毛，皮肤出现红斑丘疹、皮炎、溃疡等。

（3）维生素 B_3（烟酸）缺乏　多在瘤胃正常菌群未能建立的幼驼发生，表现为食欲不振、生长缓慢、被毛粗乱脱落、腹泻、贫血、鳞状皮炎，形成结痂，皮肤增生增厚，甚至龟裂，有时出现运动障碍，后肢无力，关节僵硬等。

（4）维生素 B_6（吡哆醇）缺乏　多在胃肠道正常菌群未能建立的幼驼发生，表现为生长发育严重受阻，四肢运动失调，严重时发生癫痫性痉挛，甚至死亡。

（5）泛酸缺乏　常见于肠道菌群尚未建立的幼龄骆驼，主要症状是厌食、腹泻、眼睛和嘴唇周围发生皮炎等。

（6）叶酸缺乏　幼龄骆驼瘤胃尚未发育成熟，不能合成叶酸而经常发生叶酸缺乏症，主要症状是白细胞减少症伴有腹泻、肺炎以及死亡。

（7）维生素 B_{12}（钴胺素）缺乏　各种动物肝脏中可存储大量的维生素 B_{12}，只有当胃、肠、胰和肝脏等有病变时易发生维生素 B_{12} 缺乏症。由于骆驼胃肠道正常菌群在有钴的条件下均能合成维生素 B_{12}，因此骆驼日粮中如果缺钴，不能合成维生素 B_{12}，将会发生缺乏症。主要症状是精神倦怠，被毛粗糙，背部常有湿疹性皮炎，后躯运动失调，食欲不振，贫血等。

3.诊断　根据临床症状及病史等可做出初步诊断，结合骆驼血浆 B 族维生素含量检测结果可以确诊。

4.防治

（1）防止骆驼 B 族维生素缺乏，关键在于饲料的搭配。饲喂符合其营养需要的全价配合日粮，注意在日粮中多补充米糠及青绿多汁的饲料。另外，加强饲养管理，保证饲料充足，在精料中适当补加不同的 B 族维生素。

（2）当骆驼发生 B 族维生素缺乏症时，如果病情较轻，则按正常 B 族维生素饲喂量的 $2 \sim 3$ 倍进行补充；而病情较重，不能采食的病驼则需要进行人工投服，或注射 B 族维生素，一般经 $5 \sim 7d$ 的治疗即可康复。

三、维生素C缺乏症

维生素C又称抗坏血酸，属水溶性维生素，具有抗氧化、参与机体羟基化反应、抗热应激和增强机体免疫功能等作用。维生素C广泛存在于青绿饲料、胡萝卜和新鲜乳汁中。凡是能抑制肝脏内合成维生素C的因素，均可导致维生素C缺乏症。

1.病因　健康成年骆驼在正常日粮和环境条件下，通过肝脏合成维生素C来满足自身的需要，很少出现缺乏症。血浆维生素C含量因骆驼品种、性别和年龄而异，一般为3.24～6.4µg/dL。驼羔在出生后的前几周对维生素C缺乏比较敏感，尤其是当处于寒冷、潮湿环境和疾病等应激情况以及未吃充足初乳时更容易发生。饲料蒸煮过度和贮放过久，致使维生素C被破坏，骆驼患消化道疾病导致维生素C吸收障碍，可造成维生素C的缺乏。

2.症状　主要表现为腹泻，消瘦贫血，粪便稀黑，关节肿大、活动力丧失。被毛无光泽，抵抗力及抗应激力下降。幼驼表现食欲不佳、精神消沉，生长迟缓等。维生素C缺乏严重的幼驼，常常排出稀薄的粪便，抵抗力降低，如不及时治疗，常因脱水和低血容量性休克而死亡。维生素C缺乏症可引起坏血病，主要表现为全身有出血倾向，尤以皮肤、黏膜和牙龈出血常见；当骨膜下出血时，病驼肢体肿痛、活动受限。另外，维生素C缺乏可使胶原蛋白合成障碍，以致骨骼有机质形成不良而导致骨质疏松。

3.诊断　本病现无特异性诊断方法，一般通过以下方法诊断：

（1）根据患病骆驼肢体肿痛症状进行诊断。但应与化脓性关节炎、骨髓炎、蜂窝组织炎、深部脓肿等鉴别，维生素C缺乏时出现的骨膜下血肿需与肿瘤鉴别。

（2）根据患病骆驼出血性症状进行诊断。但应与其他出血性疾病，如血小板减少、败血型流行性脑脊髓膜炎等进行区别。

（3）检测患病骆驼血浆中维生素C含量进行实验室诊断。

4.防治

（1）为幼龄驼羔添加富含维生素C的食物。

（2）驼羔皮下注射维生素C注射液。

（3）出现腹泻的驼羔，给予磺胺间甲氧嘧啶钠、甲氧苄啶、碳酸氢钠。腹泻严重者，还可使用庆大霉素注射液。

（4）在妊娠母驼饲料中加入一定量的维生素C，直至产下驼羔。根据骆驼的产奶量制定饲料配方，防止饲料单一，夏季可补充青绿饲草。

（5）维生素C缺乏引起的坏血病应进行特效治疗，可口服维生素C，伴有感染时应适当加大剂量。

四、维生素D缺乏症

维生素D是维持所有动物生命活动所必需的营养素，天然维生素D有两种，即来自优质牧草中的维生素D_2（麦角钙化醇）和主要在动物体内的维生素D_3（胆钙化醇）。骆驼发生维生素D缺乏症时，其维持体内钙、磷平衡能力降低，出现血浆中钙、磷浓度下降，幼驼出现佝偻病，成年骆驼发生骨软化。

1.病因

（1）驼羔人工喂乳或早期断乳，幼驼圈舍阴暗潮湿、光照不足、缺乏运动场所等。

（2）饲料中维生素D含量不足，以及磷、钙含量不足或比例失衡。

（3）骆驼长期患有胃肠道疾病，或胃肠道内寄生蛔虫、片形吸虫等寄生虫以及内分泌腺功能紊乱。

2. 症状 维生素D是动物体内钙平衡和骨代谢的主要调节因子。维生素D缺乏，引起钙、磷吸收障碍和代谢紊乱，导致骨骼钙化不全，驼羔患佝偻病；成年骆驼患骨软化病。另外，骆驼严重缺乏维生素D时，会同时出现钙和镁缺乏症，引发肌肉痉挛。

（1）前期症状 发病初期患病骆驼会出现不明原因的四肢疼痛症状，轻度跛行并四肢交替出现，不经治疗通常数日即可恢复健康。但该症状具有一定的周期性，会反复发生，且肌肉弹性下降，被毛杂乱无光泽，精神状态变差，关节开张或闭合不完全。病驼生长发育迟缓，粪便粗糙、呈稀软状。口腔黏膜显著增厚，不断磨牙，进食缓慢。当病驼伴有异食癖时，可造成食道阻塞和创伤性网胃炎。

（2）典型症状 主要表现为四肢僵直，走路身躯摇摆或呈现四肢轮跛，拱背为主。经常卧地不起，腿颤抖、伸展后肢，做拉弓姿势，严重者容易发生骨折。脊椎、肋弓和四肢关节疼痛，外形异常，尾椎骨变软，随意弯曲和折叠，椎体萎缩甚至消失。

（3）后期症状 进入发病后期，患病骆驼身体逐渐消瘦，肌肉僵硬，神经敏感性增强。四肢关节疼痛，不能正常行走，卧地不起，韧带松弛，关节肿胀，卧地和站立十分困难，长期倒卧，严重的会产生褥疮。下颌显著增厚，颜面骨严重变形。额骨和尾椎骨穿刺能感觉到骨骼呈软木状。尾椎关节间隙稍微增宽，肋软骨呈念珠状，长期卧地不起，易引发肋骨骨折。

3. 诊断

（1）根据患病骆驼临床症状可做出初步诊断。

（2）将骆驼的剩余饲料送验，检测其维生素D、钙和磷的含量。

（3）通过X线检查发现骨质疏松、长骨骨骺端钙化带变密增厚、骨皮质变薄、骨小梁细小等，有助于确诊。

4. 防治

（1）对妊娠和哺乳母驼加强饲养管理，经常补给维生素D和钙。幼驼要常晒太阳，增加运动量。骆驼圈舍要透光，通风换气，保持干燥。

（2）对母驼和驼羔注意防治胃肠疾病和寄生虫病。对哺乳驼羔要适当哺喂人工乳。

（3）需要精心护理病驼，保证其有适当的运动，保持每天日光浴。在饲料中添加钙磷制剂、多种维生素、多种矿物质等，必要时静脉注射葡萄糖酸钙和磷酸二氢钠。

（4）肌内注射维生素D和维生素A。

第五章

骆驼常见普通病与防治

CHAPTER 5

第一节 中毒病

一、氟中毒

引起骆驼氟中毒的原因有自然条件因素、工业污染、长期用未经脱氟处理的过磷酸钙做矿物质补饲和大量食入过磷酸盐等，其中自然条件致病较为常见。主要见于我国西北地区的部分盆地、盐碱地、盐池及沙漠周围。上述地区由于干旱风大，降雨量小，蒸发量大，地面多盐碱，地表土壤或盐碱中含氟量高，致使牧草、饮水含氟量亦随之增高，达到中毒水平，而且我国双峰驼主要分布在以上区域。其次是萤石矿区以及火山、温泉附近等地区的溪水、泉水和土壤中含氟量过高，引起氟中毒，各种家畜都可受害；当地和成年家畜受害较轻，外来和幼龄家畜受害较重。

1.致病机理 大量氟进入机体后，可以从血液中夺取钙离子、镁离子，使血钙、血镁浓度降低。因此，急性氟中毒在临床上常表现为低镁血症和低钙血症的症状。氟在少量、长期进入机体的情况下，同血液中的钙结合，形成不溶性的氟化钙，致使钙代谢障碍。为补偿血液中的钙，骨骼即不断地释放钙，从而引起成年家畜脱钙，造成骨质疏松，容易骨折。生长中的家畜，则因钙盐吸收减少而使牙齿、骨骼钙化不足，形成对称性斑釉齿和牙质疏松，易于磨损。由于成骨细胞和破骨细胞的活动，骨膜和骨内膜增生，使骨表面产生各种形状、白色、粗糙和坚硬的外生骨赘。

血钙减少，能引起甲状旁腺分泌增多，一方面使破骨细胞增加，活动增强，促进溶骨现象，加速骨的吸收；另一方面，还能抑制肾小管对磷的再吸收，使尿磷增高，这些也是影响钙磷代谢的重要环节。

2.症状 分为急性和慢性两类。急性氟中毒多为短时间食入过量氟化物造成，一般表现为厌食，流涎，恶心呕吐，腹痛，腹泻，胃肠炎，呼吸困难，肌肉震颤，虚脱而死。慢性氟中毒病畜表现被毛粗乱、干燥，春季脱毛延迟，行动迟缓；幼畜发育不良，异食癖；跛行，牙齿明显损害及骨骼异常。

哺乳期幼驼不发病，乳齿未脱落的断乳幼驼身体发育不良，跛行，农牧民称为"麻棒"。成年骆驼的牙齿和骨骼发生变化。门齿齿面珐琅质失去光泽，粗糙或有黑色、黄褐色斑纹，臼齿过度磨损。下颌骨肿大。牙齿和下颌骨的变化是对称的。管骨结构疏松，关节疼痛，跛行，易发生骨折。

3.防治 控制本病主要应采取以预防为主的措施。将骆驼每年移场远牧 3 ~ 5 个月（吃咸草）。经常补充明矾或不含氟的钙、磷等矿物质和骨粉，必要时可静脉注射葡萄糖酸钙。急性氟中毒应迅速查明原因，立即停喂含氟农药污染的饲料和饮水。对中毒动物应即刻抢救，可给予催吐剂，内服鸡蛋清、牛奶与浓茶水等。也可用钙盐洗胃，如用 0.5% 氯化钙溶液或石灰水澄清液，使钙与氟结合形成难溶性氟化钙。为补充体内钙的不足也可静脉注射氯化钙或葡萄糖酸钙。

二、蛇毒中毒

骆驼多在放牧吃草时，突然遭遇毒蛇而被咬伤，咬伤部位多在前肢下部，有时也出现在鼻端，伤口周围红肿、热痛，肿胀还可蔓延至整个患肢。咬伤部位越接近中枢神经（如头面部咬伤）及血管丰富的部位其症状则越严重。骆驼对蛇毒有较大的耐受性，罕见有致死病例。

1.致病机理　当蛇毒进入机体后对中枢神经系统、心脏和一些重要生理功能造成干扰与损伤，对动物造成严重危害。当毒液直接随着血液散布时，情况极为危险，极少量毒液注入机体血管后很快散布到全身，可使骆驼很快死亡；当毒液随着淋巴循环散布时（这是毒液散布的主要方式），无论毒牙咬得深浅，毒液总是随着淋巴流向皮下组织和肌肉的淋巴间隙内，散布速度缓慢。因此，当被毒蛇咬后应及时急救处理，如能将毒液的大部分吸出，就可以减轻蛇毒引起的中毒症状。

2.症状　由于毒蛇的种类不同，毒液的成分各异，所以各种蛇咬伤的临床症状也不一样，根据各种蛇毒的作用类型，大体上分为神经毒和血循毒两大类。

金环蛇和银环蛇的毒液属神经毒类。局部症状表现反应不明显，但被眼镜蛇咬伤后，局部组织坏死、溃烂，伤口长期不愈。全身症状表现为首先四肢麻痹而无力，由于心脏、呼吸中枢及血管运动中枢麻痹，导致呼吸困难，脉搏不整，瞳孔散大，吞咽困难，最后全身抽搐，呼吸肌麻痹，血压下降，休克以至昏迷，常因呼吸麻痹、循环衰竭而死亡。

竹叶青、龟壳花蛇、蝰蛇、五步蛇的毒液均属血循毒。血循毒可引起溶血、出血、凝血、毛细血管壁损伤及心肌损伤等毒性反应。局部症状为伤口及其周围很快出现肿胀、发硬、剧痛和灼热，并且不断蔓延。淋巴结肿大，压痛。皮下出血，有的发生水疱、血疱以至组织溃烂及坏死。全身症状表现为全身战栗，继而发热，心跳及脉搏加快。重症者血压下降，呼吸困难，不能站立，最后倒地，由于心脏停搏而死亡。

3.治疗　首先要防止蛇毒扩散，其次进行排毒和解毒，并配合对症疗法。当被毒蛇咬伤后，早期结扎是减少蛇毒吸收，阻止蛇毒随淋巴液及血液运行到全身的一种方法。毒蛇咬伤后就地取材用绳子、野藤和手帕等，扎在伤口的上方。结扎紧度以能阻断淋巴、静脉回流为限，但不能妨碍动脉血的供应。结扎后每隔一定时间放松一次，以免造成组织坏死。经排毒和解毒后结扎即可解除。结扎后可用清水、冷开水，在条件许可时用肥皂水、过氧化氢液或1∶5 000高锰酸钾液冲洗伤口，以清除伤口残留蛇毒及污物。经冲洗后，应用清洁的小刀或三棱针挑破伤口，使毒液外流，并检查伤口内有无毒牙，如有毒牙应取出。若肢体有肿胀，经扩创后进行压挤排毒，也可用拔火罐等方法抽吸毒液。在扩创的同时向创内或其周围局部点状注入1%高锰酸钾液、胃蛋白酶，可破坏蛇毒。亦可用0.5%普鲁卡因进行局部封闭。牧民用酸奶子水、人尿等反复洗涤伤口，亦有效。

三、醉马草中毒

醉马草 [*Achnatherum inebrians* (Hence) Keng] 是禾本科多年生草本植物。须根柔韧，茎丛生，平滑，高60～100cm，通常3～4节，节下贴生微毛，基部具鳞芽。花序狭长，花梗短于小穗，小穗呈圆柱形，灰绿色，成熟后变褐铜色或带紫色，外穗厚韧，具芒刺，长约10mm，花果期7～9月。生于山脚、草原沙漠地区的低山坡以及干枯河床和河滩地区。在我国分布于内蒙古、青海、甘肃、陕西、宁夏、新疆、四川、西藏等地。

1.病因 醉马草的有毒成分还不清楚，可能含有某种生物碱，也可能与氰苷有关。当地生长的家畜一般均能识别，多不采食，偶尔在过分饥饿时，与其他植物相混而误食中毒。骆驼误食醉马草或被其芒刺刺入皮肤、口腔、扁桃体、口角、蹄叉、角膜等处，可发生中毒，一般采食量达体重的1%时即可发病。

2.症状 一般采食后30～60min即出现症状。轻度中毒时精神沉郁，食欲减退，口吐白沫。较严重中毒时头低耳聋，颈部僵硬，行走摇晃，蹒跚如醉，知觉过敏，有时呈阵发性狂暴，起卧不安，有时倒地不能起立，呈昏睡状。黏膜潮红或呈蓝紫色，心跳加快，呼吸急促，鼻翼扩张。严重中毒，除上述症状外，尚可见到腹胀、腹痛、鼻出血、急性胃肠炎等症状。芒刺刺伤角膜，可致失明。皮肤刺伤处，发生出血、浮肿、硬结或形成小脓疮。

3.治疗 目前尚无特效疗法。早期应用酸类药物抢救，有一定效果。给中毒病畜内服各种酸，如醋酸、乳酸或稀盐酸，加水灌服。亦可内服食醋或酸奶，或内服20%浓盐水。为提高疗效，需配合对症治疗。严重中毒病驼，多因救治不及时，长期拒食，或因继发病和心力衰竭而死亡。

第二节　风　湿　病

风湿病（rheumatism）是常反复发作的急性或慢性非化脓性炎症，其特征是胶原结缔组织发生纤维蛋白变性以及骨骼肌、心肌和关节囊中的结缔组织非化脓性局限性炎症。胶原结缔组织的变性是由于在变态反应中大量产生的氨基乙糖所引起。如氨基乙糖能被身体细胞的精蛋白中和，就不会发生纤维蛋白变性或表现的不明显。该病常侵害对称性的肌肉、关节、蹄，另外还有心脏。我国各地均有发生，但以东北、华北、西北等地发病率较高。风湿症不论在放牧还是在使役的骆驼都较为常见，在潮湿、寒冷、气候急剧变化时，更多见。

1.病因 风湿病的发病原因迄今尚未完全阐明。近年来研究表明，风湿病是一种变态反应性疾病，是由于动物自身免疫造成的组织损伤而引起的疾病，并与溶血性链球菌感染有关。已知溶血性链球菌感染后所引起的病理过程有两种，一种表现为化脓性感染，另一种则表现为延期性非化脓性并发病，即变态反应性疾病。风湿病则属于后一个类型，并得到了临床、流行病学及免疫学方面的支持。风湿病的发生主要有以下4个条件：①A型溶血性链球菌感染；②病原菌持续存在或有反复感染，可能是含有不同类型M蛋白的链球菌感染；③机体对链球菌产生抗体（异感性）；④感染必须在上呼吸道，而在其他部位的链球菌感染不会引起风湿病。另外，在临床实践中证明风寒、潮湿、过劳等因素在风湿病的发生上起着重要的作用。如畜舍潮湿、阴冷，大汗后受冷雨浇淋，受贼风特别是穿堂风的侵袭，夜卧于寒湿之地或露宿于风雪之中，以及管理使用不当等都是风湿病的诱因。

2.症状　风湿病的主要症状是发病的肌群、关节及蹄的疼痛和机能障碍，疼痛表现时轻时重，部位多固定，但也有转移的。风湿病有活动型的、静止型的，也有复发型的。根据其病程及侵害器官的不同可出现不同的症状，临床上根据发病的组织和器官不同分为肌肉风湿病（风湿性肌炎）、关节性风湿病（风湿性关节炎）、蹄风湿病（风湿性蹄炎）、心脏风湿病（风湿性心肌炎）；根据发病部位的不同分为颈风湿病、肩臂风湿病（前肢风湿）、背腰风湿病、臀股风湿病（后肢风湿）。病情轻者可能只在肢体某些关节处出现疼痛、僵硬、屈伸困难等症状，天气变化时则病情加重。

前肢风湿：初患骆驼行走如绊，前肢交替疼痛，跛行，病情加重时前膝跪地，甚至卧倒不能站立，饮食、反刍减少或停止，口色青白，体温正常。

背腰风湿：病初拧扭腰部，后肢无力，不灵活，行走摇摆，腰拖胯軪，精神倦怠，病重时卧地不起。

后肢风湿：病初后肢交叉前进，尻部摇摆，病重时卧地不起，食欲、反刍均见减少或停止。

项颈风湿：则见昂首低头困难。

3.防治　风湿病的治疗要点是消除病因、加强护理、祛风除湿、解热镇痛、消除炎症。除应改善病畜的饲养管理以增强其抗病能力外，还应使用解热镇痛药，如安乃近、水杨酸钠等大剂量静脉注射或穴位注射；阿司匹林（乙酰水杨酸）粉剂内服；保泰松及羟保泰松片剂灌服。糖皮质类激素有显著的消炎和抗变态反应作用，也用于风湿病的治疗，如醋酸可的松、氢化可的松、地塞米松等。抗生素能控制急性风湿病的链球菌感染。另外，还可应用针灸、温热疗法、激光疗法、电疗法等。

预防本病应加强放牧管理，合理使役，出汗后不要立即卸除鞍具和饮水，不能久卧湿地。加强圈舍基本建设，改善驼群防寒保暖条件。

第三节　便　秘

便秘又称结症，多发肠便秘，与饲养不当和劳役不当有关，肠迟缓是重要诱因，发生的部位多在结肠。一般见于成年骆驼，并以老龄骆驼发病率较高。

1.病因　冬春草枯季节，长期采食难以消化的粗硬饲料，引起消化机能降低，加之饲养管理不善，长途骑乘，使役过劳，饮水不足，易发此病。异食或误食多量沙土，在肠道沉积，发生所谓"沙石疝"。也可发生于牙齿有病时对饲料咀嚼不烂、慢性胃肠病的肠蠕动减弱等。当采食了富含纤维素的粗饲料，最先导致肠道的兴奋刺激，随后引起肠运动和分泌减退，最终引起肠迟缓和肠积粪，特别在连续饲喂粗纤维饲料而又重度劳役和缺乏饮水时更能助长便秘的发生。

2.**症状**　病驼精神沉郁，采食减少或停止，反刍减少，磨牙，腹围没有变化或有轻度腹胀、腹痛。放牧时病驼喜卧，打滚。初期排出两头尖的少量粪球，并附有黏液，后期排粪停止。肠蠕动减弱，呼吸、心跳加快。病程延长以后，腹痛减轻或消失，卧地和厌食；偶尔反刍，但咀嚼无力。通常不见排便，频频努责时，仅排出一些胶冻样团块。直肠检查，肛门紧缩，直肠内空虚，有时在直肠壁上附着干燥的少量粪屑，最终发生脱水和虚脱而死。

3.**治疗**　早期可以应用镇痛剂，随后做通便、补液和强心治疗。可用硫酸镁加水灌服。10%氯化钠、10%葡萄糖、安钠咖静脉注射。直肠便结，可行灌肠或伸手掏取。如治疗无效时，应迅速进行剖腹破结。

第四节　腹　泻

骆驼腹泻有几种情况，一种是肠痛腹泻，即急性肠炎，具有传染性；一种是胃肠受寒受凉的刺激而引起腹泻，类似痉挛疝痛；还有一种是所谓暑热泻泄，类似单纯性消化不良或中毒性消化不良。此外，在采食某种牧草（如黄毛头等）或饮碱性特大的井水后引起腹泻，这种现象在停食停水后可自止。

1.**症状**　病初排黄色水样便，肠音响亮，病驼精神尚好，水草如常或稍减。随着病情的延长，病情加重，粪便黑紫，肚腹卷缩，精神倦困，后肢、臀部被粪便污染，小便短赤，饮食、反刍停止，口色黄白。病重时卧病不起，肛门失禁，四肢发凉，脱水，衰竭死亡。

预后：粪便黄、青、赤可治；如粪便呈水样喷射状者或带血、恶臭，口色黑紫，体温升高，失禁，严重脱水者，多预后不良。

2.**治疗**　大蒜酊加水适量灌服。大群腹泻可反复饮用0.1%高锰酸钾水溶液。肠痉挛时皮下或肌内注射安痛定、1%阿托品。

第五节　支气管肺炎

支气管肺炎发生的部位是个别肺小叶或几个肺小叶，所以又叫小叶性肺炎。通常肺泡内充满由上皮细胞、血浆和白细胞组成的卡他性炎症渗出物，因此又称为卡他性肺炎。多发生于老弱骆驼和幼龄骆驼。

1.**病因**　原发性病因主要有受寒感冒、饲养管理不良、物理和化学因素的刺激、过度劳累等因素，使机体抵抗力降低，导致各种内源性和外源性细菌在肺组织中大量繁殖而引起发病。寄生虫的侵袭（如肺线虫），某些传染病的流行（流感）也可诱发本病。多数情况下，支气管肺炎是由支气管炎症的蔓延，逐渐波及所属肺小叶而引起的一种继发性疾病，所以能够导致支气管炎的一些因素也是支气管肺炎发生的原因。在一些传染病、化脓性疾病的发病过程中，也会继发支气管肺炎。

2.症状 病初呈现急性支气管炎症的症状。病驼精神沉郁，呼吸浅表而困难，可视黏膜为暗红色，胸前淋巴结肿大。随着病情的加重，体温升至40～41℃，呈弛张热型，呼吸急促，食欲、反刍减少或废绝，逐渐消瘦。心跳随体温变化而异：当体温升高时心跳加快，体温下降时心跳减慢。咳嗽为阵发性，人工诱咳时表现敏感，叩击胸部亦可引起咳嗽。鼻液为两侧性，呈灰白色黏液。听诊肺部，肺泡呼吸音减弱，病初有湿性啰音，随着病情的加重则出现支气管呼吸音。胸部叩诊，有局部浊音区；听诊有捻发音，病灶部肺泡音减弱或消失，健康部肺泡音增强，并可听到啰音。X线透视，肺纹理增重，并可见局灶性的阴影。

3.治疗 首先要加强饲养管理，防止感冒。病驼要加强护理，停止使役，给予清洁温水并补喂干净饲草。将病畜置于通风良好、光线充足、温暖、无尘的畜舍内，给予柔软、易消化、无尘土、营养丰富的饲料。为了消除炎症，可用抗生素（如青霉素、链霉素、新霉素等）并结合对症治疗。

祛痰可内服祛痰剂，如氯化铵、碘化钾、桔梗末、远志末。咳嗽严重时，可内服复方咳必清糖浆、复方甘草合剂或复方甘草片。呼吸困难时，可用氧气吸入。体温过高，则给予解热药。心力衰竭，可应用毒毛花苷K、10%葡萄糖、5%维生素，静脉滴入。

第六节　瘤胃疾病

一、瘤胃臌气

瘤胃臌气又称肚胀，是因瘤胃神经反应性降低，收缩力减弱，采食了容易发酵的饲料，在瘤胃内菌群作用下异常发酵，产生大量气体，引起瘤胃和网胃急剧膨胀，膈与胸腔脏器受到压迫，呼吸与血液循环障碍，发生窒息现象的一种疾病。瘤胃臌胀依其病因，有原发性和继发性的区别，按其经过则有急性和慢性之分，从其性质上看又有泡沫性和非泡沫性的不同类型。

1.病因 原发性瘤胃臌气通常多发于牧草茂盛的夏季，清明之后、夏至之前最为常见。发病原因主要是采食了大量易发酵的青绿饲料，特别是舍饲转为放牧时，最容易导致急性瘤胃臌气的发生。因采食过多的开花前幼嫩多汁的豆科植物，如苜蓿草、野沙打旺、野豌豆等，尤其是在下雨天更易发生。采食堆积发热的青草，或经霜、露、雨、雪、冰霜冻结的牧草，霉败的干草以及多汁易发酵的青贮料，特别是舍饲骆驼突然饲喂这类饲料，往往引起本病。饲喂的饲料配合或调理不当，谷物饲料过多，而粗饲料不足，或给予黄豆、豆饼、花生饼、酒糟等未经浸泡和调理；或饲喂胡萝卜、甘薯、马铃薯等块根饲料过多；或因矿物质不足，钙、磷比例失调等，都可成为瘤胃臌气的发病原因。

继发性瘤胃臌气最常见于瘤胃弛缓、瘤胃积食、食道梗塞、某些有毒植物中毒。胃肠痉挛和麻痹、迷走神经胸支或腹支损伤、纵隔淋巴结肿胀或肿瘤、瘤胃与腹膜粘连、膈疝以及瘤胃内存有泥沙、结石或毛球等，都可引起排气障碍，致使瘤胃壁扩张而发生臌气。

2.症状 急性瘤胃臌气通常在采食大量易发酵性饲料后迅速发病，甚至有的在采食中突然呆立，停止采食，食欲消失，症状急剧发展。疾病初期骆驼举止不安，神情忧郁，结膜充血，角膜周围血管扩张。不断起卧，回头望腹，腹围迅速膨大。瘤胃收缩先增强，后减弱或消失，腹壁紧张而有弹性，叩诊呈鼓音。随着瘤胃扩张和臌胀，膈肌受压迫，呼吸急促而用力，进而呈现呼吸困难。泡沫性臌胀常有泡沫状唾液从口腔中逆出或喷出。疾病后期，心力衰竭，血液循环障碍，静脉怒张，呼吸困难，黏膜发绀，目光恐惧，出汗，站立不稳，步态蹒跚，往往突然倒地、痉挛抽搐，陷于窒息和心脏停搏状态。

慢性瘤胃臌胀多为继发性因素引起，病情弛张，瘤胃中度膨胀，时而消长，常在采食或饮水后反复发生。通常是非泡沫性臌胀，穿刺排气后，继而又臌胀起来，瘤胃收缩运动正常或减弱。排出的气体具有显著的酸臭味。病情发展缓慢，食欲、反刍减退，逐渐消瘦。

3.诊断 根据饱食后迅速臌气的特征，不难做出诊断。为确诊，可进行瘤胃穿刺，排出大量气体，瘤胃体积很快减小。

4.治疗 瘤胃臌气的病情发展急剧，抢救贵在及时，采取有效的紧急措施，排气消胀，方能挽救病驼。治疗原则应着重排出气体、防止酵解、理气消胀、强心补液、健胃消导。

疾病初期，使病驼头颈抬举，适度地按摩腹部，促进瘤胃内气体排出。同时，应用松节油、鱼石脂、酒精，加适量温水或8%氧化镁溶液内服，具有消胀作用。

严重病例，当发生窒息危险时，首先应用套管针进行瘤胃穿刺放气，防止窒息。具体操作顺序和方法是：穿刺部位在左肷部臌气最高点，剪毛消毒，并用外科刀切一小口，将皮肤推移向前方，用套管针向右侧肘头方向刺入6～10cm，以左手固定套管，右手拔出套管针芯，使气体缓缓放出。如套管堵塞，可用针芯通透。放气结束后，必要时可将套管保留一段时间，然后插入针芯，拔出套管，术部消毒。放完气后，还可以注入止酵剂，如福尔马林或来苏儿。

泡沫性臌胀，以灭沫消胀为目的，宜用表面活性药物，如二甲基硅油内服，能迅速奏效。应用菜籽油、豆油、花生油或香油加温水，制成油乳剂内服，也具有消灭泡沫的功效。

在治疗过程中，应注意全身机能状态，及时强心补液，增进治疗效果。发病后不能快赶、乱跑，停止使役，及时抢救。消胀后如发生消化不良，可灌服瘤胃兴奋剂、消毒剂。预防本病应注意，露水未干时不要马上出牧，阴雨天加强放牧观察，如发现个别骆驼患病，立即转移牧地或收牧。

二、瘤胃积食

瘤胃积食又称胃食滞，是因瘤胃收缩力减弱，采食大量难于消化的饲草或容易膨胀的饲料，瘤胃被干燥的饲料胀满，使胃容积扩大，胃壁过度紧张的一种疾病。本病可引起急性瘤胃扩张、容积增大、内容物停滞和阻塞、瘤胃运动和消化机能障碍、脱水等。

1.病因　驼体消瘦或重役后消化力不强，采食大量饲料后又饮水不足而致病。主要见于贪食大量的青草、苜蓿等饲料，或因饥饿采食了大量谷草、稻草、豆秸等，而饮水不足，难于消化。也有因过食大麦、玉米、豌豆、大豆等谷物，又饮大量水，饲料膨胀，从而导致本病发生。

此外，瘤胃弛缓、胃部炎症等也可继发该病。当然，饲养管理和环境卫生条件不良，特别是挤乳骆驼容易受到各种不利因素的刺激和影响，神情恐惧不安，妊娠后期运动不足、过于肥满，中毒与感染，发生应激现象，也能引起瘤胃积食。

2.症状　瘤胃积食病情发展迅速，通常在采食后数小时内发病，临床症状明显。初期表现神情不安，目光凝视，回顾腹部，间或后肢踢腹，有腹痛表现，粪便干黑硬小。食欲、反刍消失，不吃草，不反刍，拱背，虚嚼，不断起卧，呻吟。瘤胃蠕动音减弱或消失，触诊瘤胃胀满，坚实，病畜不安，内容物黏硬，用拳按压，遗留压痕。腹部听诊肠音微弱或沉寂，便秘，间或发生腹泻。晚期病例，病情急剧恶化，肚腹膨隆，瘤胃积液，呼吸促迫而困难，黏膜发绀，全身衰弱，卧地不起，陷于昏迷状态。发生脱水与自体中毒，呈现循环虚脱。

3.诊断　根据临床症状，不难做出诊断，继发性瘤胃积食应注意查清原发病。

4.治疗　本病治疗在于恢复瘤胃运动机能，促进内容物运转，消食化积，防止脱水与自体中毒。一般病例，首先停食，并进行瘤胃按摩。或先灌服大量温水，再按摩，效果更好。也可用酵母粉，具有化食作用。

清肠消导，可用硫酸镁或硫酸钠、液状石蜡或植物油、鱼石脂、75%酒精加水内服。应用泻药后，也可用毛果芸香碱或新斯的明皮下注射，兴奋瘤胃神经，促进瘤胃内容物运转与排出。

病因疗法，可用10%氯化钠溶液静脉注射；或先用1%温食盐水洗涤瘤胃，再用促反刍液，可用10%氯化钠溶液、10%氯化钙溶液、20%安钠咖注射液，静脉注射。改善中枢神经系统，调节机能，增强心脏活动，促进血液循环和胃肠蠕动，解除自体中毒现象。

晚期病例，除了反复清洗瘤胃外，宜用5%葡萄糖生理盐水、20%安钠咖注射液、维生素，静脉注射。强心补液，保护肝功能，促进新陈代谢，防止脱水。重危病例，药物治疗无效时，进行瘤胃切开术，取出内容物，并用1%温食盐水清洗。术后加强饲养和护理，促进康复。

三、瘤胃弛缓

瘤胃弛缓又称脾虚不磨，是由各种原因导致的瘤胃兴奋性降低、收缩力减弱，瘤胃内容物运转缓慢，菌群失调，产生大量腐解和酵解的有毒物质，引起消化障碍，食欲、反刍减退以及全身机能紊乱现象的一种疾病。临床上以瘤胃扩张、内容物坚硬为特征。

1.病因　瘤胃弛缓的病因比较复杂，一般分为原发性和继发性两种。原发性瘤胃弛缓与饲养管理和自然气候的变化有关，如饲料过于单纯、草料质量低劣、饲料变质、矿物质和维生素缺乏、饲养失宜、管理不当、应激反应等。

继发性瘤胃迟缓通常为一种临床综合征，原因比较复杂。常见于创伤性网胃腹膜炎，迷走神经胸支和腹支受损害，腹腔脏器粘连，瘤胃积食以及皱胃溃疡、阻塞或变位或肝脏疾病等。另外，营养代谢病、口炎、齿病发病过程中，咀嚼障碍，影响消化功能也可以引起继发性瘤胃迟缓。一些传染病，如布氏杆菌病、结核病、寄生虫病也会导致慢性消耗性疾病，出现消化不良综合征。

2.症状与诊断　瘤胃弛缓按其病情发展过程，可分为急性和慢性两种类型。

（1）急性型　多呈现急性消化不良，精神委顿，神情不活泼，表现为应激状态。食欲减退或消失，反刍弛缓或停止。瘤胃收缩力减弱，便秘，粪便干硬、呈深褐色。有时腹泻，粪便量少而软，有时还混有未消化的饲草。瘤胃充满，黏而硬或呈粥状；由应激反应引起的，瘤胃内容物黏而硬，而无臌胀现象。如果伴发瘤胃炎或酸毒症，病情急剧恶化，呻吟，食欲、反刍废绝，排出大量棕褐色糊状粪便、具有恶臭，精神高度沉郁，皮温不整，体温下降眼球下陷，黏膜发绀，发生脱水现象。

（2）慢性型　通常多因继发性因素引起或由急性转变而来，多数病例食欲不定，有时正常，有时减退或消失。常常虚嚼、磨牙，发生异嗜。反刍间断无力或停止。病情时而好转，时而恶化，水草迟细，日渐消瘦；周期性消化不良，体质衰弱。瘤胃蠕动音减弱或消失，轻度臌胀，内容物停滞，稀软或黏而硬。腹部听诊，肠蠕动音微弱或低沉。便秘，粪便干硬、呈暗褐色、附着黏液；腹泻，或腹泻与便秘互相交替。排出糊状粪便，散发腥臭味；潜血反应往往呈阳性。

3.诊断　通常根据患病骆驼临床特征，如食欲、反刍异常、消化机能障碍等综合分析和判断，瘤胃内容物性质的改变可作为诊断依据。诊断过程中注意与创伤性网胃腹膜炎、皱胃变位和瘤胃积食等疾病相区别。

4.治疗　瘤胃弛缓的治疗原则是着重改善饲养管理，排除病因，增强神经体液调节机能，采取强脾、健胃、防腐、止酵、消导、强心、输液、防止脱水和自体中毒的综合性措施，进行治疗。

原发性瘤胃弛缓病初停食1～2d后，饲喂适量富有营养、容易消化的优质干草或放牧，增进消化机能。同时兴奋副交感神经，恢复神经体液调节机能，促进瘤胃蠕动，可用氨甲酰胆碱、新斯的明、毛果芸香碱皮下注射。防腐止酵药，可用稀盐酸、酒精、来苏儿溶液、水；或用鱼石脂、酒精、水。

促进反刍通常用5%氯化钠溶液、5%氯化钙溶液、安钠咖。应用缓冲剂调节瘤胃内容物pH，恢复其微生物群系的活性及其共生关系，增进瘤胃消化功能。当瘤胃内容物pH降低时，宜用氧化镁水乳剂与碳酸氢钠，内服。pH升高时，可用稀醋酸或常醋适量，内服，具有较好的疗效。

晚期病例，瘤胃积液，伴发脱水和自体中毒时，可用25%葡萄糖溶液静脉注射；或用5%葡萄糖生理盐水、40%乌洛托品溶液、20%安钠咖注射液，静脉注射。

第七节　蹄　病

常见的蹄病有炎性肿胀、沉积性水肿、掌裂和漏蹄。

1.**病因**　局部外伤感染，可引起炎性肿胀，有时因外物刺伤引起。心脏血管疾病引起肢体下部水肿。口蹄疫的固有症状，蹄沿生疮、肿胀、蹄匣脱落。饲养管理方面的原因：秋冬无雨雪，驼掌和地表均较干燥，磨损加剧；或驼体乏弱，角质层增生补偿不了磨损，蹄掌较薄；由软地面进入砾石戈壁区放牧或因秋末"起场"时控水不足，在坚硬不平路面长途驮载跋涉，使掌底磨通、折裂。

2.**症状**　炎性肿胀，局部红肿热痛，患蹄难以着地行走，即所谓"火蹄子"。无明显局部原因，患蹄肿胀，无痛或疼痛症状较轻微，是蹄黄的一种。蹄掌磨通、穿通部有渗出液，其内钻进沙石，周围角质层变薄，红肿，在软路面行走跛行较轻，在硬路面行走时跛行加重，"敢抬不敢踏"。掌裂多为横断折裂，裂缝有渗出液，有沙石钻入。蹄沿感染破溃，如不及时放血或进行抗感染治疗，病情会进一步发展，角质层和蹄垫分离，形成部分脱靴或全脱。波及蹄甲也可造成部分分离或脱落。

3.**诊断**　根据跛行症状和驼掌外观症状可做出诊断。

4.**治疗**　炎性红肿、黄肿，可针刺蹄窝、蹄掌、蹄门、蹄甲、缠腕等穴。沉积性水肿，无破溃者，不行针时可行冷浴。破溃糜烂时用0.1%高锰酸钾、3%双氧水洗涤和涂擦鱼石脂软膏、冰硼散油剂。

治疗漏蹄，将骆驼横卧保定，找到有渗出物的伤口后，采用在伤口周围振击的方法，弹出创内沙石，贴敷生羊油一块，用烙铁烧烙。随后在伤口上覆盖熟牛皮一块，用掌锥缝补在周围健康的角质上。

第八节　鞍　伤

1.**病因**　骆驼鞍伤主要是由于鞍具不当，构造不合理，装载失宜而进行长途驮运、骑乘等原因引起。

2.**症状与诊断**　背部有不同程度的肿胀、破溃化脓及坏死。根据外观症状可作出诊断。

3.**治疗**　首先除去病因，调整鞍具，消除对骆驼的创伤因素。仅擦伤皮肤者，可涂擦外用消毒软膏等。对破溃、坏死、化脓者，先剪去创伤周围的被毛，用0.1%高锰酸钾冲洗和用酒精棉球涂擦，撒布消炎粉。

主要参考文献

阿里木江·阿不都热西提, 2017. 骆驼锥虫病的治疗预防措施[J]. 畜禽业, 28 (8): 134.

阿依努尔·加列力, 赛买提江·苏力坦, 2017. 羊羔维生素A缺乏症的防治[J]. 畜禽业, 28(09): 106.

艾丽玛依·麦麦提江, 2012. 犊牛维生素A缺乏症的防治[J]. 农村科技(5): 71-72.

白涛, 李长安, 魏拣选, 2015. 犊牛急性硒缺乏症的诊治[J]. 黑龙江畜牧兽医(2): 85-86.

柏克仁, 2014. 犊牛维生素A缺乏症的防治[J]. 养殖与饲料(4): 65.

别依勒汗, 2003. 骆驼锥虫病的防治[J]. 中国兽医杂志(3): 13.

曹晏煜, 姜传阳, 刘德良, 2014. 高档肉牛常见营养代谢病的防治[J]. 畜牧兽医科技信息(8): 55-56.

陈木新, 陈家旭, 2016. 基因芯片技术在人体锥虫生物学特性研究方面的进展[J]. 中国寄生虫学与寄生虫病杂志, 34(4): 87-91.

陈溥言, 2006. 兽医传染病学[M]. 5版. 北京: 中国农业出版社.

陈兆利, 2015. 奶牛常见营养代谢病及其防治措施[J]. 畜牧与饲料科学, 36 (5): 127-128.

程家球, 吕冉, 李俊娴, 等, 2016. 川金丝猴皮肤白色念珠菌感染的诊治[J]. 畜牧与兽医(7): 143-144.

程莲, 张焕容, 郭春华, 等, 2018. 羔羊缺硒症诊治[J]. 四川畜牧兽医, 10(338): 52.

邓清贵, 2017. 流行性淋巴管炎的防控措施[J]. 中国畜牧兽医文摘, 33(10): 100, 102.

丁丽敏, 张日俊, 2004. 维生素A最适需要量的研究进展[J]. 饲料工业(10): 14-19.

段得贤, 1988. 家畜内科学[M]. 2版. 北京: 农业出版社.

段伟伟, 高文霞, 曹桂林, 2011. 奶牛常见营养代谢病的防治[J]. 黑龙江畜牧兽医, 18(38): 89-91.

樊春波, 李莉, 朱建国, 2010. 动物锌缺乏症研究进展[J]. 上海畜牧兽医通讯(1): 29-31.

范玉芳, 才木德, 1999. 骆驼脓肿病的诊断与防治[J]. 中国兽医科学(10): 38-39.

冯德勤, 2004. 马流行性淋巴管炎疫病的诊断和防治[J]. 中国动物检疫(9): 36.

高庆江, 郝金法, 2004. 锌元素对动物机体的作用[J]. 山东畜牧兽医(1): 12-13.

桂菊, 杨月欣, 刘烈刚, 等, 2018. 营养素补充剂使用科学共识[J]. 营养学报, 40(6): 521-525.

郭素风, 2015. 犊牛维生素A缺乏症的防治[J]. 中国乳业(12): 62-63.

郭铁, 1999. 家畜外科手术学[M]. 3版. 北京: 中国农业出版社.

国九英, 秦铮, 樊华, 等, 2015. 粗球孢子菌病原学鉴定及形态学参数分析[J]. 中国人兽共患病学报, 31(2): 113 - 115.

何少文, 李杰, 王纳, 等, 2014. 动物铁、铜、锌、硒代谢及缺乏症研究新进展[J]. 中国动物保健, 16(4): 25-28.

贺广霖, 2003. 应重视动物微量元素缺乏症的防治[J]. 中国动物保健, 5(5): 38.

洪清华, 王韵丞, 李鸿雁, 2017. 一段检测锥虫特异性核酸靶序列的筛选及评价[J]. 中国寄生虫学与寄生虫病杂志(6): 588-593.

洪伟新，庄燕秋，2019. 畜禽维生素A缺乏症的治疗[J]. 现代农村科技(7): 41.

胡图雅，斯琴，乌力吉，等，2001. 骆驼脓肿病的诊治[J]. 黑龙江畜牧兽医(10): 31.

黄兵，沈杰，2005. 中国畜禽寄生虫形态分类图谱[M]. 北京：中国农业科学技术出版社.

姜云霞，2007. 微量元素铜的研究进展及其对动物健康的影响[J]. 微量元素与健康研究，24(5): 57-59.

孔繁德，徐淑菲，王景明，等，2004. 副结核分枝杆菌诊断技术的研究进展[J]. 检验检疫学刊，14(b12): 57-60.

孔繁瑶，2010. 家畜寄生虫学[M]. 2版. 北京：中国农业大学出版社.

李春光，2016. 犊牛硒-维生素E缺乏症的病因、症状及防治措施[J]. 现代畜牧科技(5): 84.

李春国，李雨来，2018. 鸡白色念珠菌病的流行病学、临床特点、诊断和防治[J]. 现代畜牧科技，37(5): 116.

李基棕，李文良，毛立，等，2018. 伪结核棒状杆菌的分离鉴定及病原性研究[J]. 江苏农业科学，46(4): 158-162.

李杰，2010. 家畜矿物质缺乏容易发生的疾病[J]. 当代畜禽养殖业(3): 16-18.

李杰，2010. 奶牛矿物质缺乏容易发生的疾病[J]. 当代畜禽养殖业(1): 26-28.

李金岭，2013. 奶牛常见营养代谢病的防治[J]. 兽医导刊(8): 44-47.

李祥瑞，1994，我国伊氏锥虫病的研究现状及存在的主要问题[J]. 畜牧与兽医(4): 183-185.

李元龙，2017. 羊常见营养代谢病及诊治方案[J]. 畜牧兽医科技信息(10): 64-65.

立新，2007. 奶牛钙磷缺乏症的防治[J]. 青海畜牧兽医杂志，37(6): 59.

刘方亮，2018. 奶牛各生长阶段营养的需要[J]. 现代畜牧科技(12): 45.

刘宴博，李圣，刘永豪，2017. 奶牛皮肤真菌病的研究进展[J]. 山东畜牧兽医，38 (12): 94-95.

刘影，高岩，2011. 马流行性淋巴管炎及其防治[J]. 养殖技术顾问(12): 127.

刘宗平，2003. 现代动物营养代谢病学[M]. 北京：化学工业出版社.

罗晓平，2012. 骆驼盘尾丝虫病流行病学及病原rDNA-ITS序列研究[D]. 呼和浩特：内蒙古农业大学.

麻风丽，刘燕云，2016. 犊牛维生素A缺乏症的防治[J]. 当代畜牧(32): 82.

马忠莲，尹启宝，2002. 纯种肉羊的矿物质缺乏症[J]. 新疆畜牧业，4(21): 40-41.

孟凡军，2013. 动物常见营养代谢病的诊断与治疗[J]. 养殖技术顾问(11): 97.

庞全海，张莉，2002. 微量元素锌在动物健康及营养中的研究进展[J]. 动物医学进展，23(2): 41-43.

青格勒图，2019. 牛骨软病防治[J]. 畜牧兽医科学 (12): 140-141.

苏经力，杨占元，2000. 骆驼副结核病的诊断[J]. 中国兽医杂志，26(7): 31-31.

苏学斌，1983. 养驼学[M]. 2版. 北京：农业出版社.

孙慎侠，曲晓娟，伦永志，等，2004. 白色念珠菌拮抗菌株的筛选[J]. 中国微生态学杂志，16(6): 327-328.

唐丽华，2015. 抗锥虫兽药及在兽医临床上的应用[J]. 兽医导刊(24): 188.

陶金林，蔡国宝，杨旭东，等，2015. 役用骆驼锥虫混合感染肺丝虫病的诊断与综合防治[J]. 中国草食动物科学，239(3): 48-49.

陶金陵，杨俊杰，王新萍，等，1997. 几种药物对骆驼锥虫病的疗效观察[J]. 中国兽医杂志(9): 30-31.

滕福生，2014. 动物几种矿物质缺乏症的病因与症状[J]. 养殖技术顾问(6): 162.

田维新，1993. 新疆某牧场骆驼脓肿病的调查报告[J]. 畜牧与兽医，25(1): 27.

王春宝，赵荧，南鹏飞，等，2016. 肺球孢子菌病1例报道[J]. 诊断病理学杂志，23(12): 968-971.

主要参考文献

177

王生俊，2011. 犊牛维生素A缺乏症的防治[J]. 中国畜禽种业，7(8): 94.

王彦丽，卓卫杰，2017. 猪维生素缺乏症及防治措施[J]. 饲料与畜牧(6): 62-64.

王影，马景欣，2014. 动物铁缺乏症和铁中毒的症状与防治[J]. 养殖技术顾问(11): 144.

王志武，孙建钢，孙锐锋，等，2005. 微量元素锌的生物学功能及其应用进展[J]. 饲料研究(8): 120.

汪世昌，陈家璞，1999. 家畜外科学[M]. 3版. 北京: 中国农业出版社.

吴迪，张立民，蒋颖，2010. 毛霉菌病的临床特征[J]. 中国医学科学院学报(4): 461-464.

肖铁峰，张继军，张福国，2007. 犊牛维生素A、D缺乏症的有效治疗[J]. 畜牧兽医科技信息(2): 48.

邢国家，费世清，汪少华，等，2018. 水牛伊氏锥虫病的防治体会[J]. 湖北畜牧兽医(2): 18-19.

雄志芳，2013. 奶牛常见营养代谢病的防制[J]. 养殖技术顾问(4): 23.

许明，加冷·哈布尔哈克，巴依曼·毛吾列提，2016. 骆驼伊氏锥虫病的诊治[J]. 畜牧兽医科技信息(5): 51.

颜庭生，2017. 犊牛硒缺乏症的防治[J]. 当代畜牧(8): 76-77.

颜喜俊，周庆国，2014. 家畜伊氏锥虫病的防治[J]. 中国畜牧兽医文摘，30(12): 134.

杨斌，王荣申，2008. 奶牛常见营养代谢病的调查与分析[J]. 今日畜牧兽医(2): 48-49.

杨聚奇，赵兴绪，2016. 一起马流行性淋巴管炎暴发调查[J]. 甘肃畜牧兽医，46(4): 60-62.

杨全瑞，李伟，2019. 肉牛维生素A缺乏症诊治[J]. 畜牧兽医科学(5): 128-129.

杨锁仙，赵家贤，2015. 奶水牛维生素A缺乏症的成因与防治[J]. 农村百事通(9): 49-50.

杨玉平，邵洪侠，罗守冬，等，2011. 野生动物铁缺乏症[J]. 畜牧兽医科技信息(8): 115-116.

杨在荣，魏玉磊，李瑞，等，2014. 常见羊营养代谢病及其防治[J]. 中国畜牧兽医文摘，30(4): 145-146.

永登尖措，2019. 犊牛缺硒病的防治措施[J]. 中国畜禽种业(9): 98.

于志超，2016. 骆驼盘尾丝虫病及其传播媒介的研究[D]. 呼和浩特: 内蒙古农业大学.

于然霞，2016. 羊常见营养代谢病的防治[J]. 农村实用技术(4): 51-52.

张海涛，孔梦，2017. 维生素在动物饲料中的应用[J]. 山东畜牧兽医，38(3): 67-69.

张宏生，陈琳，王发祥，等，2011. 兔维生素A缺乏病的诊治[J]. 养殖与饲料(2): 36-37.

张建娜，2004. 维生素C缺乏症的防治[J]. 中国实用乡村医生杂志(4): 5-7.

张君，郑世民，高琳，2005. 动物锌缺乏症[J]. 畜牧兽医科技信息(5): 55.

张树栋，李豪，万强，等，2017. 由沙门氏菌引起的犊牛腹泻病的实验室诊断及防治[J]. 中国畜牧兽医，44(8): 2424-2430.

张伟，2018. 蛋鸡维生素B_2缺乏症的病因、临床症状与诊治[J]. 现代畜牧科技(1): 98.

张西臣，李建华，2010. 动物寄生虫病学[M]. 3版. 北京: 科学出版社.

张秀丽，2018. 羊常见营养代谢病的诊断与预防[J]. 吉林畜牧兽医，39(1): 55, 57.

赵治国，2010. 我国骆驼斯氏副柔线虫病传播媒介的研究[D]. 呼和浩特: 内蒙古农业大学.

周艳琴，2016. 羊常见营养代谢病的防治[J]. 农村实用技术(11): 49-50.

Alentin A V, Baumann M P O E, Schein C, et al, 1997. Genital myiasis (*Wohlfahrtiosis*) in camel herds of Mongolia[J]. Veterinary Parasitology, 73: 335-346.

Abadi Y S, Telmadarraiy Z, Vatandoost H, et al, 2010. Hard ticks on domestic ruminants and their seasonal population dynamics in Yazd Province, Iran[J]. Iran J Arthropod Borne Dis, 4(1): 66-71.

Ahmad I, Kudi C A, Magaji A A, et al, 2019. Disseminated tuberculosis in a cow and a dromedary bull-camel in Zamfara State in Nigeria[J]. Veterinary Medicine and Science, 5(1): 93-98.

Alharbi K B, Al-Swailem A, Al-Dubaib M A, et al, 2012. Pathology and molecular diagnosis of paratuberculosis of camels[J]. Tropical Animal Health and Production, 44(1): 173-177.

Alhebabi A M, Alluwaimi A M, 2010. Paratuberculosis in camel (Camelus dromedarius): the diagnostic efficiency of ELISA and PCR[J]. Open Veterinary Science Journal, 4(1): 41-44.

Bayindir T, Miman O, Miman M C, et al, 2010. Bilateral aural myiasis (*Wohlfahrtia magnifica*): a case with chronic suppurative otitis media [J]. Turkiye Parazitol Derg, 34(1): 65-67.

Bezie M, Girma M, Dagnachew S, et al, 2014. African trypanosomes: virulence factors, pathogenicity and host responses[J]. Journal of Veterinary Advances, 4(11): 732-745.

Bhat P, Singh N D, Leishangthem G D, et al, 2016. Histopathological and immunohistochemical approaches for the diagnosis of *Pasteurellosis* in swine population of Punjab[J]. Veterinary World, 9(9): 989-995.

Bhutto B, Gadahi J, Shah G, et al, 2010. Field investigation on the prevalence of trypanosomiasis incamelsin relation to sex, age, breed and herdsize[J]. Pakistan Veterinary, 30(3): 175-177 .

Bonacci T, Greco S, Whitmore D, et al, 2013. First data on myiasis caused by Wohlfahrtia magnifica (Schiner, 1862) (Insecta: Diptera: Sarcophagidae) in Calabria, southern Italy[J]. Life: the Excitement of Biology, 1(4): 197-201.

Domenis L, Spedicato R, Orusa R, et al, 2017. The diagnostic activity on wild animals through the description of a model case report (caseous lymphadenitis by Corynebacterium pseudotuberculosis associated with *Pasteurella* spp and parasites infection in an alpine ibex-Capra ibex)[J]. Veterinary Journal,7(4): 384-390.

ElGhali A, Hassan S M, 2010. Life cycle of the camel tick *Hyalomma dromedarii* (Acari: Ixodidae) under field conditions in Northern Sudan[J]. Veterinary Parasitology, 174 (3-4): 305-312.

Fard S R, Fathi S, Asl E N, et al,2012. Hard ticks on one-humped camel (*Camelus dromedarius*) and their seasonal population dynamics in southeast Iran[J]. Tropical Animal Health and Production, 44(1): 197-200.

Fard S R, Fathi S, Asl E N, et al, 2012. Hard ticks on one-humped camel (*Camelus dromedarius*) and their seasonal population dynamics in southeast, Iran[J]. Tropical Animal Health and Production, 44(1): 197-200.

Gahlot T K, Chhabra M B, 2009. Selected research on camelid parasitology[M]. India: Camel Publishing House.

Gharbi M, Moussi N, Jedidi M, et al, 2013. Population dynamics of ticks infesting the one-humped camel (*Camelus dromedarius*) in central Tunisia[J]. *Ticks* and *Tick-Borne* Diseases, 4(6): 488-491.

Gutierrez C, Corbera J A, Juste M C, et al, 2005. An outbreak of abortions and high neonatal mortality associated with *Trypanosoma evansi* infection in dromedary camels in the Canary Islands[J]. Veterinary Parasitology, 130(1-2): 163-168.

Hernandez-Leon F, Acosta-Dibarrat J, Vazquez-Chagoyan J C, et al, 2016. Identification and molecular characterization of *Corynebacterium xerosis* isolated from a sheep cutaneous abscess: first case report in Mexico[J]. BMC Research Notes, 9: 358.

Kamidi C M, Auma J, Mireji P O, et al, 2018. Differential virulence of camel *Trypanosoma evansi* isolates in mice[J]. Parasitology (24): 1-8.

Khater H, Hendawy N, Govindarajan M, et al, 2016. Photosensitizers in the fight against ticks: safranin as a novel photodynamic fluorescent acaricide to control the camel tick *Hyalomma dromedarii* (Ixodidae)[J].

Parasitology Research, 115(10): 3747-3758.

Kinne J, Johnson B, Jahans K L, et al, 2006. Camel tuberculosis-a case report[J]. Tropical Animal Health and Production, 38(3): 207-213.

Little T J, Chadwick W, Watt K, 2008. Parasite variation and the evolutionof virulence in a Daphnia-microparasite system[J]. Parasitology,135(3): 303-308.

Mackinnon M J, Gandon S, Read A F, 2008. Virulence evolution inresponse to vaccination: the case of malaria[J]. Vaccine, 26(3): 42-52.

Meylan M, Pipoz F, 2016. Calf health and antimicrobial use in Swiss dairy herds: Management, prevalence and treatment of calf diseases[J]. Schweiz Arch Tierheilkd, 158(6): 389-396.

Moshaverinia A, Moghaddas E, 2015. Prevalence of tick infestation in dromedary camels (*Camelus dromedarius*) brought for slaughter in Mashhad abattoir, Iran[J]. Journal of Parasitic Diseases, 39(3): 452-455.

Ehab M, Salim B, Suganuma K, et al, 2017. *Trypanosoma vivax* is the second leading cause of camel trypanosomosis in Sudan after *Trypanosoma evansi*[J]. Parasites and Vectors, 10(1): 176.

Narsana N, Farhat F, 2015. Septic shock due to *Pasteurella multocida* bacteremia: a case report[J]. Journal of Medical Case Reports, 9: 159.

Ngaira J M, Bett B, Karanja S M, et al, 2003. Evaluation of antigenand antibody rapid detection tests for *Trypanosoma evansi* infection incamels in Kenya[J]. Veterinary Parasitology, 114(2): 131-141 .

Njiru Z K, Constantine C C, Guya S, et al, 2005. The use of ITS1rDNA PCR in detecting pathogenic African trypanosomes[J]. Parasitology Research, 95(3): 186-192.

Nour-Mohammadzadeh F, Seyed Z B, Hesaraki S, et al, 2010. Septicemic salmonellosis in a two-humped camel calf (*Camelus bactrianus*)[J]. Tropical Animal Health and Production, 42(8): 1601-1604.

Omer O H, Magzoub M, Haroun E M, et al, 2010. Diagnosis of *Trypanosoma evansi* in Saudi Arabian Camels (*Camelus dromedarius*) by the Passive Haemagglutination test and Ag-ELISA[J]. Zentralbl Veterinarmed B, 45(10): 627-633.

Oryan1A, Valinezhad A, Moraveji M, 2008. Prevalence and pathology of camel nasal myiasis in eastern areas of Iran[J]. Tropical Biomedicine, 25(1): 30- 36.

Pirali K K, Dehghani S A, Rajabi V H, 2014. A report on the genital myiasis by Wohlfahrtia magnifica in camel herds in southwest of Iran[J]. Veterinary Research Forum, 5(4): 329-332.

Rathore N S, Manuja A, Manuja B K, et al, 2016. Chemotherapeutic approaches against *Trypanosoma evansi*: retrospective analysis, current status and future outlook[J]. Current Topics in Medicinal Chemistry, 16(20): 2316-2327.

Ricciotti R W, Shekhel T A, Blair J E, et al, 2014. Surgical pathology of skeletal Coccidioidomycosis. a clinical and histopathologic analysis of 25cases[J]. The American Journal of Surgical Patholgy, 38(12) : 1672 -1680.

Straten M V, Bercovich Z, Zia-Ur-Rahman, 1997. The diagnosis of brucellosis in female camels (*Camelus dromedarius*) using the milk ring test and milk elisa: a pilot study[J]. Journal of Camel Practice and Research, 4(2): 165-168.

Tejedor-Junco M T, Lupiola P, Caballero M J, et al, 2009. Multiple abscesses caused by Salmonella enterica and Corynebacterium pseudotuberculosis in a dromedary camel[J]. Tropical Animal Health and Production, 41(5): 711-714.

Tomashefski J F, Cagle P T, Farver C F, et al, 2008. Dail and Hammar's Pulmonary Pathology [M]. Springer.

Valentin A, Baumann M P, Schein E, et al, 1997. Genital myiasis (*Wohlfahrtiosis*) in camel herds of Mongolia[J]. Veterinary Parasitology, 73(3/4): 335-346.

Villaescusa, J M, 2016. Infestation of a diabetic foot by Wohlfahrtia magnifica[J]. Journal of Vascular Surgery Cases and Innovative Techniques, 2(3): 119-122.

Yazgi H, Uyanik M H, Yoruk O, et al, 2009. Aural Myiasis by Wohlfahrtia magnifica: case Report[J]. The Eurasian Journal of Medicine, 41(3): 194-196.

Zubair S, Fischer A, Liljander A, et al, 2015. Complete genome sequence of Staphylococcus aureus, strain ILRI_Eymole1/1, isolated from a Kenyan dromedary camel[J]. Standards in Genomic Sciences, 10: 109.

主要参考文献

图书在版编目（CIP）数据

骆驼疾病与治疗学/哈斯苏荣主编. —北京：中国农业出版社，2021.11

国家出版基金项目　骆驼精品图书出版工程

ISBN 978-7-109-28905-5

Ⅰ.①骆…　Ⅱ.①哈…　Ⅲ.①骆驼病　Ⅳ.①S858.24

中国版本图书馆CIP数据核字（2021）第221124号

中国农业出版社出版

地址：北京市朝阳区麦子店街18号楼

邮编：100125

丛书策划：周晓艳　王森鹤　郭永立

责任编辑：武旭峰

版式设计：杜　然　责任校对：吴丽婷　责任印制：王　宏

印刷：北京通州皇家印刷厂

版次：2021年12月第1版

印次：2021年12月北京第1次印刷

发行：新华书店北京发行所

开本：787mm×1092mm　1/16

印张：12.25

字数：350千字

定价：198.00元